绿色矿业
技术及管理国际进展与趋势
——矿山生态治理和绿色矿产供应链

张彦著　周来　路平　刘满芝　杨永均　著

中国环境出版集团・北京

图书在版编目（CIP）数据

绿色矿业技术及管理国际进展与趋势：矿山生态治理和绿色矿产供应链/张彦著等著. —北京：中国环境出版集团，2022.11

ISBN 978-7-5111-5180-3

Ⅰ. ①绿… Ⅱ. ①张… Ⅲ. ①矿业经济—绿色经济—经济发展—研究—中国 Ⅳ. ①F426.1

中国版本图书馆 CIP 数据核字（2022）第 103804 号

出 版 人 武德凯
责任编辑 董蓓蓓
封面设计 彭 杉

出版发行 中国环境出版集团
（100062 北京市东城区广渠门内大街 16 号）
网 址：http://www.cesp.com.cn
电子邮箱：bjgl@cesp.com.cn
联系电话：010-67112765（编辑管理部）
发行热线：010-67125803，010-67113405（传真）
印 刷 北京中科印刷有限公司
经 销 各地新华书店
版 次 2022 年 11 月第 1 版
印 次 2022 年 11 月第 1 次印刷
开 本 787×1092 1/16
印 张 18.5
字 数 388 千字
定 价 120.00 元

前 言

党的二十大报告指出，中国式现代化的重要内涵之一是人与自然和谐共生的现代化。学习贯彻党的二十大精神，我们必须要深入贯彻习近平生态文明思想，坚定不移推进生态文明建设，加快发展方式绿色转型和实现高质量发展。当前，我国生态文明建设进入了以降碳为重点战略方向、推动减污降碳协同增效、促进经济社会发展全面绿色转型、实现生态环境质量改善由量变到质变的关键时期。

矿业为人类提供基本物质与能源保障，支撑世界经济社会繁荣发展。当前矿产资源开发及其环境问题全球化日益突出，国际社会对可持续矿产资源开发与利用的期望和要求越来越高。在加速实现全球碳中和的国际共识背景下，生态文明建设和能源转型所要求的社会经济系统性变革也将对矿产资源开发与利用提出更高和更绿色的要求。

以习近平生态文明思想中的系统性、整体性、协同性理念为指导，积极推进“一带一路”绿色矿产资源合作对于中国建设“矿产资源强国”和实现碳达峰目标和碳中和愿景、加速全球碳中和以实现《巴黎协定》2 ℃控温目标、促进“一带一路”经贸合作、打造绿色能源命运共同体、共同落实 2030 年可持续发展目标具有复合型协同增效意义。这种复合型协同增效将有利于为我国“经略全球矿产资源”和引领全球矿产资源治理提供具有“碳中和”时代意义的引领性国际理念与对外叙事逻辑，将促进新时代我国矿业高质量发展，也将催化全球矿业整体繁荣发展，为我国深度参与全球资源治理提供先进的逻辑理念。建立在我国提出的“共商共建共享”原则之上，“一带一路”绿色矿产资源合作的复合型协同增效意味着绝不仅仅是中国获利，而是促进“一带一路”沿线区域系统、整体、协同地共同落实 2030 年可持续发展目标，催化区域福祉的增量；更是通过矿产资源合作为全球能源系统转型提供物质基础，催化全球福祉的增量。这正体现了超越“帕累托改进”的“孔子改进”之治。

生态环境部对外合作与交流中心是生态环境部直属事业单位，在政策研究、国际公约履约、区域及双（多）边合作、产业技术交流及能力建设等领域为生态环境部开展国际合作提供支持与服务，是中国生态环境保护对外合作与交流的重要平台。近年来，中心在推动绿色“一带一路”建设、落实 2030 年可持续发展议程以及区域环保合作等方面开展了大量政策及科学研究，相关研究建议得到了生态环境部的高度重视。

2019年，生态环境部对外合作与交流中心与中国矿业大学在江苏省徐州市共同主办了“一带一路”绿色矿业与可持续发展论坛，以期从知识层面强化“矿产资源强国”能力。各国百余位学者、专家齐聚徐州，共同探讨可持续的矿业开发及利用合作前景，在绿色矿业这一重点领域拓展基于“联合国2030年可持续发展议程”中目标17（伙伴关系）的多利益相关方合作。此次论坛为加强绿色矿山治理的“政学企”合作交流提供了平台与机遇，也为后续的相关联合研究以及本书的出版奠定了合作基础。本书所基于的研究工作得到了生态环境部对外合作与交流中心和中国矿业大学领导的大力支持以及双方研究人员的知识贡献。作者向支持2019年“一带一路”绿色矿业与可持续发展论坛以及支持本书研究工作的所有领导及专家学者表示感谢。

本书由张彦著、周来总体负责大纲编写与内容设计，由张彦著负责统稿、校对。全书共分10章，各章节完成情况如下：张彦著负责第1章内容；周来、路平负责第2、3、4章内容；刘满芝负责第5、6、7、8章内容；杨永均负责第9、10章内容。

中国矿业大学李长贵教授、张绍良教授对相关研究项目的开展给予了支持与帮助。本书相关的研究项目开展和出版过程亦得到了生态环境部对外合作与交流中心绿色价值链研究所刘婷、董鑫和袁钰同志的支持与建议。在此，向他们一并特别致以谢意！

感谢中国矿业大学林子博、瞿旭、程森、任峰、张琳琳、秦颖、刘英杰、陈赞旭、白方铄同学对书中的数据收集与分析工作所付出的辛勤劳动！

本书在撰写过程中，参考了国内外大量文献和数据，在此对相关学者致以真诚的谢意。

研究是一项永无止境的工作。绿色矿业技术及管理涉及的具体研究面较广，本书着重对矿山生态治理和绿色矿产供应链进行了研究，但作者团队清楚地认识到，在矿业可持续发展这一领域还有很多问题需要进行后续更加充分和深入的研究，任重而道远。本书研究团队成员经验水平有限，疏漏之处在所难免，敬请专家批评指正。同时，也希望以此书抛砖引玉，与学界同仁为推进我国生态文明建设、共建清洁美丽世界持续做出贡献。

作　者

2022年10月

目录

第 1 章

绿色矿业的国际进展与趋势

矿业为人类提供基本物质与能源保障，支撑世界经济社会繁荣发展。然而，由于矿产资源开发导致的生态环境问题日益突出，国际社会对绿色矿业的期望和要求越来越高。绿色矿业/矿山治理成为可持续矿业发展的必然趋势。尽管全球范围绿色矿山治理技术与实践取得了诸多进展，但是，现代绿色矿山治理仍然面临矿业经济的周期波动、利益攸关方与责任承担方不一致、绿色矿山治理技术与管理体系不完善、绿色矿山治理目标权衡等诸多挑战。实行负责任的矿业开发、为社会经济发展提供物质保障，将对实现联合国《2030 年可持续发展议程》的大多数目标具有重要的推动作用。在可持续发展的大背景下，可持续采矿，即“绿色矿山治理”①，将成为推动全球可持续发展的重要驱动力，也是采矿行业转型升级的必然趋势。

联合国《各国经济权利与义务宪章》强调各方应尊重各自发展权利、加强国际资源合作，促使国际社会繁荣发展，指出“各国应进行合作，以促进较为公平合理的国际经济关系，并在一个均衡的世界经济范围内鼓励结构变革，变革需要符合各国特别是发展中国家的需要和利益，并为此目的而采取适当的措施”。《联合国气候变化框架公约》《生物多样性公约》《2030 年可持续发展议程》等也将资源开发作为可持续发展的一项关键因素。矿业的可持续发展与国际合作事关全球福祉。根据世界银行数据，全球不可再生矿物资源在 81 个国家中占主导地位，这些国家经济占世界经济总量的 1/4，人口约占世界总人口的一半。但这些国家人口中有约 70%仍处极端贫困状态。因此，越来越多的低收入国家注重将矿产资源开采和加工作为其促进经济增长的重要手段，以实现 2030 年可持续发展目标中的“消除贫困”“工业发展”等多项目标。

在全球共同致力于应对气候变化的背景下，能源系统转型需要的可再生能源系统与低碳基础设施建设意味着对金属等矿产资源原材料需求的大幅增长。世界银行 2020 年发布的报告 *Minerals for Climate Action：The Mineral Intensity of the Clean Energy Transition* 指出，到 2050 年，石墨、锂和钴等电池金属的产量必须增加约 500%才能满足全球对清洁能源技术不断增长的需求（World Bank，2020）。国际能源署（IEA）2021 年的报告 *The Role of Critical Minerals in Clean Energy Transitions* 和 2020 年的报告 *World Energy Outlook* 则指出尽管矿产资源的需求前景和供应脆弱性因矿物而异，但全球能源部门对关键矿物的总体需求到 2040 年可能增加 6 倍，并取决于政府减少排放的雄心。金属矿产将在低碳转型过程中发挥关键作用，该增长趋势可能对矿产和金属市场产生重大影响。

2020 年 9 月 22 日，习近平主席在第七十五届联合国大会一般性辩论上郑重宣告，中国二氧化碳排放力争于 2030 年前达到峰值，努力争取 2060 年前实现碳中和，擘画了我国

① 绿色矿山概念以官方的形式最早出现在《浙江省绿色矿山创建指南》（2005 年试行）中，其将绿色矿山定义为“绿色矿山是矿产资源开发利用与经济社会环境相和谐的矿山，实现了矿产资源利用集约化、开采方式科学化、生产工艺环保化、企业管理规范化、闭坑矿区生态化”。2012 年试行的《浙江省绿色矿山建设管理办法》又提出“绿色矿山是指矿产资源开发利用与生态环境保护相协调的矿山，具有开采方式科学化、资源利用高效化、企业管理规范化、生产工艺环保化、矿山环境生态化、企业社区和谐化的特点”。

建设生态文明和参与全球气候治理的宏伟蓝图。2021 年 3 月召开的中央财经委员会第九次会议指出，要把碳达峰、碳中和（以下简称“双碳目标”）纳入国家生态文明建设的整体布局（新华社，2021）。2021 年 10 月，党中央、国务院印发了《中共中央国务院关于完整准确全面贯彻新发展理念做好碳达峰碳中和工作的意见》,《2030 年前碳达峰行动方案》等“1+N”政策陆续发布。将碳达峰、碳中和纳入生态文明建设整体布局，进一步丰富了生态文明建设的内涵要求，为全球气候治理贡献中国智慧、中国方案、中国力量（孙金龙，2022），彰显了碳达峰、碳中和工作的战略定位和重大意义（黄润秋，2021）。中国经济结构和经济社会运转必须进行“绿色、低碳、循环”发展的根本性变革（郭朝先，2021）。随着“双碳目标”倒计时进程的开始，如何切实将习近平生态文明思想中的系统性、整体性、协同性理念运用在实现“双碳目标”的具体路径“工笔画”中是全社会需要布局和落实的问题。

在习近平生态文明思想指引下，中国不断推进矿产资源管理改革和矿业领域绿色发展（中华人民共和国自然资源部，2020）。习近平生态文明思想中的系统性、整体性、协同性理念在“一带一路”绿色矿业资源开发与利用合作中将得到充分体现。近年来，我国在“一带一路”沿线国家能源领域投资中可再生能源投资的比例持续增加，2020 年上半年，我国在“一带一路”沿线国家可再生能源中的投资占比超过了化石能源（周国梅，2021）。全球未来转向以低碳发电和节能技术为基础的低碳经济，将深刻改变矿产需求的规模和比重（世界银行，2020）。推进“一带一路”绿色矿产资源合作对于我国建设“矿产资源强国”和实现碳达峰目标和碳中和愿景、加速全球碳中和以实现《巴黎协定》2℃控温目标、促进“一带一路”经贸合作、打造绿色能源命运共同体、共同落实 2030 年可持续发展目标具有复合型协同增效意义（张彦著，2021）。

1.1　绿色矿山治理的国际趋势、挑战与发展路径

全球经济未来的复苏和高速高质量发展必然不能缺少对矿物资源的需求，当前世界多国的矿业开发势头仍然强劲，联合国国际海底管理局也计划通过《商业性海底采矿法案》。世界银行估计，矿业对世界 GDP 贡献显著，尤其是在大多数的低收入和中等收入国家，采矿业占 60%～90%的外国直接投资、30%～60%的出口，对政府的收入贡献达到 3%～20%（刘伯恩，2016）。

一方面，我国面临着海外矿业合作能力弱、缺少具备世界竞争力的跨国矿业企业等问题，在国际矿产资源治理与市场领域缺乏话语权和定价权等（中华人民共和国自然资源部，2020），并面临“政策风险、文化融合风险、融资风险、缺乏话语权、可持续发展的环保严要求”等挑战（汪莹等，2016）；另一方面，我国在“三稀”矿产领域的国际竞争力较强，在不同产业链条上，我国稀有矿产资源产业的上游环节具有比较优势，但中下游竞争

力相对薄弱（许明，杨丹辉，2019）。2015 年国务院发布的《推动共建丝绸之路经济带和 21 世纪海上丝绸之路的愿景与行动》将“加大煤炭、油气、金属矿产等传统能源资源勘探开发合作”列为合作重点，将进一步加快我国与“一带一路”沿线国家在矿产资源领域的合作步伐。

在我国布局经济全球化和“一带一路”建设中，可持续矿业发展也成为部分类型企业“走出去”的一个重要领域。我国需要积极主动融入全球绿色矿山治理体系建设，谋划我国绿色矿业技术“走出去”战略，推广我国绿色矿山治理的实践，开展技术、政策和理论的原始创新，引领国际绿色矿山治理高水平发展，从而使得我国在构建清洁美丽世界的实践中发挥更大作用，也为全球绿色矿山治理乃至全球能源治理贡献中国方案。

1.1.1 绿色矿山治理体系的主要内容

国际上绿色矿山治理与广泛使用的“可持续采矿”（sustainable mining）概念较为接近，即矿产资源开发利用全过程中环境、经济和社会具有可持续性。政府层面在谈到可持续采矿时，除环境、经济、社会三个维度外，通常还强调资源的持续供应和代际公平。国际采矿与金属理事会的可持续发展准则包括了十项原则，涉及可持续发展、人权、风险管理、健康和安全、环境、生物多样性、社会、经济、透明、负责任的产品十个方面。在可持续概念框架下，国际上还有绿色采矿（green mining）、负责任采矿（responsible mining）概念（Dubiński et al.，2013；Barkemeyer et al.，2015；de Mesquita et al.，2017；陈丽萍等，2018）。绿色采矿更强调采矿技术的绿色化，主要是指减少与矿产开采和加工相关环境影响的一套采矿方法。负责任采矿强调采矿业对矿业社区群体的福祉问题。

绿色矿山治理体系的主体可分为四类：一是国家政府；二是政府间国际组织，比如联合国下属机构及区域组织，包括世界银行、经济合作与发展组织等，以及由政府和非政府机构组成的混合性国际组织，如采掘业透明度倡议委员会等；三是非政府组织，包括综合性和专业性非政府组织，如国际采矿与金属理事会等；四是各国非营利机构，包括矿业行业协会、标准化机构等，如加拿大矿业协会。

绿色矿山治理体系建设所规范或评价的对象，以矿业企业为主。一些倡议或指导性文件为政府制定政策提供指导，比如政府间矿业论坛制定的《全球矿业政策框架》；也有的标准针对的是下游矿产品贸易和需求方；还有的专门针对中小矿业企业或手工采矿者。针对的客体，除少数侧重油气矿产，比如《采掘业透明度倡议》，多数包括除油气外的其他所有矿产，也有的专门针对某类矿产（比如宝石类矿产、煤炭或者油气）。所约束的行为，通常包括围绕矿山的全生命周期的活动，即勘查、开发、采矿、闭坑、复垦等，也有的针对某一矿产的整个价值链，或者只针对矿业活动的某些环节，比如专门针对勘查、矿山废物处置、复垦等，或针对矿业活动的某一方面，比如污染防控、能源利用、水资源利用等。

据相关研究统计，目前较有影响力的绿色矿山治理相关制度与导则有：国际采矿金属理事会制定的《可持续发展框架原则》、联合国环境规划署和经济合作与发展组织制定的《矿业活动环境指南》、世界银行制定的《全球矿业政策框架》、世界银行集团下属国际金融公司制定的《采矿活动中的环境、健康和安全指南》、政府间矿业可持续发展论坛制定的《全球矿业政策框架》、经济合作与发展组织制定的《负责任矿产品贸易公私合作》《来自冲突地区和高风险地区矿产负责任供应链尽职指南》和《关于采掘业有意义的社区参与尽职调查指南》、非盟首脑会议制定的《非洲矿业愿景》、世界经济论坛制定的《负责任的矿产开发倡议》、全球报告倡议制定的《全球报告倡议：采矿和金属部门》、中国自然资源部制定的《有色金属行业绿色矿山建设规范》等主要规范，等等（陈丽萍等，2014）。

实际上，对绿色矿山治理最为有效的方式是国家立法。传统上，矿业相关法律是围绕自然资源的开采和财产权问题开展的，而较少关注采矿的当代社会期望，如可持续性、管理和责任。然而，越来越多的国家政府已经意识到矿业法的领域不应仅限于关于“采矿行为”的法规，还包括涉及雇员安全、环境保护、建筑、税收、人权、行政法和相关领域的矿山活动条例。在矿业法改革过程中，注重绿色低碳发展和降低生态破坏是当前绿色矿山治理体系建设的重要一环。

1.1.2 我国绿色矿山建设与发展历程

1986 年以前，我国矿业领域涉及“可持续发展”的相关驱动因素主要是行业自律。驱动原因是矿业面临生产安全、矿地矛盾、生产效率低等问题，采矿行业开展了零星的土地复垦、防灾减灾、科技创新等工作。1986—1990 年，《中华人民共和国矿产资源法》《土地复垦规定》《中华人民共和国环境保护法》相继颁布实施，法律体系中首次明确了在采矿过程中必须保护环境、复垦土地、鼓励资源综合利用。这一阶段的法律建设为我国绿色矿山治理体系建设奠定了法治基础。1991—2005 年，全国各地从多个方面开展了绿色矿山治理实践，如土地复垦、环境保护、地质环境治理、科学采矿等。但这些实践局限在一些大型矿业企业、经济发达地区、自然条件较好的矿山。

2006—2010 年，以浙江省为代表的地方政府不断就绿色矿山建设路径进行探索，先后颁布了创建指南、管理办法、三年专项实施方案等，在此过程中对绿色矿山的定义不断完善。2010 年，国土资源部下发《关于贯彻落实全国矿产资源规划发展绿色矿业建设绿色矿山工作的指导意见》，明确要求建设绿色矿山。2011 年，国土资源部公布了首批国家级“绿色矿山”试点单位名单，开启了我国绿色矿山试点示范阶段。2011—2014 年，我国公布了 4 批共 661 家国家级绿色矿山试点单位。2017 年，国土资源部等六部委发布《关于加快建设绿色矿山的实施意见》，2018 年自然资源部出台了非金属矿等 9 个行业的绿色矿山建设规范。内蒙古、陕西、山东、广东、河南等省级绿色矿山建设规范或建设方案也陆续出台，一些地方方案正在公开征求意见中，绿色矿山建设逐步向规范化、标准化迈进（张雅丽等，2018）。

1.1.3 未来绿色矿山治理的发展趋势研判

（1）政府与企业互动合作将成为绿色矿山治理的主要形式

对国际上矿业领域的相关管理工作以及案例进行分析，可以发现在绿色矿山治理过程中，一方面要求政府具备强有力的治理能力，另一方面要求企业积极履行社会责任。政府的主要工作是负责矿业领域的公共部分，包括税收管理以及许可证发放等各项管理工作。企业参与则主要关注的是利益共享，具体的工作包括基础设施建设以及发展协议制定等各项内容。无论是企业还是政府，都需要在经济以及人力资源发展过程中做出努力。首先政府需要与矿业的利益相关者进行充分的交流，在此基础上明确相应的法律法规，完善各项制度，从而使得政府相关管理更加稳健、透明与可预测。企业在发展的过程中需要借鉴国际先进经验，参考国际准则和标准，通过设施建设以及利益共享的方式来进一步推动区域的发展。世界银行针对国家矿业管理评估提出了相应的工具，并且从矿业管理主要议题（包括法规、经济政策和环境政策等）和产业价值链两个维度进行了分析，聚焦政府、投资者与社会三方面，通过这一工具可以对一个国家的实际矿业行为进行分析，判断其目标是否一致，以这种方式进一步鼓励投资和加强矿业监管。

（2）技术创新将是引领和推动绿色矿业的关键力量

对于矿业绿色发展来说，矿业科技创新具有至关重要的引领作用。目前矿床发现率在不断降低，对应的矿产品品位持续降低。所以需要在一些环境敏感以及偏远的地区进行难选冶的非常规矿床开发，同时还需要在开发的过程中保护生态环境。所以必须要通过技术创新，在保证矿业有效开发的同时，确保环境不会受到破坏。举例来说，2009 年加拿大曾经提出绿色采矿创新计划（GMI），这项计划是为了在开发的过程中进一步提升经济竞争力，同时进一步降低环境敏感性，其远景目标是矿业开发后留下清洁的水、恢复完好的景观和健康的生态环境。目前，矿山生态修复、土地复垦、环境治理、资源开发利用等方面的技术快速发展，特别是在废弃矿井地热开发、景观公园建设、植被重建、采矿污染物防控等方面近年来涌现出了一批新技术。

（3）合理处理矿业与社区福祉的关系是未来绿色矿山治理的重要工作

目前一些发达国家已经不具备资源丰富的矿山，矿山的集中开发转移到了发展中国家、不发达国家，处理社会公平问题成为未来绿色矿山治理的一项重要工作。国际上在矿产开发的过程中，要求相关的民众都已经了解相应信息，并且相关民众在自由意志的情况下进行选择，即在开始进行可能对当地社区有影响的任何资源开采工程之前，须确保民众在信息通晓下自由地表达是否同意。

1.1.4　国际绿色矿山治理仍面临诸多挑战

尽管国际社会对绿色矿山治理寄予厚望，但真正的可持续矿业目标的达成仍面临挑战。从多国的经验来看，绿色矿山治理仍面临诸多问题和挑战，期望与现实之间的差距正在扩大。

（1）矿业兴衰的周期性降低了绿色矿山治理能力

对于企业参与绿色矿山治理来说，如果矿业长期兴盛，企业有资金保证，那么绿色矿山治理过程中的非采矿业务就能长期维持，如生态修复、土地复垦、文化建设、社会公平等。但是，矿业天生具有周期性，既有兴旺发达时期，也有衰败时期。当矿业企业经济效益好、利润充盈时，绿色矿山治理各项任务都能实施；然而一旦矿山的开采量超过了经济储量，那么相应的行业发展就会开始衰退，也有可能受到其他因素的影响导致矿业的发展速度下降。在各方面的影响下矿山开发很可能会在短时间内进入停滞，并且因为资金短缺而无法完成生态修复以及绿色闭坑的各项任务。这种情况在多数废弃矿山普遍存在。废弃矿山没有经济上的责任人来保证完成复垦和长期监管（或重新利用）。所以如果没有细致全面的规划，并且针对矿山关闭以及修复准备相应的资金，那么就会出现“废弃”矿山。没有经过有效治理的废弃矿山将会对周围环境产生严重影响，不但会污染周围的土壤，还会污染地下水，严重的情况下会引发当地社会的健康风险，出现矿业导致的“地方病”。在现实中，一些声誉良好的矿业企业则将废弃矿山以最低价格出售给市场上愿意购买的买家来实现生态修复责任的转移。但是，买家可能不具备同等的财务和技术能力，矿山生态修复工作可能被长期搁置或放弃。澳大利亚一些矿业企业将废弃矿山或者未来有开发潜力的矿山置于所谓的“关心和维持”状态，采用栅栏维护或者实施水土流失和污染监测，而不是履行最终的修复责任。从统计数据来看，澳大利亚目前拥有的废弃矿山超过 5 万座，昆士兰州拥有的废弃矿山数量就超过 17 000 座（陈丽萍等，2014）。我国在历史上也积累了大量的废弃矿山，这些矿山将会对环境造成严重污染，而复垦责任人不明确，只有等待中央和地方政府对其投资修复。

（2）全球化区域矿业投资竞争隐性降低了绿色矿山治理标准

采矿投资者在进行采矿投资的过程中，往往会考虑主权和监管法律的要求。如果一个主权国家和另外一个主权国家通过竞争来吸引相应的投资，那么矿业公司就会在这两者竞争中找到最低的成本来进行经营，这就是“逐底竞争”[①]带来的影响。这种情况在不同国家是普遍存在的。加拿大弗雷泽研究所曾经在这个领域进行了研究并且完成了相应的调查报告，在其具有影响力的报告中针对矿业投资人对全球主要矿业法领域的总体“政策观察”进行了总结，通过调查分析以确定哪个具体治理区域在任一已知年份最有利于采矿活动。

① 逐底竞争（race to the bottom）是国际政治经济学的一个概念，意指在全球化过程中，资本流遍世界，就是为了寻找最高的回报率。因此，政府在有关福利体系、环境标准和劳工保障的政策执行方面会受限制。

弗雷泽研究所关注和衡量的并不是最严格的标准（即环境与社会危害最小的标准），而是侧重最有利于国际矿业公司投资的监管环境。矿业协会以及行业协会都会通过观察指数来进行判断，同时在这个过程中协会也会向政府施加压力，希望政府可以通过各项措施来进一步提升投资吸引力，但这往往是以导致环境受到破坏和污染为代价的。

（3）以国家为主的矿业利润分配体系决定着绿色矿山治理程度

矿产资源大部分都属于国家和政府所有，并且世界上许多优秀的自然资源开采公司以及矿业公司也都属于国有。典型的包括中国国家能源集团、智利国家铜业公司、沙特矿业公司等。国资企业既是绿色矿山治理监管机构又是被监管的对象，这削弱了国家监管机构执行绿色矿山治理相关法律的完整性和独立性，同时矿山开发以及相应的经营是国家政策的重要内容，在这种情况下往往对矿山经营带来的影响缺乏考虑。

（4）绿色矿山治理难以与利益攸关方取得一致

近年来，全球采矿活动活跃，在这个过程中导致了许多的社会冲突。在不同的社会文化因素共同影响下，矿业法在执行过程中的监管效果不同。参考全球环境正义地图（EJAtlas）统计得到的相关数据可以发现，全球在过去 20 年的时间里，相应的内部冲突在持续增加，从最初的 2000 年的 50 次冲突持续上涨到 2016 年的 250 次，在这个过程中冲突次数提升了 4 倍。并且从调查的结果来看，许多社区对于企业的行为往往缺乏信任，认为矿业公司的各项行为不具备合法性。全球利益攸关方，包括采矿产品的消费者、环保人士等，一方面批评采矿业带来不良环境影响，将采矿行业视为社会认同度最低的行业之一，并将采矿视为破坏地球、冲击人们传统生活方式的罪魁祸首之一；另一方面却依然乐此不疲地消费各种与矿产资源相关的生活资料，包括计算机、汽车、电话等，并没有针对自身建立相应的道德标准，也没有从个人消费的角度来对矿业公司提出相应的要求。

（5）自然生态的全球变化为绿色矿山治理增加了不利因素

目前，包括气候变化、极端天气增加等全球变化为绿色矿山治理增加了不利因素。如恶劣天气事件改变了矿山规划、生态修复、安全和作业的基本条件，气候变化还会影响生态修复的成功性。矿山一般位于偏远地区，这些地区缺乏基础设施，而且容易遭受洪涝、干旱、旋风等事件影响。这种情况进一步增加了矿山绿色开采的难度。如何将全球环境风险与相应的矿业管理计划相互融合是目前绿色矿山治理面临的新挑战与重要的研究课题之一。

（6）矿业和环保相关法规和准则对绿色矿山治理缺乏约束力

尽管很多矿业企业自愿加入了不同的绿色矿山治理倡议，如《全球报告倡议：采矿和金属部门》，但类似这样的倡议与规范都属于自愿遵守，并无法定的义务和责任约束，不具备法律强制性。只有当这些规范与矿物贸易、企业准入、银行贷款、第三方评价相关联时，才会发挥效力。例如，根据美国 2010 年实施的《冲突矿产法》，美国政府规定，包含较大的电子企业在内的全部在美国证券交易所当中上市的企业，务必要向证券交易委员会出示它们原材料的原产地（张雅丽等，2018）。与之相似，伦敦金属交易必须要对一些生产商（如伊朗）的管控与制约进行评测，从而避免“违反国际法而通过其平台销售金属”。但有关销售管控是为了制约以及清除全球供应链当中一些矿产资源的销售（如冲突区域出产的“冲突矿产”），最终目的是应对采矿腐败、人权缺失、社区福祉等问题。目前，还较少有国际制度直接将生态修复、生物多样性保护等指标纳入国际矿物贸易、企业准入的框架中。因而，国际倡议或者法规标准的约束力显得不够。采矿业身为自然资源领域的十分重要的行业之一，它的特点有矿业活动存在不确定性、位置个性化、社会经济环境特点不同、矿床独特性、自然资源之间关系的复杂性等。因而从立法的层面来看，要做到全部刚性化、精细化、先知式的管控和立法是具有显著挑战性的。

（7）争议中的矿山生态修复标准制约了绿色矿山治理

为了获得采矿权，矿业公司在编制生态修复或矿山关闭报告时，往往将修复目标定得过高。比如，澳大利亚昆士兰州颁布了六个级别的土地修复策略，由高至低依次是：防止干扰、恢复到自然生态系统、开发成为高利用价值的土地、恢复之前土地用途、开发成为低利用价值的土地、将土地遗留为不可用以及环境损坏的状态（罗伯特 •米尔伯恩，2018）。矿业企业为了获得环保部门的批准，选用较高层级的目标。此外，环境或者土地管理部门对矿山生态修复的要求也较高，如中国《土地复垦条例》规定优先复垦为耕地、美国《露天采矿及复垦法》规定将地形恢复到近自然状态。越来越多的实践表明，将采矿迹地恢复到原来状态是不现实的。采矿迹地大多创造的是新型生态系统。例如，澳大利亚昆士兰州矿山复垦的牧草地和自然生境，平均坡度是原地貌的 2.5～7 倍，土壤 pH、电导率和磷含量较高，较陡的地形、较差的土壤条件、贫瘠的本土植物库、侵入性草本都表明复垦后的生态系统是一种新型生态系统，不适宜放牧，自然价值也较低（Glenn et al.，2014）。因此，如何确定矿山生态修复的目标和重点成为当前国际绿色矿山治理的一个争议，其中包含了人工修复和自然修复措施的争议、对新型生态系统与原状生态系统的争议，还包含了对土地复垦、生态修复、生态恢复这几个名词的概念的争论。

1.1.5　“一带一路”背景下中国参与全球绿色矿山治理面临的形势

我国的矿物资源有着储量多但人均少、矿物分布不均匀、小型矿多大型矿少、矿产品质较低、供不应求的特点。我国从澳洲、美洲等地区进口煤、铁、石油、铜、铝、镍等矿物。越来越多的国内矿业企业加入全球绿色矿山治理当中。随着“一带一路”建设的推进，矿产资源方面的国际合作成为其重要构成之一，它会推进我国和“一带一路”沿线国家之间的矿业合作（Erskine et al.，2013；刘伯恩，2015；顾海旭等，2015）。我国在新时代参与全球绿色矿山治理中将发挥越来越大的作用，同时也面临着复杂的形势。

（1）社会与环境责任成为矿业企业“走出去”的一个瓶颈

当今全球矿业发展整体走向要求跨国公司在投资合作过程当中更加注重道德、人权、劳工、环境、健康、安全、价值链和反腐败这些方面，在收获利益的同时要保证经济、社会、环境协同发展。随着国际上对于良好的环境和可持续发展呼声不断增高，可持续以及负责任的矿业发展已经成为国际共识。随着经济的增长，各国秉承绿色矿业发展理念，加大推进矿业可持续发展力度。比如，巴布亚新几内亚开展的闭坑计划，需要采矿权人在提交勘查或者开采许可证申请时即要开展环境及社会影响评价。柬埔寨发布了《小规模及手工采矿管理办法》，目的是推动矿业可持续发展、加强矿业企业的环境管治以及社会责任，并和联合国开发计划署共同监控管理小型开采项目。印度尼西亚为了提升矿产资源开采的环境标准门槛，在 2009 年发布并实行了《国家空间规划》，并且将是否达到《国家空间规划》规定作为矿产资源开采的一个必要条件。中亚多个国家在改进国内冶炼厂时采用了整体回收利用率高、清洁环保的技术，中亚各国政府普遍都增强了对环境的保护。

近年来，我国海外矿业投资仍存在一些社会环境风险事件，社会与环境责任是矿业企业进一步发展过程中的显著瓶颈。根据标普全球市场情报数据统计，至 2018 年年底，我国海外投资矿山项目中有近一半（44%，154 个）由于各种原因处于暂停等不活跃状态。此外，199 个处于活跃状态的矿山项目中，真正进行生产经营的只有 55 个，其余项目多处于勘探、可行性研究、建筑设计或建设、试生产等阶段（乔彦斌，2015）。在国际投资合作领域，我国矿业企业社会责任缺失案件出现的频率呈上升趋势，这些社会责任缺失案件随着媒体的传播与放大带来了负面影响。从小的层面看，损害了企业在国际树立的企业形象；从大的层面看，降低了东道国政府、民众等的满意度，甚至影响了我国的国际形象。

（2）中国矿业龙头企业逐步落实绿色矿山计划

绿色矿山治理逐渐被中国矿产企业重视起来，在国际化过程中也采取相应的治理措施。中国五矿是我国的一家国企，在多元化矿业领域，它的专业水平处于世界领先地位。2015 年 12 月 8 日，在国务院批准下，中国五矿与中冶集团实施战略重组，重组后新的中国五矿集团资产总额超过 7 500 亿元，员工 24 万人，成为全球金属矿产行业的一艘“航空母舰”。在引导企业投资方面，中国五矿集团是南美、非洲和澳大利亚等地的连接桥梁。中国五矿集团被指定与国际海底管理局共同开展深海海底矿产开发。中国五矿化工进出口商会同德国国际合作机构（GIZ）组织专家编写并发布了《中国对外矿业投资行业社会责任指引》。这是国际上第一部跨境矿业投资的全面的、自愿性的社会责任标准，被国际上认为具有里程碑意义（王秋蓉，2015）。

（3）中国绿色矿山治理在国际层面具有巨大发展潜力

中国矿业深度参与“一带一路”建设，不仅有利于实现生产要素的全球化优化配置，也有助于我国矿山企业形成更大的国际竞争力。在“走出去”过程中，我国矿业企业在租赁经营、风险探矿、兼并重组、用项目换资源、参股境外矿业企业等主要开发方式上有一定的经验。“一带一路”沿线国家和地区在经济发展水平上存在鲜明的层次性，在资源禀赋、经济结构、发展需求等方面的差异性，为中国矿业国际合作提供了广阔的空间和选择余地。在“走出去”战略的支持下，中国矿业企业与沿线国家和地区有更多的合作机会和空间。“一带一路”沿线国家和地区可以相互弥补矿产资源的不足。比如我国可以为其他国家和地区提供它们急需的矿产资源，如稀土、锡、钨等，而其他国家可以为我国提供紧缺的矿产资源，如铜、铝、铁矿石、镍等。“一带一路”沿线国家及非洲国家自然资源丰富、环境法规薄弱、绿色矿山治理能力较差。因此，在矿产资源的资源勘查程度、绿色开采技术手段、绿色矿山建设与生态修复等方面也存在着互补性和机遇（王秋蓉，2015；于宏源，2018）。

1.1.6 中国参与国际绿色矿山治理的路径建议

（1）积极主动融入国际绿色矿山治理体系

绿色矿山治理已成为国际共识，国际上对矿产资源勘查开发在信息披露、环境保护、社区参与等方面的要求也越来越严格。但国际上与绿色矿山治理相关的倡议和标准，如《采掘业透明度倡议》（EITI）是由西方国家主导的。中国外交部已对《采掘业透明度倡议》进行了评估并认可其原则，但考虑到《采掘业透明度倡议》与中国不干涉他国内政的外交政策冲突，以及《采掘业透明度倡议》属非政府机构倡议，因此不拟实施。对于发展中国家而言，推行与发达国家相同的标准，有时并不符合本国的经济和发展水平，对本国企业的境外投资也不利。我国矿业“走出去”往往受到西方媒体的质疑和抨击。一方面，中国矿业企业应主动回应国际关切，参与联合国、经济合作与发展组织、世界银行、世界自然基金会等国际组织关于环境、社区等方面的企业社会责任标准研制等工作；另一方面，政府应积极主动引导行业协会、科研机构参与国际矿业规则的制定，从“规则接受者”向“规则制定者”转变，以行业标准取得“话语权”，如编制中国绿色矿山建设的最佳实践，为全球矿业治理提供参考（刘伯恩，2016）。

（2）结合“一带一路”建设布局和矿业“走出去”战略，推广中国绿色矿山治理的实践

利用其他国家与我国资源和技术的互补性，以项目合作、技术交流、工程承包等形式推广绿色矿山治理的技术和模式。矿业管理的行业协会、政府部门发挥组织优势，制定指引性规范，引领中国矿业企业在“走出去”的过程中，积极推广绿色矿山治理，树立负责任的矿业开发形象（唐金荣等，2015；杨昆等，2017；王玮，2017）。在现有的矿产资源领域国际合作机制基础之上，加强绿色矿山治理的合作交流平台。结合现有的国际学术会议组织，如国际土地复垦与生态修复学术研讨会，国际矿业、能源与环境高等教育联盟，来加强绿色矿山治理的“政学企”合作交流①，发起绿色矿山治理的“一带一路”倡议。

① 相关“政学企”交流活动，如 2019 年 5 月，生态环境部对外合作与交流中心与中国矿业大学在江苏徐州共同主办的“‘一带一路’绿色矿业与可持续发展论坛”。来自中国、泰国、缅甸、柬埔寨、秘鲁、英国、美国、澳大利亚等国约 20 位政府官员和学者与会，应邀参会的还有来自牛津大学、昆士兰大学、中国地质大学、生态环境部南京环境科学研究所、中国地质科学院等 25 所高校及科研院所的约 60 名国内外知名学者和专家。会议探讨了绿色矿业重点技术与政策及未来发展趋势。

开展“一带一路”地区的基础地质与矿产资源潜力调查、矿山地质环境遥感调查、生态环境风险调查、社区参与调查、生态修复技术推广与应用调查等，从而为促进经济发展和实现控温 2℃的能源系统低碳转型而科学、精准地开展“一带一路”低碳矿产资源开发与利用合作。

（3）开展技术、政策和理论的原始创新，引领国际绿色矿山治理发展

从发达国家的经验来看，绿色矿山治理面临诸多挑战。技术方面的挑战包括生态修复的目标权衡，残留环境风险的治理技术，关闭矿山的治理技术，干旱、高寒和陡坡等特殊场地的生态恢复技术，高质量土地恢复技术，大面积损伤地下水/地表水环境治理技术，矿山长时序近实时遥感监测监管技术，生物多样性与生态服务保护与修复技术等（杜轶伦，2017）。在政策方面，还需要解决国家作为绿色矿山治理的监管者和实施者的效率问题，环境保护、矿业、自然资源、水资源等部门之间的协调性问题，全球矿业投资竞争与市场波动对绿色矿山治理的影响问题，绿色矿山治理与矿产品销售、矿业企业准入条件问题，矿业立法尚不能解决采矿迹地土地利用、社会公平性问题等。在理论方面，还需要突破和深化自然修复与人工修复理论，新型生态系统建设理论，矿地融合与协同管治理论，矿山生态系统恢复力与适应性管理理论（何皓等，2018；张绍良等，2018；张绍良等，2016）。目前，我国科研人员在这些领域已经开展了不少的探索。我国具有地域辽阔、自然地理条件分异大、矿山资源类型丰富等特点，通过加强基础研究、政府和企业协同实践，有望为国际绿色矿山治理贡献中国方案。

1.2 绿色矿业与应对气候变化①

传统的矿业开发与资源利用活动尚未引入“气候智慧型矿业”理念，采矿冶金行业与应对气候变化及新能源相关部门之间往往具有隔阂或缺乏有效的合作，这是一种非完全理性的“利益冲突”和“价值观冲突”导致的结果。事实上，应对气候变化恰恰需要有效和可持续的矿业资源保障。正如联合国环境规划署（UNEP）国际资源专家委员会（International Resource Panel）的知名学者 Saleem Ali 在 *Nature* 上发表的文章所指出的：“向低碳社会的转型变化，需要大量的金属与矿物资源。矿产资源开发与气候变化有不可分割的联系，不仅因为采矿需要消耗大量的能源，而且因为如果没有足够的矿产原材料供给来生产清洁能源技术设备，世界就根本无法应对气候变化”，并提出了“可持续发展的矿产供应需要有效的资源治理”（Ali et al.，2017）。Benjamin K. Sovacool 等学者在 *Science* 上发表的文章则提出“鉴于矿物和金属对未来低碳技术扩散的核心影响，建议将矿产材料安全积极纳入

① 本小节部分内容以文章形式亦载于《绿色“一带一路”与 2030 年可持续发展议程》（中国环境出版集团，2021 年第 1 版）。

气候规划”（Sovacool et al.，2020）。

国际能源署的研究显示，在全球实现应对气候变化 2℃温升或 4℃温升的未来情景下，风能和太阳能年产能将大幅提升。到 2050 年，2℃温升情景下风能年产能是 2018 年水平的 8 倍，太阳能年产能是 2018 年水平的 10 倍。在实现 2℃温升情景下，风能技术发展对多种相关的金属矿物（铝、铬、铜、铁、铅、镁、钼、钕、镍、锌）的需求量将增长约 250%，太阳能技术发展对多种相关的金属矿物（铝、铜、铟、铁、铅、钼、镍、银、锌）的需求量将增长约 300%。更为严峻的是，低碳转型所需发展的储能技术（energy storage technologies），包括各种电池技术和电网系统储能技术，对多种战略性关键矿产的需求巨大。研究显示，在实现全球 2℃温升情景下，储能技术设备及基础设施的未来发展趋势意味着多种战略性关键矿产需求量增长高达 1 200%。全球未来转向以低碳发电和节能技术为基础的低碳经济，将深刻改变矿产需求的规模和比重（世界银行，2020）。

可再生能源领域正获得越来越多的投资，水电、太阳能和风能以及大型水电投资迅速增长，已与化石能源投资的重要性趋同（IEA，2020）。2019 年 5 月 1 日，世界银行启动气候智慧型矿业基金，这是史上首个致力于推动矿业发展与应对气候变化及促进可持续发展协同的基金。该基金将支持风能、太阳能、储能电池、电动汽车等清洁能源技术中使用的矿产品和金属的可持续开采与加工，其重点是帮助资源丰富的发展中国家从全球 2℃温升情景对矿产和金属日益增长的需求中受益，同时确保矿业管理方式能够最大限度地减少环境和气候足迹。该基金基于世界银行报告《矿产和金属对低碳未来日益增长的作用》，该报告发现未来低碳发展情景对矿产的需求远高于常规情景。要实现低碳经济，到 2050 年，全球对锂、石墨和镍等战略性矿产的需求将分别猛增 965%、383%和 108%。矿产和金属的需求增长在为矿产丰富的发展中国家提供机会的同时也构成挑战：如果不采取气候智慧型采矿方式，矿业生产的负面影响将会增加，对脆弱的社区与环境将会造成影响（World Bank Group，2016）。[①] 世界银行支持向气候智慧型矿业和可持续绿色价值链的低碳转型。发展中国家可以在这一转型中发挥主导作用：以尊重社区和生态环境的方式开发战略性矿产。拥有战略矿产资源的国家真正有机会从全球清洁能源转型中获益（世界银行，2019）。世界银行的目标是总投资 5 000 万美元，在 5 年时间内进行部署。气候智慧型矿业基金将侧重于围绕四个核心主题的活动：减缓气候变化，适应气候变化，减少物质影响并创造市场机会，促进去碳化和减少清洁能源技术所需的关键矿产供应链中的物质影响。亚洲基础设施投资银行（AIIB）近期宣布将扩大对太阳能和风能等可再生能源的融资，并计划到 2025 年实现 50%的绿色投资（IEA，2021）。可再生能源电力（光伏、风能、水力）、核能、零碳氢能、可持续生物能，以及零碳能源综合利用服务（智能电网、电动汽车、储

---

① 这个多方捐助的信托基金将与发展中国家和新兴经济体合作，在整个矿业产业链中实施可持续和负责任的战略和做法。基金的合作伙伴包括德国政府和私营公司、力拓和英美资源集团。该基金还将协助各国政府建立健全政策、监管和法律框架，促进气候智慧型矿业发展，为私人资本创造有利的环境。

能）等将是能源系统零碳化的重点发展方向。

1.2.1 实现全球控温 2℃意味着矿产资源需求大幅上升

国际社会在讨论低碳发展和矿业发展前景时，常常关注的是为了实现《巴黎协定》所要求的全球控温 2℃目标（后提出更为严峻的 1.5℃目标）而需要减少煤炭资源的开采和利用（尽管也有观点提出碳捕集技术的发展可应对煤炭资源产能所排放的 CO_2），却往往忽略了建造可再生能源系统与低碳基础设施实际上意味着对金属等矿产资源原材料需求的大幅增长。矿产和金属将在低碳转型过程中发挥关键作用，这种趋势可能对矿产和金属市场产生重大影响。未来转向以低碳发电和节能技术为基础的低碳经济，将改变矿产和金属需求的规模和比重。

国际能源署《能源技术展望 2016》分析了全球控温 2℃、4℃和 6℃情景下的减排目标以及其意味的全球能源组成的重大改变（表 1.1）。可见实现 2℃控温不仅意味着能源产出总量控制，还意味着可再生能源所占比率大幅增加。实现全球控温 2℃、4℃和 6℃对可再生能源发展意味着不同的发展要求。6℃的温升意味着可再生能源需要从现在的能源组合中的占比 14%提高至 18%，若实现 2℃温升则需要可再生能源占比提高至 44%。向清洁能源（风能、太阳能、氢能和生物质能等）转型，与目前传统的以化石燃料为基础的能源供应系统相比，系统在组成上需要消耗更多的矿物与金属材料。研究表明，低碳技术需求与金属矿物需求相辅相成，在控温 4℃和 2℃的情景下这种需求大幅增加。最典型的例子是电动蓄电池，其中金属铝、钴、铁、铅、锂、锰和镍的需求量在 4℃温升情景下增长相对温和，而在 2℃温升情景下需求量增长则达到 1 000%以上。大幅度原材料需求的增长则意味着全球采矿项目和矿物加工产业的增加（World Bank，2017）。

表 1.1 国际能源署能源展望①

情景	描述
2℃温升	2℃温升给出了所需要的能源系统部署路径和碳排放轨迹，限制了到 2100 年期间与能源有关的碳排放量为 1 000 Gt，并且意味着到 2050 年全球化石燃料燃烧和工业排放将减少 60%
4℃温升	各国当前现有的减排和提高能源效率的承诺，有助于将温升控制在 4℃之内。应该注意到，尽管 4℃的温升不能达到《巴黎协定》的要求，仍会导致危险的全球变暖，但实现 4℃控温仍需要对现有的政策和技术进行重大的调整。此外如果长期控温在 4℃以内，还需要在 2050 年以后大幅减排
6℃温升	6℃温升很大程度上是当前趋势的延伸，二氧化碳排放到 2050 年将增长 60%，大约 1 700 Gt。在没有任何控制大气中温室气体努力的情况下，到 21 世纪末温度将升高（较工业化前水平）约 4℃，并在未来达到 5.5℃以上

① International Energy Agency. Energy Technology Perspectives 2016[R]. 2016.

世界银行与国际采矿和金属理事会（International Council on Mining and Metals）合作，利用现有的最新数据，对低碳转型实现 2℃温升和 4℃温升所引发的能源变革对未来金属矿产的需求进行了预测分析。研究（World Bank，2017）表明，全球经济低碳转型将刺激需求增长的金属资源主要包括铝（包括铝土矿）、钴、铜、铁矿石、铅、锂、镍、锰、铂族金属、稀土金属（镉、钼、铵、铟）、银、钢、钛和锌等。

图 1.1 展示了 2℃、4℃、6℃温升情景下未来风能预测；图 1.2 展示了 2050 年风能技术供应的金属需求情景（以 2℃和 4℃温升为例）；图 1.3 展示了 2℃、4℃、6℃温升情景下未来太阳能预测；图 1.4 展示了 2050 年太阳能技术供应的金属需求情景（以 2℃和 4℃温升为例）。

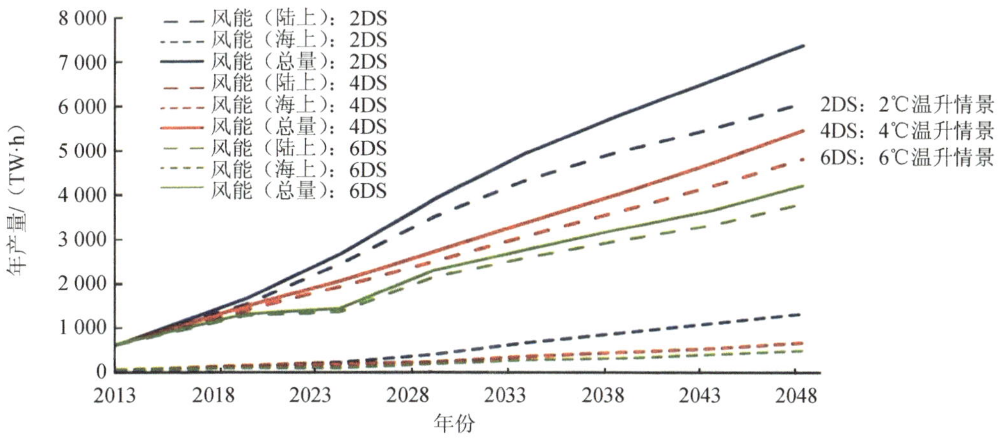

图 1.1　国际能源署《能源技术展望》2℃、4℃、6℃温升情景下未来风能预测

资料来源：World Bank Group，2017。

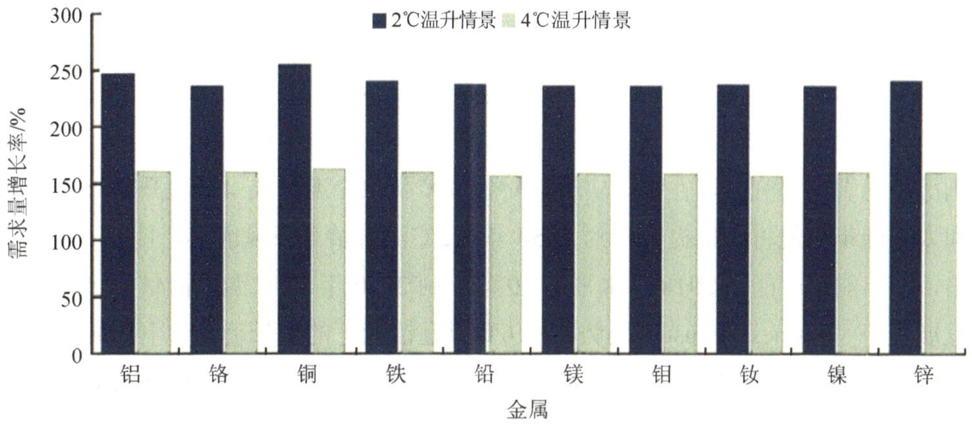

图 1.2　2050 年风能技术供应的金属需求情景

资料来源：World Bank Group，2017。

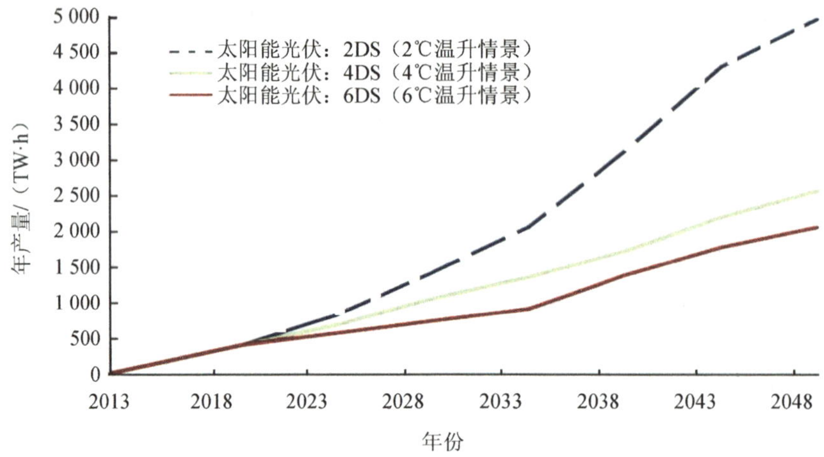

图 1.3　国际能源署《能源技术展望》2℃、4℃、6℃温升情景下未来太阳能预测

资料来源：World Bank Group，2017。

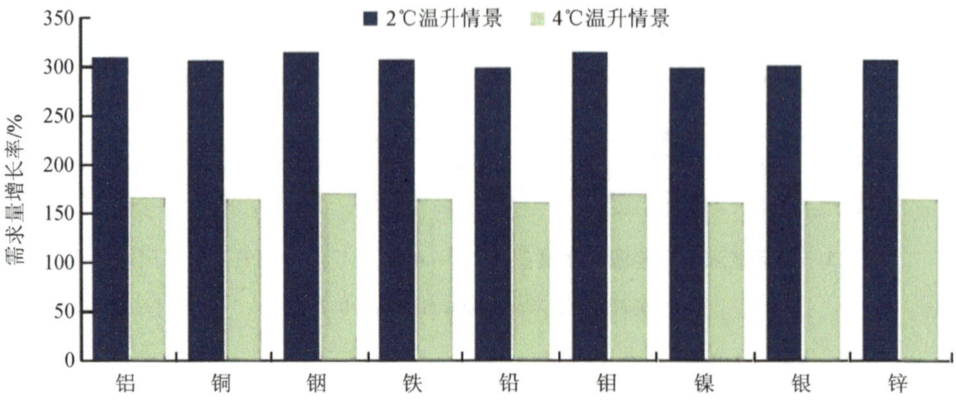

图 1.4　2050 年太阳能技术供应的金属需求情景

资料来源：World Bank Group，2017。

国际能源署的研究显示在全球实现应对气候变化 2℃温升或 4℃温升的未来情景下，风能和太阳能年产能将大幅提升。到 2050 年，2℃温升情景下风能年产能是 2018 年水平的 8 倍，太阳能年产能是 2018 年水平的 10 倍。到 2050 年，2℃温升情景下风能产能将是目前发展趋势（business-as-usual 趋势，即 6℃温升情景下的增长趋势）下届时年产能的两倍（8 000 TW·h：4 000 TW·h），太阳能则是 3 倍以上（5 000 TW·h：1 500 TW·h）。那么，为满足这种可再生能源大幅增长的需求，风能和太阳能技术设备的生产和基础设施建设所需要的多种关键金属矿物需求量将大幅度增长。在 2℃温升情景下，风能技术发展相关的多种金属矿物（铝、铬、铜、铁、铅、镁、钼、钕、镍、锌）需要增长约 250%，太阳能技术发展相关的多种金属矿物（铝、铜、铟、铁、铅、钼、镍、银、锌）需要增长约 300%。

更为严峻的是，低碳转型发展所需的储能技术（energy storage technologies），包括各种电池技术和电网系统储能技术，对多种战略性关键金属的需求巨大。研究显示，在 2℃温升情景下，储能技术设备及系统的未来发展趋势意味着多种战略性关键金属矿产需求量增长高达 1 200%（图 1.5）。

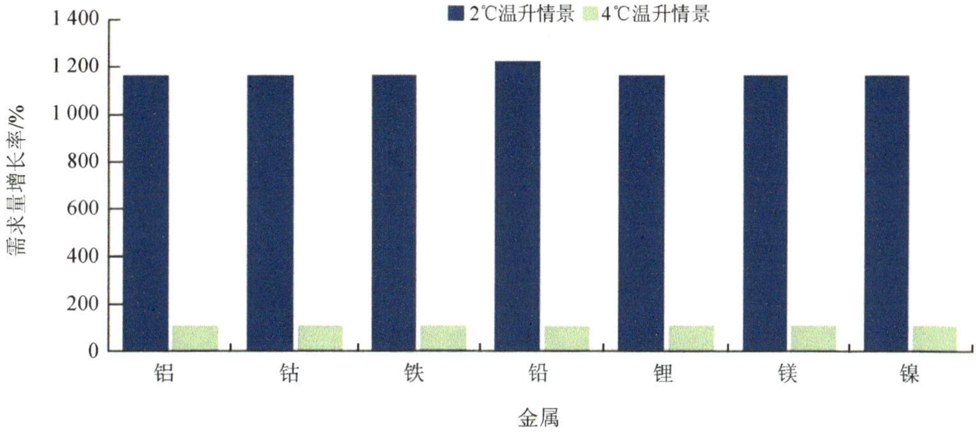

图 1.5　2050 年储能技术系统的金属需求情景

资料来源：World Bank Group，2017。

此外，不仅是风能、太阳能和储能系统对金属矿物需求量大，世界银行的研究报告系统地展示了各种低碳技术（如风能、太阳能、聚光太阳能、碳捕集、核能、发光二极管、电动汽车、储能系统、电动摩托车）对多种关键金属的需求，如表 1.2 所示。综合所有低碳技术，2050 年对多种金属矿产的需求增长如图 1.6 所示，2℃温升与 4℃温升情景相比，锂、锰需求增长显著。此外，若 2℃温升情景与 6℃温升情景相比，锂的累计需求则将增长 1 060%，锰的累计需求将增长 2 590%。

表 1.2　多种低碳技术对金属资源的需求

	风能	太阳能	聚光太阳能	碳捕集	核能	发光二极管	电动汽车	储能系统	电动摩托车
铝	X	X	X	X		X		X	X
铬	X			X	X	X			
钴				X	X		X	X	
铜	X	X		X	X	X	X		X
铟		X			X	X	X		
铁（铸）	X		X			X		X	
铁（镁）	X								X

	风能	太阳能	聚光太阳能	碳捕集	核能	发光二极管	电动汽车	储能系统	电动摩托车
铅	X	X			X	X			
锂							X	X	
镁	X			X			X	X	
钼	X	X		X	X	X			
钕	X						X		
镍	X	X		X	X	X	X	X	
银		X	X		X	X	X		
钢	X								
锌		X				X			

资料来源：World Bank Group，2017。表中 X 符号表示该低碳技术（纵列）对矿产资源（横列）有需求。

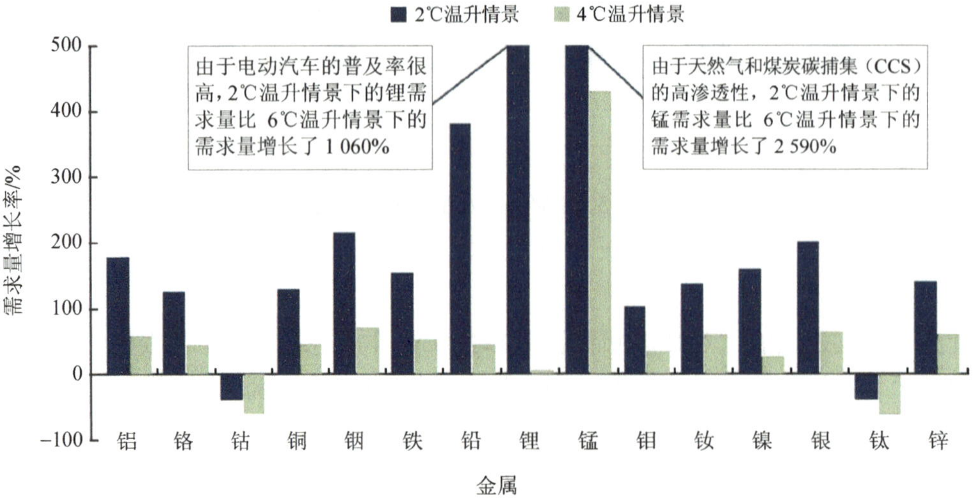

图 1.6 低碳技术 2℃或 4℃温升情景下 2050 年对多种金属矿产的需求

资料来源：World Bank Group，2017。

1.2.2 “一带一路”矿业开发与合作对我国及相关国家经济发展和实现全球控温 2℃都有重大意义

（1）“一带一路”矿业开发与合作对我国及相关国家经济发展意义重大

矿产资源是工农业生产与消费中重要的原材料之一，矿业事关国家产业安全、经济安全、国防安全等方方面面，是国民经济的重要基础，是其他产业部门发展的硬约束条件，也是促进全球实现应对气候变化控温 2℃所需发展的可再生能源技术系统的物质保障。对国家而言，矿产的国内供应量、进口供应链的稳定程度以及对于外部威胁的认知对国家安全与战略有重大影响（于宏源，2018）。

世界银行报告指出，发展中国家必须更好地决定如何利用未来的商品市场，以实现可持续发展目标。值得注意的是，这些关键金属在发展中国家的储量占比与目前开采量占比不协调。例如，目前发现全球铝土矿储量的 94%是在发展中国家，不包括中国在内的发展中国家铝土矿储量占全球已知储量的 63%，但仅占产量的 30%。特别是几内亚拥有全球已知储量的 26%，但只占全球 6.5%的产量（刘学，2017）。因此，发展中国家为全球实现低碳转型在关键金属矿产的开发领域将大有作为。我国在低碳技术所需的关键金属储量和开采上占有优势，这是我国引领全球低碳转型的物质基础。

于宏源针对我国矿产资源安全与“一带一路”矿产资源风险的研究表明：我国与“一带一路”沿线国家的合作主要集中在采矿、建筑、木材和基础设施建设等行业，能源与矿业是我国在“一带一路”沿线国家投资的主要领域。① 近年来，基于采矿业需求日益上升的趋势，矿产的可持续供应和生产对“一带一路”倡议的落实具有重要影响。“一带一路”沿线国家的矿产资源在我国进口中占比大且集中度②高。我国 1/3 的战略资源进口集中度超过 80%，如铝土和镍的进口集中度约为 95%，铁矿石为 90%。不仅如此，从我国海关网主要进口大宗商品数据来看，我国铬矿对外依存度为 97.4%，铁矿为 73.2%，镍矿为 72.6%，铜矿为 65.7%。我国对印度尼西亚煤矿进口依存度为 20.7%，铝矿进口依存度为 23.6%，镍矿进口依存度为 22.3%；对蒙古国煤矿进口依存度为 8.4%，铜矿进口依存度为 11.4%，锌矿进口依存度为 4.3%；对缅甸锡矿进口依存度为 97.2%；对菲律宾镍矿进口依存度为 76.3%；对澳大利亚煤矿进口依存度为 41.3%，铁矿进口依存度为 58.8%，铜矿进口依存度为 8.1%，铝矿进口依存度为 43.1%，镍矿进口依存度为 0.4%，锌矿进口依存度为 38.8%。中国工程院定义的 45 种战略矿产中，我国短缺或不能保证自给的多达 27 种，而且一半以上依赖进口（于宏源，2018）。总体来看，我国多种矿产资源对外依存度高，这都促使我国不断寻求加强与“一带一路”沿线国家的矿业合作。

我国矿产资源存在的“贫、杂、细、散”特征以及人均可开采量远低于国际平均水平的国情都决定了我国对国际矿产资源合作的需求。“一带一路”倡议为我国最大限度地运用全球资源、开拓基于资源共同开发的经贸合作提供了战略机遇。“一带一路”矿业开发与合作为我国的资源安全和供应链稳定提供了重要保障，为我国经济的可持续发展提供了基本的物质基础，对于实现我国资源来源未来多元化和提高资源供应的抗风险能力具有积极作用。

同时，“一带一路”矿业开发与合作有益于振兴部分沿线发展中国家经济，造福沿线国家人民。开发矿产资源是“一带一路”沿线众多发展中国家当前国家发展战略的重要内容，尤其是对于仍处于较低发展程度的国家工业化进程的早期阶段意义重大。资源产品不

① 参考中华人民共和国商务部对外投资和经济合作司“走出去”公共服务平台中服务“一带一路”栏目中的资料。
② 集中度表征进口矿产来源国的数量，数量越少，集中度越大。

仅能直接促进经济增长和国家收入，还能给国内工业部门提供能源和原材料，促进基础设施建设，并往往成为国家的外汇来源。

（2）“一带一路”矿业开发对我国引领世界实现全球控温 2℃意义重大

“一带一路”沿线国家在地理位置上横跨劳亚、特提斯和环太平洋三大成矿域，该地区由于较好的成矿条件而蕴藏了丰富的矿产资源，已成为全球重要的矿物原材料来源地，特别是铜、金、镍、铝土矿、铁矿石、锡、钾盐等重要固体矿产资源丰富，是全球重要的供给基地。其中，铜资源储量占世界储量的 32.3%，金资源储量占 26.1%，镍资源储量占 23.4%，铝土矿资源储量占 18.9%，铁矿石资源储量占 35.7%，锡资源储量占 63.9%，钾盐资源储量占 69.8%。这些重要固体矿产资源基本都是我国较为紧缺的战略性大宗矿产，而这些战略性矿产在“一带一路”沿线国家分布广泛。“一带一路”沿线国家资源勘查开发潜力巨大（陈喜峰等，2017）。

表 1.3 展示了“一带一路”沿线国家重要固体矿产资源储量、产量、消费量；表 1.4 展示了“一带一路”沿线国家是世界矿物原材料的主要供给基地，可见对低碳转型实现 2℃温升情景有重要意义的多种关键金属在“一带一路”沿线国家储量巨大，在全球占领先地位。因此，为促进全球低碳转型实现 2℃控温，有效地、可持续地利用好“一带一路”沿线国家矿产资源以致力于对关键金属需求高的多种可再生能源设备生产和基础设施建设则显得至关重要。

表 1.3 “一带一路”沿线国家重要固体矿产资源储量、产量、消费量

矿种	储量	储量占世界比例/%	产量	产量占世界比例/%	消费量	消费量占世界比例/%
铜/万 t	23 269	32.3	486.4	26.3	14 502	63.7
金/t	16 400	26.1	1 008	33.6	2 430	71.1
镍/万 t	1 850	23.4	104.2	41.2	84.2	49.7
铝土矿/亿 t	53	18.9	1.14	41.7	1.4	50
铁矿石/Mt	67 800	35.7	63 1	28.6	1 400	73.7
铅/万 t	2 976	33.4	261.4	55.5	572.8	56.1
锌/万 t	5 200	26	607	45	856.6	62.6
锡/万 t	307	63.9	5.95	22	23.6	85
钾盐/Mt	2 582	69.8	18.99	55	26	64
磷矿石/亿 t	112.2	16.3	1.4	62	1.4	72

资料来源：美国地质调查局（USGS），2019。

表 1.4　“一带一路”沿线国家所处主要成矿域及成矿区特征（唐金荣等，2015）

序号	成矿域（区）	包含成矿带（矿集区）	主要矿种	典型矿床
1	环太平洋成矿域西南矿段	东亚大陆边缘成矿带	钨、锡、钼、铅、锌、金、银等	俄罗斯埃库格斯科锡矿 俄罗斯尤尔廷钨矿
		西南太平洋成矿带	铜、金、锡、镍、铬等	菲律宾迪纳加特岛红土型铬矿 巴布亚新几内亚莫罗贝海岸红土型铬铁矿 印度尼西亚勿里洞砂锡矿
2	特提斯-喜马拉雅成矿域	西亚成矿带	钨、钼、铜、铅、锌、锡、铬等	伊朗松贡斑岩铜矿 巴基斯坦赛恩德格铜钼矿 阿富汗艾娜克铜矿
		喜马拉雅-三江成矿带	铜、钼、铅、锌、金、银等	西藏玉龙铜矿 甲玛铜矿 云南思茅铅锌银矿
3	中亚-蒙古成矿域	乌拉尔成矿带	铜、铅、锌、镍、铬、铁等	俄罗斯萨拉诺夫铬铁矿 俄罗斯布鲁克塔尔镍矿
		阿尔泰成矿带	铅、锌、稀有金属等	哈萨克斯坦马列耶夫铜铅锌矿 俄罗斯兹麦伊诺戈尔斯克铜铅锌金银矿
4	西伯利亚地台成矿区	西西伯利亚矿集区 东西伯利亚矿集区	铜、镍、金、银、钨等	俄罗斯诺里尔斯克镍矿 俄罗斯苏霍伊洛格金-铂矿 俄罗斯乌多坎铜矿
5	印度地台成矿区	南印度地台绿岩带中金矿和沉积变质型铁矿集中区 中印度地台沉积变质型铁、锰和斑岩型铜矿集中区 东印度地台沉积铁、铬铁铜、铝土、铀矿集中区 北印度地台铜、铅锌集中区	铁、锰、铬、铝、铜、铅、锌等	印度科拉尔金矿 印度库德雷姆科铁矿 印度马兰杰坎德铜矿 印度克特里铜矿
6	阿拉伯地台成矿区	红海东北沿岸铁矿集中区 沙特中北部沉积型铝土矿集中区 沙特西南部火山型铜-多金属矿集中区	铁、铝、铜、铅、锌、金、银、镍、钨、锡、锑等	沙特塞瓦温河铁矿 沙特宰比拉铝土矿 沙特赛义德山铜锌矿
7	塔里木-中朝地台成矿区	中朝地台北缘金属矿化集中区 中朝地台金属矿化集中区	铁、钼、金、铝、铜、镍、铅、锌、稀有金属和稀土矿产等	白云鄂博铁-稀土矿 夹皮沟金矿 大黑山钼矿 朝鲜茂山铁矿

序号	成矿域（区）	包含成矿带（矿集区）	主要矿种	典型矿床
8	扬子地台成矿区	江南地块矿化集中区 长江中下游矿带 上扬子地块矿化集中区 康滇地块矿化集中区	铜、铅、锌、金、银、钨、锡等	德兴铜钼矿 香炉山白钨矿 桃林铅锌矿 大冶铁铜矿 攀枝花钒钛磁铁矿

资料来源：唐金荣，张涛，周平，等．“一带一路”矿产资源分布与投资环境[J]．地质通报，2015，34（10）：1918-1928.

1.3 碳中和背景下“一带一路”矿产资源合作的协同增效①

2020 年 9 月 22 日，习近平主席在第七十五届联合国大会一般性辩论上郑重宣告，中国二氧化碳排放力争于 2030 年前达到峰值，努力争取 2060 年前实现碳中和②，擘画了我国建设生态文明和参与全球气候治理的宏伟蓝图。2021 年 3 月召开的中央财经委员会第九次会议指出，要把碳达峰、碳中和纳入国家生态文明建设的整体布局。为在 2060 年前实现碳中和目标，中国经济结构和经济社会运转必须进行“绿色、低碳、循环”发展的根本性变革。随着“双碳目标”倒计时进程的开始，如何切实将习近平生态文明思想中的系统性、整体性、协同性理念运用在实现碳达峰目标和碳中和愿景的具体路径“工笔画”中是全社会各行各业需要布局和落实的问题。中国已成为全世界最大的矿产品生产国、消费国和贸易国（鞠建华等，2019），在加速实现全球碳中和的国际共识背景下，生态文明建设和能源转型要求的社会经济系统性变革也将对矿产资源开发与利用提出更高和更绿色的要求。矿业绿色发展与高质量发展要遵循习近平新时代中国特色社会主义思想，紧密服务国家战略（侯华丽等，2018），加快国内行业现状的转变（杨俊鹏等，2017），同时在“共商共建共享”的全球治理理念指引下，广泛借鉴国际经验，对接国际需求，加强国际产能合作，在应对全球挑战的“人类命运共同体”全球价值观灯塔下，提出我国“经略全球矿产资源”的共赢理念，从而为全球矿业繁荣发展提供指引和信心（鞠建华等，2019）。

中国的“双碳目标”对新发展格局构建过程有重要影响，应在新发展格局多角度、系统性规划中得以充分体现，并与我国 2035 年远景目标衔接协同。中国的“双碳目标”对于能源行业等重点部门提出了顶层设计和以系统思维统筹落实战略部署的新要求（庄贵阳，2021；庄贵阳等，2021）。同时，中国的“双碳目标”也是全球致力于《巴黎协定》目标的重要组成部分，也应在绿色发展国际合作中得以充分体现。目前全球有近 60 个国

① 本节部分论述曾以论文形式刊于《重庆理工大学学报（社会科学）》2021 年第 12 期，收录入本书时有增改。
② 习近平在第七十五届联合国大会一般性辩论上的讲话［EB/OL］.［2020-12-23］. http://www.cidca.gov.cn/2020-09/23/c_1210813555.htm.

家已实现碳达峰，其碳排放占全球当前排放总量的 40%。随着美国重返《巴黎协定》，全球有可能近 70%的 CO_2 排放国家或地区提出碳中和的目标，这些国家或地区又是全球技术主导和经济主导地，从而为全球在 2050 年左右实现碳中和提供了可能性。随着各国碳中和目标的不断推出，实现《巴黎协定》全球控温 2℃目标，甚至是更具雄心的 1.5℃目标已经成为现实可行的路径（姜克隽等，2021；王双，2021）。与此同时，到 2050 年，全球人口将超过 90 亿。城市化进程、能源供给、基础设施建设和实现全球脱贫将给全球自然资源和生态环境带来前所未有的压力。实现低碳绿色经济的永续发展、提升自然资源的综合利用效率、可持续开发资源以及降低资源开发利用对生态环境的破坏是未来增进全球人类福祉的必由之路。当前矿产资源开发引发的环境问题日益突出，国际社会对可持续矿业的期望和要求越来越高，绿色矿产资源合作成为能源命运共同体可持续发展的必然趋势。

在习近平生态文明思想指引下，中国不断推进矿产资源管理改革和矿业领域绿色发展（中华人民共和国自然资源部，2020）。习近平生态文明思想中的系统性、整体性、协同性理念在“一带一路”绿色矿业资源开发与利用合作中将得到充分体现。“一带一路”沿线国家矿产资源丰富多样，与中国在矿业资源领域合作不断深化，合作共赢潜力巨大；而 2030 年不仅是联合国可持续发展议程的重要目标时间节点，同时也是我国实现碳达峰的重要时间节点。矿业资源开发与利用合作是“一带一路”建设的重要内容，也为推动我国及沿线国家能源体系的转型提供了强有力的资源和物质保障，对相关国家经济可持续发展和实现全球控温 2℃都有重大意义（张彦著，2021）。因此，推进“一带一路”绿色矿产资源合作倡议，对于深化“一带一路”经贸合作、加速全球碳中和、助力沿线国家共同实现 2030 年可持续发展目标有着重要的复合型协同增效意义，从而“将绿色‘一带一路’建设打造成为各国可持续发展的利益交汇点，推动构建绿色共同体”（周国梅等，2018），使绿色“一带一路”建设高度契合共建“一带一路”国家绿色发展需求，进一步与联合国 2030 年可持续发展目标全面兼容，服务好“一带一路”高质量发展（周国梅，2021）。

1.3.1　“矿产资源强国”建设与“一带一路”矿产资源合作的协同增效

对于国家来说，矿产的国内供给量、进出口供给链的平衡与稳定程度以及对于外部风险的认知是国家资源安全与战略决策必须考虑的重点因素（于宏源，2018）。当今世界主要国家在新一轮矿产资源战略制定与实施中，都将重点指向事关国家经济安全、产业安全、国防安全和科技安全的战略性矿产资源（董延涛等，2021）。如何保障战略性关键矿产资源的供给安全已经成为世界各国关切的重大战略问题，同时也是学术界关注的前沿问题（成金华等，2021）。各国越来越担心由于地质上稀缺、生产国高度集中和各种副产品特征导致矿产资源供应缺乏稳健性而造成供应风险（Nassar et al.，2015），各国政府机构和学术界都十分重视矿产资源的关键性评估（criticality assessment）（Hayes et al.，2018）。矿产资源已经在我国的工业化、城镇化和社会主义现代化建设进程中起到了重要的作用，然而我国矿产资源“大而不强”，存在的“贫、杂、细、散”特征以及人均可开采量远低于国际平均水平的国情都决定了我国对国际矿产资源合作的需求。特别是未来 15 年，发展新兴产业和建设世界制造业强国这两大国家战略均需要更高水平和更安全的矿产资源保障，将矿产资源的主动权和发展权掌握在自己手中（陈其慎等，2019）。

“一带一路”倡议为我国最大限度地运用全球资源、开拓基于全球资源共同开发的互惠经贸合作平台提供了一个新的战略契机。在我国与“一带一路”沿线国家的合作中，资源、能源和基础设施建设等领域均是主要方面①。近年来，矿产资源的可持续性对“一带一路”建设高质量发展产生了十分重要的影响。我国对海外资源的依存度高，且依存的矿业资源种类多，7 种矿产对外依存度高达 70%，14 种矿产对外依存度超过 50%，战略性矿产的可供性存在受制于人的风险（成金华等，2021）。《全国矿产资源规划（2016—2020 年）》将 24 种能源矿产、黑色金属、有色金属等列入战略性矿产目录，其中铜、铁、铝等矿产具有人均储量远低于世界平均水平、长期高位发展、对外依存度和集中度高等特点。这都促使我国寻求加强与“一带一路”沿线国家的矿业合作，实现共同发展。

在关键金属矿产的开发领域通过“一带一路”矿产资源合作以及使得中国矿产资源从“大而不强”向“资源强国”转变，同时借力于中国自身对矿产资源的高需求和中国矿业企业“走出去”提升发展中国家的资源产业效率大有意义，体现了共同发展的协同效益。

1.3.2 “一带一路”矿产资源合作与全球碳中和进程的协同增效

关键金属对各种新兴技术的作用至关重要，但它们的供应不稳定，要求根据这些金属的预期长期需求和供应以及相关影响进行战略规划。有研究分析了 48 种元素至 2050 年的发展趋势，认为现有的研究在很大程度上忽略了需求增长引起的社会和环境影响，导致对全球供应链中消费国和生产国之间的空间差异的关注较少，指出应进一步进行科学研究，探索关键金属的未来长期趋势，这与联合国《2030 年可持续发展目标》和《巴黎协定》的落实密切相关（Watari et al.，2020）。

国际能源署 2021 年 5 月发布了《2050 年净零排放：全球能源行业路线图》（*Net Zero by 2050, A Roadmap for the Global Energy Sector*），指出国际社会要实现碳中和目标，需要尽快实现以太阳能和风能等可再生能源而非化石燃料为主导，迅速摆脱化石燃料（IEA，2021）。中国自身的低碳转型，需要对能源体系进行创新和改革，提高可再生能源在整个能源体系中的比重，加快可再生能源装备的生产及系统建设；此外，中国亦已成为全球领先的各种低碳技术产品（如风能、太阳能、聚光太阳能、碳捕集、核能、发光二极管、电动汽车、储能系统、电动摩托车）的主要制造国。近年来，中国在“一带一路”沿线国家

① 中华人民共和国商务部对外投资和经济合作司“走出去”公共服务平台 [EB/OL]. [2021-07-15].

能源领域投资中的可再生能源投资的比例持续增加，美国企业公共政策研究所（AEI）发布的数据显示，2020 年上半年，中国在“一带一路”沿线国家可再生能源中的投资占比超过了化石能源（周国梅，2021）。中国政府已提出了实施制造强国战略的第一个十年行动纲领《中国制造 2025》，在世界多国提出“碳中和”目标的背景下可依托中国的制造强国战略有力地为全球市场提供促进实现 2℃控温所需的各种低碳技术设备。中国在低碳技术所需的关键金属储量和开采上占有优势，这是中国引领全球低碳转型的物质及技术基础。结合“一带一路”沿线国家同我国的矿产品贸易情况（蒙古国、缅甸、伊朗、印度尼西亚、老挝、俄罗斯、哈萨克斯坦、土耳其、菲律宾、乌克兰这十国与我国矿业经济贸易关系最密切，而这些国家都是“一带一路”沿线国家），可见“一带一路”矿产资源合作对我国引领世界实现全球控温 2℃具有显著的战略意义。此外，在新发展理念指引下，中国正全面大力推进清洁能源发展，可再生能源的产业开发和综合利用市场规模快速增长，风电、水电、光伏发电累计装机容量已居世界首位①。随着碳中和牵动世界范围内的能源转型和绿色竞赛趋势，中国继续大力推动共建“一带一路”能源绿色可持续发展，将为世界提供低碳技术领域的制造业动力和能力，助力共建清洁美丽世界。中国通过“一带一路”清洁能源矿产资源合作以及对“一带一路”相关国家可再生能源投资持续增加，共商共建共享“一带一路”清洁能源合作伙伴关系，进一步提升我国低碳能源设备制造及出口，推动我国绿色能源技术企业“走出去”，这势必将加速全球能源转型进程、推动构建绿色能源共同体。

1.3.3　我国“矿产资源强国”建设与推动全球碳中和进程的协同增效

李政等学者基于“结构性权力”理论提出了中国应从“生产层面（矿产资源产业链）、金融层面（银行、投资机构、交易所）、治理层面（政府、国际组织）和知识层面（高校、科研机构）”四个层面强化“矿产资源强国”能力（李政等，2019）。当前，在世界范围内实施能源低碳转型的产业竞争和新一轮技术竞赛的大背景下，“结构性权力”在全球环境治理中的作用凸显（张彦著等，2021），“矿产资源强国”的定义放在全球碳中和的时代背景下更应体现矿产资源行业在生产、金融、治理和知识这四大基本方面全面引领和驱动经济社会进行“绿色、低碳、循环”系统性变革的积极作用，从而为中国建设“矿产资源强国”增添维护《巴黎协定》和加速实现全球控温 2℃的时代意义与政治前景。

基于资源-产业“雁行式”演进规律（陈其慎等，2015），应充分认识到我国实现“双碳目标”需要经济发展与技术进步的深度良性互动与耦合，把握自然资源产业发展的脉络，明确自然资源产业的发展战略和重点，从而能够有效地协同促进我国产业链转型升级，并加速推动我国从矿产资源大国到矿产资源强国的转变（陈其慎等，2019；李政等，2019）。

---

① 中华人民共和国国务院新闻办公室．2020．新时代的中国能源发展[N]．人民日报，2020-12-22（010）．

我国已经成为世界节能和利用新能源、可再生能源第一大国。未来 15 年，我国化石能源消费将稳步下降，而光伏与风电等可再生能源将迎来重大建设机遇，这意味着中国将需要开采或进口大量的关键金属及矿物原材料以生产和建设相当规模的可再生能源设备和系统，从而满足保障我国自身低碳转型需求。此外，由于世界主要经济体正全面布局绿色产业链竞争战略，如果“中国制造”（《中国制造 2025》目标）能引领全球的可持续能源设备系统的生产与建设，则意味着基于我国先进生产制造能力条件的全球更大规模的矿物资源需求。我国具备强大的装备制造能力与国内超大规模市场，掌握核心技术和关键产业链优势，这为清洁能源技术的成本降低和推广应用带来无可比拟的优势（庄贵阳，2021）。因此，保障清洁能源产业发展所需关键资源供应、维护可持续的全球矿业资源开采与加工合作稳定对于我国改变当前处于全球矿产资源产业利益链条最底端以及在国际矿产资源市场上定价权和话语权缺失的劣势，把握低碳技术价值链上游地位，将中国“矿产资源强国”和“应对气候变化的负责任大国”相耦合，加速实现全球控温 2℃意义深远。

1.4 政策建议：推进“一带一路”绿色矿产资源合作倡议

“一带一路”矿产资源合作既是满足我国资源外交的重要举措，又是实现全球应对气候变化控温 2℃的必要途径。然而，当下的壁垒是：①传统的矿业开发与资源利用活动尚未引入“气候智慧型”理念，国际社会在讨论低碳发展和矿业行业前景时，常常关注的是为了实现《巴黎协定》所要求的全球控温 2℃目标而需要减少煤炭资源的开采和使用，但往往忽略了建设可再生能源系统与低碳基础设施实际上意味着对金属等矿产资源原材料需求的大幅增长。②传统采矿与冶金相关部门与应对气候变化及新能源相关部门之间往往具有隔阂或缺乏有效的合作，这是一种错误的“利益冲突”和“价值观冲突”导致的结果。③“一带一路”资源矿业合作中，矿产品开采—加工—运输这一供应链有待进一步引进绿色技术、绿色管理、绿色资源利用、绿色运输技术和管理手段。④“一带一路”海外矿业投资项目仍需注重当地环境保护和履行社会责任。

“一带一路”矿产资源合作既是满足我国资源外交的重要举措，又是助力“一带一路”沿线国家碳达峰、碳中和进程和实现全球应对气候变化控温 2℃的必要路径之一。建议加强以下三个方面的工作。

1.4.1 以加速实现碳中和和全球控温 2℃的低碳转型为目标，指导“一带一路”矿业资源开发与利用合作

传统的矿业开发与资源利用活动尚未引入“气候智慧型”理念。世界银行自 2019 年启动的首个致力于推动“气候智慧型”可持续矿业的基金——“气候智慧型矿业基金”，对

于我国未来在“一带一路”矿业合作中以低碳转型为目标指导资源开采与利用工作具有重要的借鉴意义。

建议就如何确保未来“一带一路”矿业合作能够提供满足我国自身兑现《巴黎协定》国家自主贡献承诺、实现“到 2050 年，风能和太阳能成为我国能源系统的绝对主力”这一转型目标所迫切需要的多种关键金属矿产展开相关国际合作。将“气候智慧型”理念嵌入“一带一路”矿业资源开发与利用合作项目，对于我国自身实现能源系统转型以加速实现“双碳目标”、生产并出口可再生能源设备、引领国际应对气候变化合作、助力全球碳中和都是十分必要的。世界银行力推的“气候智慧型矿业基金”可作为促进我国对外提出“一带一路”绿色矿产资源合作倡议的“催化剂”。应进一步推动研究基于我国在 2030 年碳达峰、2060 年碳中和目标与愿景所要求的能源系统转型对于关键矿产资源的未来需求，以及“一带一路”绿色矿产资源合作对于我国实现“双碳目标”和引领全球实现控温 2℃低碳转型的具体机制。这一气候变化与矿产资源相关性的战略研究可结合国际政治经济学、能源经济学、工业生态学等研究领域各自优势，其研究成果将对于我国的资源开采与资源外交具有重要战略参考价值。

1.4.2　在“一带一路”矿业合作中推广绿色价值链管理，切实保障我国资源外交和矿产资源供应链的稳定

资源国际合作是一个全产业链的合作。一国的矿产资源安全形势与该国与主要矿产供应地的政治、经济、地缘关系密切相关。采矿及矿业加工行业在矿产资源开采、矿业加工及运输、矿产资源利用和能源消耗过程中都会产生大量的“三废”排放。矿产资源供应链需要重点控制链上的环境影响。开展矿产行业绿色供应链管理，并将其扩展到“一带一路”矿产资源生产与贸易是现阶段我国“走出去”战略的迫切需要，也是能源和矿业在这一特殊背景下促进绿色“一带一路”的重要手段。因此，在“一带一路”矿业合作中推广绿色价值链管理有助于在整个产业链上提升“绿色矿业”的共识，从绿色开采、绿色加工、绿色运输、绿色资源利用、矿区生态修复等一系列环节开展生态环保技术与管理合作，以在矿产行业推动“环境、社会与治理”（ESG）原则为抓手，对于规避“一带一路”矿产供应地的政治、经济、地缘关系方面的资源外交限制具有重要意义，有助于保障我国矿产资源供应，也有助于我国如期实现“双碳目标”所需的能源系统转型。

1.4.3　结合“一带一路”建设布局和矿业“走出去”战略，推广中国绿色矿业治理实践经验

利用其他国家与中国的资源和技术互补性，以项目合作、技术交流、工程承包等形式推广绿色矿山治理的技术和模式。矿业管理的行业协会、政府部门发挥组织优势，制定指引性规范，引领中国矿业企业在“走出去”的过程中，积极推广绿色矿山治理，树立负责

任的矿业开发形象。在现有的矿产资源领域国际合作机制基础上，加强绿色矿山治理的合作交流平台建设，重点遴选和建设一批对外绿色矿山治理的示范项目；结合现有的国际学术会议组织，例如，国际土地复垦与生态修复学术研讨会，国际矿业、能源与环境高等教育联盟，来加强绿色矿山治理的“政学企”合作交流（如，2019 年，生态环境部对外合作与交流中心与中国矿业大学共同主办了“一带一路”绿色矿业与可持续发展论坛，百余位各国学者、专家参会共同探讨可持续的矿业开发以及合作前景①②），拓宽与政府间组织、非政府组织等利益相关方的合作；积极发起“一带一路”绿色矿产资源合作倡议，探索开展“一带一路”沿线国家的基础地质与矿产资源潜力调查、矿山地质环境遥感调查、生态环境风险调查、生态修复技术推广与应用调查（陈赞旭等，2021）；努力建设绿色矿山信息共享平台，作为支撑“一带一路”生态环保大数据服务平台的一项工作，为促进经济发展和实现控温 2℃的能源系统低碳转型而科学、精准地开展“一带一路”低碳矿产资源开发与利用合作。

1.5 本章小结③

我国需要切实推进基于应对气候变化实现全球控温 2℃的“一带一路”资源合作及其相关的国际制度、机制建设；推动与“一带一路”沿线国家进行战略矿业资源合作对我国自身和相关国家实现低碳能源系统转型、发展可再生能源、实现矿产资源强国均有着显著的意义。在此基础上，通过制定协调机制、贸易机制、战略性资源安全预警评估机制、可再生能源系统所需关键矿产的供给机制等提升我国在资源金融、可再生能源技术与设备市场上的国际竞争力和市场运作能力，并助力“一带一路”沿线国家共同实现各自的《巴黎协定》国家自主贡献。

《共建“一带一路”倡议：进展、贡献与展望》提出共建“一带一路”倡议，践行绿色发展理念，倡导绿色、低碳、循环、可持续的生产生活方式，致力于加强生态环保合作，防范生态环境风险，增进沿线各国政府、企业和公众的绿色共识及相互理解与支持，共同实现 2030 年可持续发展目标。沿线各国需坚持环境友好，努力将生态文明和绿色发展理念全面融入经贸合作，形成生态环保与经贸合作相辅相成的良好绿色发展格局。各国需不断开拓生产发展、生活富裕、生态良好的文明发展道路；开展节能减排合作，共同应对气候变化；制定落实生态环保合作支持政策、加强生态系统保护和修复；探索发展绿色金融，

① 徐州日报．“一带一路”绿色矿业与可持续发展论坛在徐州举行［EB/OL］.（2019-06-04）［2021-07-15］. http://jsnews.jschina.com.cn/xz/a/201906/t20190604_2322432.shtml?isappinstalled=0.

② 无线徐州．百余位各国学者、专家齐聚徐州，他们谈了哪些事儿？（2019-05-29）[2021-07-15].

③ 本节部分论述曾以论文形式刊于《重庆理工大学学报（社会科学）》2021 年第 12 期，收录入本书时有增改。

将环境保护、生态治理有机融入现代金融体系。

“一带一路”绿色矿产资源合作可从多角度做出贡献：一是以实现全球控温 2℃的低碳转型为目标指导资源开采与利用工作有助于应对气候变化；二是在“一带一路”矿业合作中推广绿色供应链管理有助于实现绿色、低碳、循环、可持续的生产生活方式；三是保障矿产资源合作与资源外交有助于实现生态环保与经贸合作相辅相成的良好绿色发展格局；四是注重海外矿业项目环境保护与矿区生态修复，有助于落实加强生态系统保护和修复；五是保障对实现 2℃控温有重要意义的关键金属矿产在全球资源市场（如伦敦金属交易市场）的价格，有助于推进绿色金融，将环境保护、生态治理有机融入现代金融体系。因此，提出并推进“一带一路”绿色矿产资源合作倡议，对于应对气候变化、实现《巴黎协定》2℃控温以及促进“一带一路”经贸合作、共同实现《2030 年可持续发展议程》有重要的意义。

以生态文明思想系统、整体、协同地统筹推进“一带一路”绿色矿产资源合作，对于我国建设“矿产资源强国”和实现碳达峰目标和碳中和愿景，加速全球碳中和以实现《巴黎协定》2℃控温目标，促进“一带一路”经贸合作，打造绿色能源命运共同体，共同落实《2030 年可持续发展议程》具有复合型协同增效意义。这种复合型协同增效将有利于为我国“经略全球矿产资源”和引领全球矿业资源治理提供具有“碳中和”时代意义的引领性国际理念与对外叙事逻辑，将促进新时代我国矿业高质量发展，也将催化全球矿业整体繁荣发展，为我国深度参与矿产资源合作提供先进的发展理念。建立在“共商共建共享”原则之上，“一带一路”矿产资源合作的复合型协同增效意味着绝不仅仅是中国获利，而是促进“一带一路”沿线区域系统、整体、协同地共同落实《2030 年可持续发展议程》的目标，催化区域福祉的增量；更是通过矿产资源合作为全球能源系统向低碳绿色转型提供物质基础，催化全球福祉的增量。这其实也正体现了超越“帕累托改进”的“孔子改进”（张宇燕，2019）。

参考文献

陈丽萍，孙春强，陈静，等. 2014. 矿产资源领域全球治理现状概述[J]. 国土资源情报，（8）：2-9.

陈丽萍，张雅丽，刘伟，等. 2018. 全球绿色采矿标准化建设综述[J]. 国土资源情报，（10）：24-47.

陈其慎，干勇，延建林，等. 2019. 从矿产资源大国到矿产资源强国：目标、措施与建议[J]. 中国工程科学，21（1）：49-54.

陈其慎，于汶加，张艳飞，等. 2015. 资源-产业“雁行式”演进规律[J]. 资源科学，37（5）：871-882.

陈喜峰，施俊法，陈秀法，等. 2017. “一带一路”沿线重要固体矿产资源分布特征与潜力分析[J]. 中国矿业，26（11）：32-41.

陈赞旭，周来，张绍良，等. 2021. “一带一路”沿线国家矿山生态修复能力评价研究[J]. 中国矿业，30（7）：50-57.

成金华，刘凯雷，徐德义，等．2021．战略性关键矿产资源可供性研究现状与展望[J]．河北地质大学学报，44（1）：95-103.
董延涛，阴秀琦，张艳飞，等．2021．战略性矿产资源高质量开发利用问题与对策[J]．地球学报，42（2）：145-150.
杜铁伦．2017．丝绸之路经济带矿产开发利用状况及“走出去”相关对策建议[J]．地质通报，36（1）：80-89.
顾海旭，荣冬梅，刘伯恩．2015.“一带一路”背景下我国矿产资源战略研究[J]．当代经济，（22）：6-8.
郭朝先．2021.2060年碳中和引致中国经济系统根本性变革[J]．北京工业大学学报（社会科学版），21（5）：64-77.
何皓，郭二民，路平，等．2018．国外关闭矿山环境管理策略研究与启示[J]．环境保护，46（19）：71-73.
侯华丽，强海洋，陈丽新．2018．新时代矿业绿色发展与高质量发展思路研究[J]．中国国土资源经济，31（8）：4-10.
黄润秋．2021．把碳达峰碳中和纳入生态文明建设整体布局[N]．学习时报，11-17（001）.
鞠建华，王嫱，陈甲斌．2019．新时代中国矿业高质量发展研究[J]．中国矿业，28（1）：1-7.
姜克隽，冯升波．2021．走向《巴黎协定》温升目标：已经在路上[J]．气候变化研究进展，17（1）：1-6.
李政，姜兴伟，麻林巍，等．2019．中国建设“矿产资源强国”的内涵探讨和政策建议[J]．中国工程科学，21（1）：55-60.
刘伯恩．2015.“一带一路”矿产资源合作：机遇、挑战与应对措施[J]．国土资源情报，（4）：3-7.
刘伯恩．2016．负责任与可持续矿业开发相关进展——2015 年中国国际矿业大会相关论坛综述[J]．国土资源情报，（1）：13-17.
刘学．2017．世界银行预测：低碳发展将刺激相关矿产需求增长[N]．中国矿业报，09-05（004）.
罗伯特•米尔伯恩．2018．21 世纪的矿业法改革[J]．国土资源情报，214（10）：5-25.
乔彦斌．2015.“一带一路”战略给我国矿业发展带来的机遇与挑战[J]．中国有色金属，（16）：66-67.
世界银行．2019．世界银行新基金支持气候智慧型矿业促进能源转型[R].
世界银行．2020．矿产品促气候行动：清洁能源转型的矿产消费强度[R].
孙金龙．2022．为全球气候治理贡献中国智慧中国方案中国力量[J]．当代世界，（6）：4-9.
唐金荣，张涛，周平，等．2015.“一带一路”矿产资源分布与投资环境[J]．地质通报，34（10）：1918-1928.
王秋蓉．2015．中国海外矿业投资可持续发展国际研讨会：责任指引采矿业高水平走出去[J]．WTO 经济导刊，（5）：30-31.
王双．2021．中国与绿色“一带一路”清洁能源国际合作：角色定位与路径优化[J]．国际关系研究，（2）：68-85，156-157.
王玮．2017.“一带一路”背景下我国矿产资源行业绿色发展之路[J]．世界有色金属，（8）：15-17.
汪莹，周小靖，黄海珠．2016.“一带一路”背景下我国矿产资源企业“走出去”的合作策略[J]．国际贸易，（6）：34-37.
新华社．2021．习近平主持召开中央财经委员会第九次会议强调：推动平台经济规范健康持续发展，把碳达峰碳中和纳入生态文明建设整体布局［EB/OL］．［2021-03-15］．http://www.gov.cn/xinwen/2021-03/15/content_5593154.htm.
许明，杨丹辉．2019．中国稀有矿产资源产业的国际竞争力分析[J]．东南学术，（1）：111-122.

杨俊鹏，戴华阳，张建伟．2017．新常态下我国绿色矿山建设面临问题与解决途径[J]．中国矿业，26（1）：67-71.

杨昆，石峰，范纹嘉，等．2017．“一带一路”建设火电投资的环境保护问题研究[J]．环境与可持续发展，42（5）：39-42.

于宏源．2018．矿产资源安全与“一带一路”矿产资源风险应对[J]．太平洋学报，26（5）：51-62.

张绍良，米家鑫，侯湖平，等．2018．矿山生态恢复研究进展——基于连续三届的世界生态恢复大会报告[J]．生态学报，38（15）：5611-5619.

张绍良，杨永均，侯湖平．2016．新型生态系统理论及其争议综述[J]．生态学报，36（17）：5307-5314.

张雅丽，陈丽萍，陈静．2018．中国绿色矿山建设政策、挑战及建议[J]．国土资源情报，（10）：48-60，67.

张彦著．2021．碳中和背景下“一带一路”矿业资源合作的协同增效[J]．重庆理工大学学报（社会科学），（12）：83-92.

张彦著，郑军．2021．从“扰沌”“创造性毁灭”“结构性权力”视角试析新冠疫情形势下全球环境治理格局变迁及有关建议[J]．中国发展，21（2）：60-69.

张宇燕．2019．全球治理和人类命运共同体[J]．经济导刊，（11）：63-65.

中华人民共和国自然资源部．2020．中国矿产资源报告 2020[M]．北京：地质出版社.

周国梅，周军．2018．绿色“一带一路”建设与落实可持续发展议程如何协同增效？[J]．中国生态文明，（4）：56-58.

周国梅．2020．推动共建绿色“一带一路”凝聚全球环境治理合力[N]．中国环境报，11-19（003）.

周国梅．2021．“一带一路”绿色发展的中国贡献[J]．当代中国与世界，（3）：18-26，127.

周亚敏．2021．以碳达峰与碳中和目标促我国产业链转型升级[J]．中国发展观察，（Z1）：56-58.

庄贵阳．2021．我国实现“双碳”目标面临的挑战及对策[J]．人民论坛，（18）：50-53.

庄贵阳，窦晓铭．2021．新发展格局下碳排放达峰的政策内涵与实现路径[J/OL]．新疆师范大学学报（哲学社会科学版），（6）：1-10[2021-08-08]. https://doi.org/10.14100/j.cnki.65-1039/g4.20210316.001.

Ali S H，Giurco D，Edmind N，et al. 2017. Mineral Supply for Sustainable Development Requires Resource Governance[J]. Nature，543：367-372.

Barkemeyer，Ralf，Lindsay C. Stringer，et al. 2015. Corporate reporting on solutions to wicked problems：Sustainable land management in the mining sector[J]. Environmental Science & Policy，48：196-209.

Carvalho，Fernando P. 2017. Mining industry and sustainable development：time for change[J]. Food and Energy Security，6（2）：61-77.

de Mesquita，Rafael Fernandes，Andre Xavier，Bern Klein，et al. 2017. Mining and the sustainable development goals：a systematic literature review[J]. Geo-Resources Environment and Engineering（GREE），2：29-34.

Dubiński，Józef. 2013. Sustainable development of mining mineral resources[J]. Journal of Sustainable Mining，12（1）：1-6.

Dutta，Tanushree，Ki-Hyun Kim，Minori Uchimiya，et al. 2016. Global demand for rare earth resources and strategies for green mining[J]. Environmental Research，150：182-190.

Glenn，Vanessa，David Doley，Corinne Unger，et al. 2014. Mined land rehabilitation-is there a gap between regulatory guidance and successful relinquishment?[J]. AusIMM Bulletin，3：48-54.

Hayes，S.M.，McCullough，E.A.. 2018. Critical minerals：a review of elemental trends in comprehensive criticality studies. Resour[J/OL]. Policy 59，192-199. https://doi.org/10.1016/j.resourpol.2018.06.015.

IEA. 2020.World Energy Outlook[R]. https://www.iea.org/topics/world-energy-outlook.

IEA. 2021. The Role of Critical Minerals in Clean Energy Transitions[R]. https://iea.blob.core.windows.net/assets/24d5dfbb-a77a-4647-abcc-667867207f74/TheRoleofCriticalMineralsinCleanEnergyTransitions.pdf.

IEA. 2021. Net Zero by 2050，A Roadmap for the Global Energy Sector. May 2021，https://www.iea.org/reports/net-zero-by-2050.

Nassar，N.T.，Graedel，T.E.，Harper，E.M.. 2015. By-product metals are technologically essential but have problematic supply. Sci. Adv. 1，e1400180. https://doi.org/10.1126/sciadv.1400180.

Sovacool，Benjamin K.，Ali，Saleem and Bazilian，et al. 2020. Sustainable Minerals and Metals for a Low-Carbon Future. Science 367（6473）（January 3，2020），pp.30-33，Available at SSRN：https://ssrn.com/abstract=3513313or http://dx.doi.org/10.2139/ssrn.3513313.

USGS. 2015. Mineral Commodity Summaries 2015[R].

USGS. 2019. Mineral Commodity Summaries 2019[R].

Watari，T.，Nansai K.，Nakajima K. 2020. Review of critical metal dynamics to 2050 for 48 elements[J]. Resources，Conservation & Recycling，155.

World Bank. 2017. The Growing Role of Minerals and Metals for a Low Carbon Future，http://documents.worldbank.org/curated/en/207371500386458722/The-Growing-Role-of-Minerals-and-Metals-for-a- Low- Carbon-Future.

World Bank. 2020. Minerals for Climate Action：The Mineral Intensity of the Clean Energy Transition[R]. 2020 https://pubdocs.worldbank.org/en/961711588875536384/Minerals-for-Climate-Action-The-Mineral-Intensity-of-the-Clean-Energy-Transition.pdf.

第 2 章

我国矿山生态环境问题分析

本章主要对我国矿山生态环境问题进行了分析，具体从我国煤矿生态环境问题、我国金属矿山生态环境问题以及我国非金属矿山生态环境问题三个方面进行分析。我国煤矿生态环境问题从煤炭资源现状、矿区生态破坏、矿区环境污染、矿区现状与治理趋势四个方面进行具体分析；我国金属矿山生态环境问题从我国金属矿产资源开发现状、开采金属矿山引发的主要环境问题、金属矿山重金属污染特点及污染机制、金属矿山污染治理和环保管理对策及建议四个方面进行具体分析；我国非金属矿山生态环境问题从我国非金属矿山开采现状、非金属矿山生态环境破坏现状、非金属矿山环境污染防治建议及矿山管理措施三个方面进行具体分析。

2.1 我国煤矿生态环境问题分析

我国是煤炭资源消耗大国，煤炭资源推动我国经济高速发展。作为传统的能源资源，煤炭占世界一次能源消耗总量的 29%，占我国现有能源消耗总量的 60% 以上，伴随着国家供给侧改革、去产能政策、新能源发展，煤炭产业的发展受到一定限制，全国各地出现大批关闭/废弃煤矿，然而由于煤炭资源占比基数较大，可以预见未来几十年煤炭在我国的能源结构中将依然占有重要地位（吴楠，2019）。我国煤炭资源丰富，品种齐全，分布广泛，主要分布于山西、内蒙古、陕西、新疆等省（区），其次是贵州、宁夏、安徽、云南、河南、山东、黑龙江等省（区）（朱吉茂，2019）。2019 年 3 月，中国煤炭工业协会发布《2018 煤炭行业发展年度报告》，根据此报告可以了解到：2018 年年底，全国煤矿数量减少到 5 800 处左右，平均产能提高到 92 万 t/a 左右。其中，年产 120 万 t 及以上的大型煤矿 1 200 余处，产量比重提高到 80%以上（刘新杰等，2019）。煤矿数量庞大，产量丰富，分布广泛，先进高效的开采技术及管理理念对煤矿安全绿色开采具有重要意义，生态环境问题也将有所减缓。

煤炭资源所带来的经济效益巨大，但与此同时，不合理或过度的开发和利用，引发了一系列生态环境问题，破坏生态系统平衡，制约资源、经济的可持续发展，威胁人类和野生动物的健康与生存。煤矿主要分为井工矿和露天矿，井工矿占世界煤矿生产的 60%，我国同样以井工矿为主，井工矿和露天矿造成的生态环境问题相似，大致可以分为两类：一是因煤炭开采引起的煤矿生态破坏（图 2.1）；二是开采过程中造成的煤矿环境污染，具体见图 2.2（富元斋等，2019）。

韩城矿区矸石污染

抚顺露天矿积水

废弃的采石场

采空塌陷坑

鱼洞河煤矿污水排放

沙坝村暗河出口污水排放

大猫山煤矿污水排放

龙场煤矿平路河井出水点

图 2.1 煤矿区生态环境破坏状况

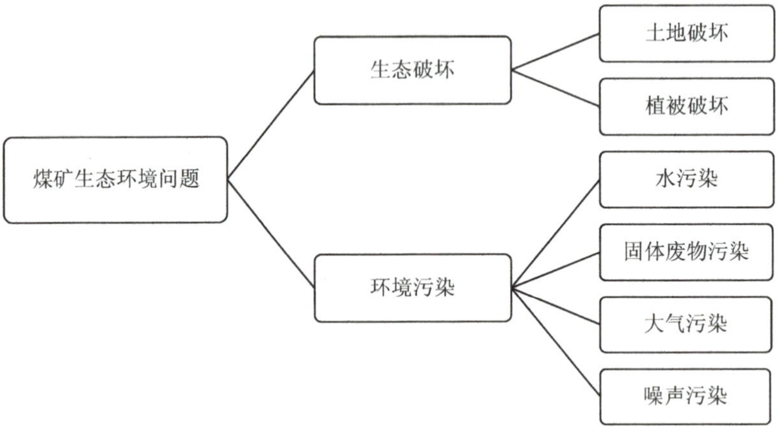

图 2.2 我国煤矿生态环境问题

煤矿生态破坏问题分为土地破坏和植被破坏两个方面，环境污染问题分为水污染、固体废物污染、大气污染和噪声污染（富元斋等，2019）。土地破坏和植被破坏不仅造成直接经济损失，更破坏自然景观，影响矿区周围生物的生存条件，尤其是因煤矿开采而产生的大量污染物在没有合理处理的前提下任意堆放，极易造成周边地表生态景观和生态系统的破坏，导致生物物种减少，降低环境的自身修复能力。

近年来国家实施的煤炭去产能政策，促进了能源供给侧结构性改革。从 2014 年年初至 2016 年年底，全国已经关停煤矿井 2 858 个，产能合计 35 686 万 t/a，并创新性提出关停矿井转型升级战略构想和思路，强调关停矿井转型升级和综合利用的立体化和生态化开发理念。国土资源部原副部长寿嘉华在 2000 年第 12 期《中国地质》发表的《走绿色矿业之路——西部大开发矿产资源发展战略思考》中首次提出绿色矿山的概念。2009 年发布的《全国矿产资源规划（2008—2015 年）》提出了发展“绿色矿山”的明确要求，并确立了 2020 年基本建立绿色矿山格局的战略目标。2011 年 3 月 19 日，国土资源部公布了首批“绿色矿山”试点单位名单，同煤大唐塔山煤矿、新汶矿业集团有限责任公司华丰煤矿等 37 家单位上榜；2012 年 4 月 18 日，国土资源部公布第二批“绿色矿山”试点单位名单，烟台宜陶矿业有限公司李家夼矿区等 183 家单位上榜。煤炭去产能政策和绿色矿山建设对我国煤矿生态环境问题的改善发挥了重大作用，煤矿生态环境呈现持续转好趋势。

2.1.1 煤炭资源现状

（1）储量与产量

截至 2017 年年底，我国已发现矿产 173 种，其中天然气水合物为新发现矿种，煤炭、石油、天然气、锰矿、金矿、石墨等主要矿产查明资源储量增长。2017 年，主要矿产中有 42 种查明资源储量增长，6 种减少。其中，石油剩余技术可采储量增长 1.2%，天然气增长 1.6%，页岩气增长 62.0%，煤层气下降 9.5%；煤炭查明资源储量增长 4.3%。改革开放以来全国煤炭查明资源储量变化情况如图 2.3（2018 煤炭行业年报，2019）所示。

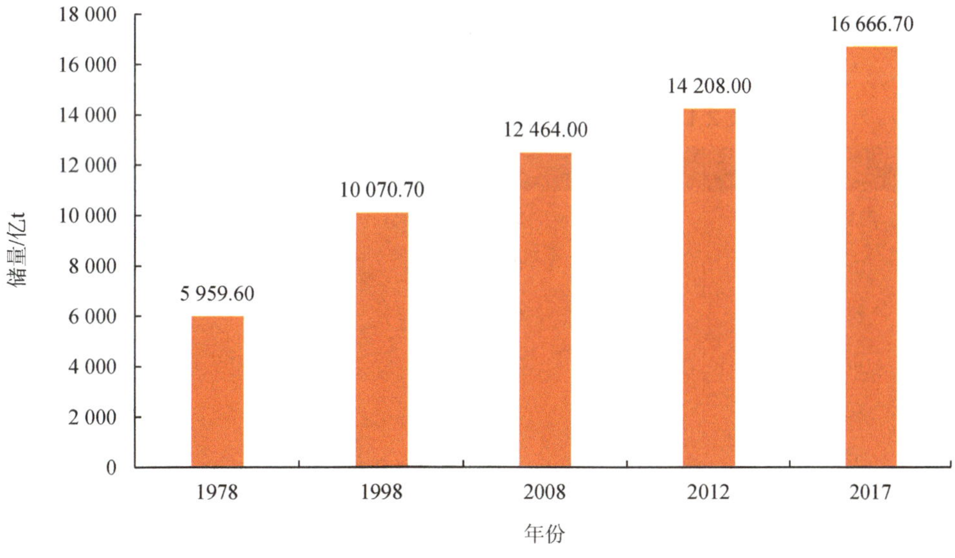

图 2.3　改革开放以来全国煤炭查明资源储量变化情况

我国煤炭产量在 2006—2010 年这 5 年间经历了持续高速的发展期，之后虽然增速有所下降，但每年的总产量依旧在增加，然而从 2014 年以来全国煤炭总产量连年递减，直到 2017 年煤炭总产量才恢复增长（图 2.4）（2018 煤炭行业年报，2019）。

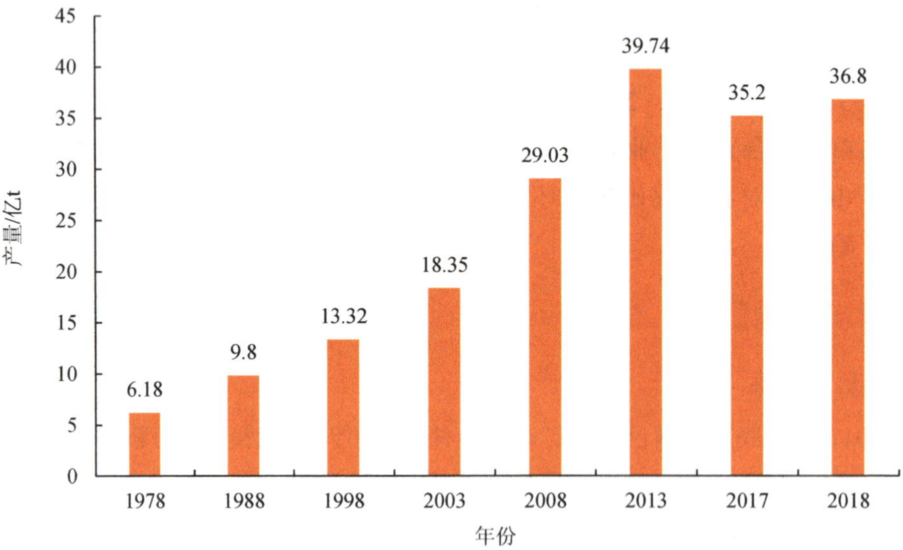

图 2.4　改革开放以来全国煤炭产量变化情况

我国主要产煤大省内蒙古、山西、陕西等，原煤年产量同比增长，安徽、四川等省原煤年产量出现负增长。主要省份原煤年产量如表 2.1 所示。

表 2.1　我国煤炭资源主要省份 2018 年原煤年产量

省份	年产量/万 t	比上年增长/%
内蒙古	97 560.3	7.7
山西	89 340.0	3.7
陕西	62 300.0	13.4
新疆	21 317.36	19.9
安徽	11 529.1	–2.3
宁夏	7 840.1	2.6
黑龙江	5 791.6	3.0
四川	3 516.3	–0.6

资料来源：各地方统计局。

（2）废弃煤矿资源

2013 年，国务院出台的《全国资源型城市可持续发展规划（2013—2020 年）》首次在全国界定了 262 个资源型城市，约占我国城市数量的 30%，其矿产资源开发的增加值约占全部工业增加值的 25%。262 个资源型城市中 69 个为资源枯竭型城市，煤炭衰退型城市 35 座。

以山西为例，随着煤炭资源整合和兼并重组的不断推进，山西已将年生产能力 90 万 t 以下的煤矿逐渐关闭（吴见等，2009）。山西近年来废弃煤矿关闭情况如图 2.5（张农等，2019）所示。

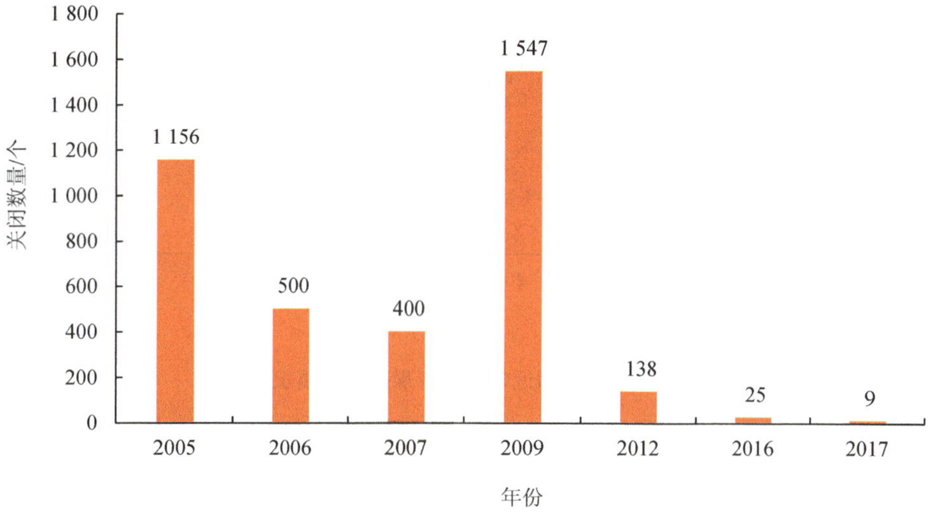

图 2.5　山西近年来废弃煤矿关闭情况

安徽作为中国的煤炭资源大省，以 246 亿 t 的保有储量位居华东第一。安徽近年来废弃煤矿关闭情况如图 2.6（张农等，2019）所示。

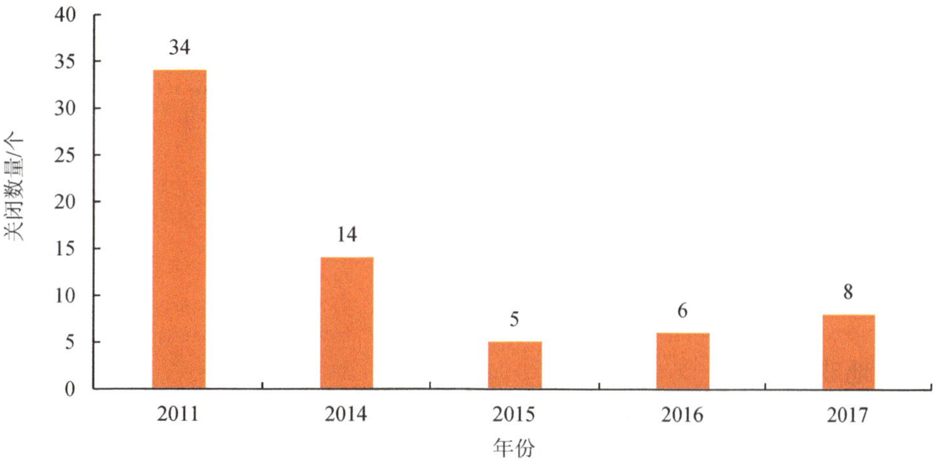

图 2.6　安徽近年来废弃煤矿关闭情况

此外，新疆、黑龙江近年来煤矿关闭情况分别如图 2.7、图 2.8（张农等，2019）所示。

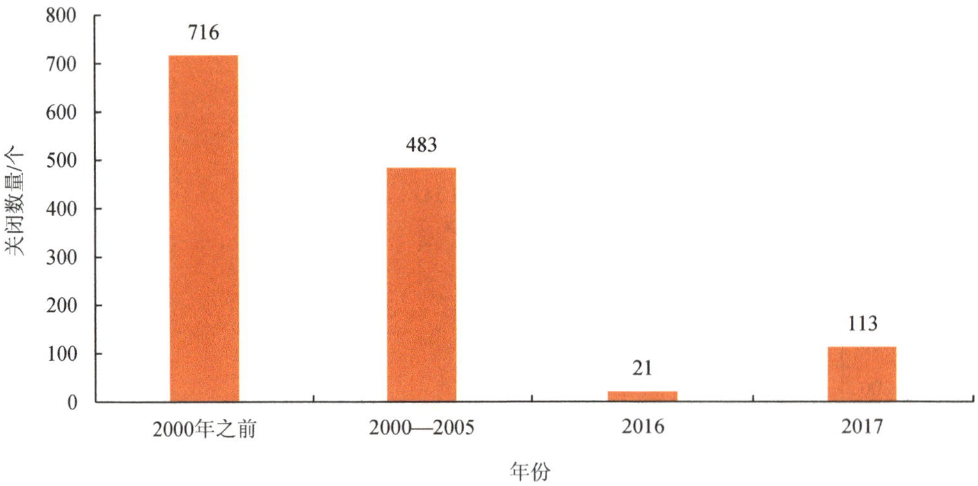

图 2.7　新疆近年来废弃煤矿关闭情况

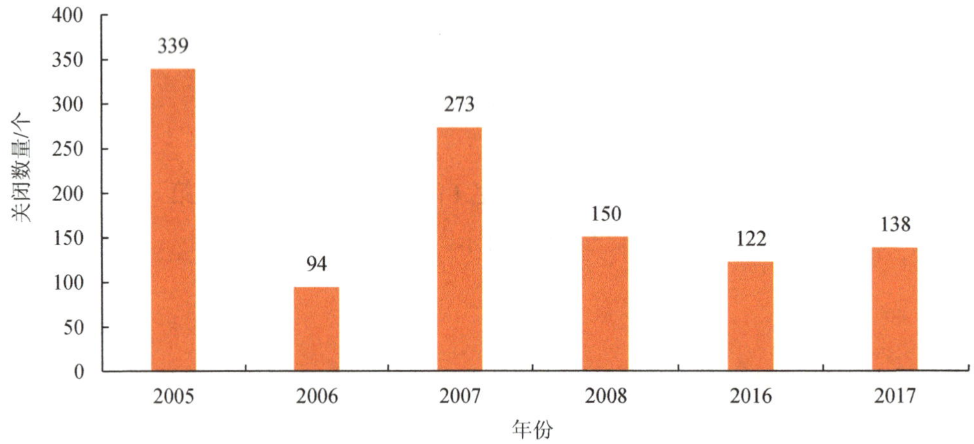

图 2.8　黑龙江近年来废弃煤矿关闭情况

2.1.2　矿区生态破坏

（1）土地破坏

煤矿开采对土地的破坏可分为三种：一是井工矿开采对土地结构的破坏；二是露天矿开采对表层土地的破坏；三是固体废物堆积造成的土地压占。

煤矿开采的井工开采方式对土地结构的损害最为严重，矿井开采一般达到井下几百米的深度，形成采空区及地质结构缺失，导致地表裂缝、塌陷以及地表标高下降等地质结构破坏现象。地质结构性的破坏极具危害性，可能引发矿区泥石流、滑坡等地质灾害。此外，地表塌陷、裂缝会形成较多积水坑，破坏水循环平衡，导致土质盐碱化，降低土地经济价值，不利于煤矿产业可持续发展。

露天开采同样对土地造成极为严重的破坏，开采过程必须将地表层的植被以及地表土壤岩石剥离，形成巨大矿坑。相关资料显示，每开采 1 t 露天煤，就会破坏大约 12 km^2 的土地。对于生态系统原本脆弱的贫瘠地区，露天开采造成的破坏难以恢复，由于缺少水分和植被的保护，加剧了土地荒漠化（王志宏等，2001）。随着我国西部大开发战略的实施，露天开采将向西转移，这给生态环境本就脆弱的西部地区带来了严峻的挑战。

固体废物堆积主要由矸石山和排土场形成。矸石山的土地压占破坏与露天开采造成的排土压占破坏基本类似，都是因为煤矿开采过程中产生的废弃物排放而造成土地资源的破坏。庞大的矸石积累占用大量土地资源，矸石若是能够得到合理利用，将产生巨大的经济效益和生态效益。矸石山造成的土地压占未及时处理，可破坏所压占土地的地质，使其难以被利用，而且影响长远，短期内治理困难。此外，由于露天开采大部分采用外排土场的工作方式，外排土量大，这在一定程度上也对土地资源造成了压占破坏（王鹏涛，2019）。

（2）植被破坏

井工矿与露天矿均严重破坏矿区植被。井工矿造成的地表塌陷、裂缝、泥石流等问题破坏地层结构及地表地貌，导致植被生存空间受限。露天矿开采直接剥离表层土壤和植被，矿区生产生活区占用土地资源，从而造成植被破坏。同时，地面塌裂影响植被生长发育，导致植物枯死，野生动物因食物缺乏而逃离家园，栖息于植物上的动物也随之消失。动植物的缺失致使生物多样性减少，生态系统平衡被打破，自然环境的自身修复能力减弱，矿区生态修复难度增加。

内蒙古矿区资源开发对植被影响的研究表明，植被破坏率和煤矿的开采方式有显著的相关性。研究区域中，露天开采矿区植被破坏率为 50.55%，井工开采矿区植被破坏率为 5.24%。露天开采矿区植被破坏率比井工开采矿区植被破坏率高了 45.31%，是井工开采矿区的 9.65 倍，露天开采对植被的破坏程度远远大于井工开采，植被受损程度也远大于井工开采（尚洁，2015）。

2.1.3 矿区环境污染

（1）水污染

煤炭开采过程下达地下几百米的深度，地下水系统被改变，含水层结构遭到破坏，地表水水位下降，补径排条件被破坏，水循环规律失衡，导致水质恶化。开采过程中的煤泥水、矿井水外排，选煤废水和矿区生活污水不经处理直接外排，对矿区周边居民生活饮用水、牲畜饮水、农业用水造成严重影响。常见的水污染类型有物理性、化学性和生物性三种，煤矿矿区水污染主要是前两种。矿井废水按主要污染成分不同可分为高浊矿井水、高矿化度矿井水、酸性矿井水和特殊污染物矿井水。不同的矿井废水污染成分含量会随环境的变化而发生较大变化，并具有排放量大、持续时间长、污染范围大、影响地区广、成分复杂、浓度极不稳定等特性（董文程，2016）。

（2）固体废物污染

固体废物污染主要由矸石山和排土场造成，煤矸石占煤炭开采量的10%左右，矸石山和排土场占用大量土地，造成资源浪费。煤矸石不仅侵占大量土地资源，破坏生态系统，还具有自燃风险，产生二氧化硫、二氧化碳、烟尘等多种大气污染物，造成空气污染。矸石山和排土场中含有大量污染物，由于风化作用进入大气，污染大气，或经雨水淋洗径流作用，浸出液含有重金属等多种污染物，造成水体、土壤污染。

（3）大气污染

矿山开采造成严重的空气污染，露天煤矿的表土、基岩和煤层的穿孔、爆破以及岩块和煤炭的破碎、装载和运输过程中，都将会产生大量的煤尘及其他粉尘。粉尘随着气流迁移，并携带硫化物等污染物，增加酸雨、雾霾、沙尘暴等污染现象。在井工矿开采中，矿井瓦斯作为有害气体，大多被直接排放到大气中，仅有少量从井下抽放利用。矿井瓦斯直接排入空气中，对矿区大气环境造成污染，加剧温室效应。此外，矿井瓦斯还具有爆炸风险，威胁工作人员生命安全，破坏生态环境。

（4）噪声污染

随着技术的发展，各类机械代替了人工操作。在更为高效生产的同时，带来了各种噪声污染。煤矿的爆破、破碎、运输等过程产生的噪声，会影响工作人员的工作效率，对矿区居民及野生动物也造成一定的影响。

2.1.4 矿区现状与治理趋势

我国煤矿开采面临以上生态环境问题的综合影响，重点问题为生态破坏和水、固体废物污染。其中，地表塌陷问题一直备受关注，部分矿区塌陷情况如表 2.2 所示。煤矿开采造成的塌陷问题频发，塌陷面积持续增长。

表 2.2 我国部分矿区塌陷情况

矿区名称	矿区面积/km^2	年产量/万 t	塌陷面积/km^2	数据年份
山西西山矿区	982	1 500	84.07	2006
淮北矿区	/	3 157	166.81	2016
陕西榆林矿区	54.5	385	1.26	2017

矿区水污染及固体废物污染较为严重。资料显示，每开采 1 t 煤炭就破坏 2.48 m^3 水资源，排水系数为 0.87 m^3/t。煤矸石的产量约占煤炭产量的 10%，我国当前煤矸石的总积累量已达 70 多亿 t，且积累数量逐年递增。

近年来，煤矿生态环境问题受到国家和政府的高度重视，已出台一系列的政策法规治理并修复矿区环境，建设绿色矿山，打造矿产绿色供应链，减轻矿产资源开采对环境的破坏力，提高资源利用率，促进经济可持续发展，践行“绿水青山就是金山银山”理念，建设美丽中国。

根据中国煤炭工业协会发布的《2018 煤炭行业发展年度报告》，我国大型煤炭企业采煤机械化程度由 1978 年的 32.34%提高到了 2018 年的 96.1%，掘进机械化程度由 14.5%提高到 54.1%；全国煤矿人均生产效率由 137 t/a 提高到 1 000 t/a，增长了 6.3 倍。国家能源集团神东矿区补连塔煤矿，年人均生产效率超过 5 万 t（原煤工效达到 167.76 t/工）；中煤平朔集团东露天矿，年人均生产效率 6.8 万 t（原煤工效达到 222.94 t/工），处于国际先进水平。部分大型煤炭企业非煤产业比重超过 60%，煤炭行业转型升级不断取得新的进展。40 年来全国原煤入选率由 16.7%提高到 71.8%，提高了 55.1 个百分点；煤矸石综合利用率由 27%提高到 70%，提高了 43 个百分点；矿井水综合利用率、土地复垦率分别达到 72.8%、49.5%。土地复垦、采煤沉陷区治理、棚户区改造稳步推进，矿区生态环境发生较大变化。煤炭行业部分经济技术指标如表 2.3 所示。

表 2.3　煤炭行业部分经济技术指标

指标名称	单位	2018 年	2017 年	2016 年
原煤入选率	%	71.8	70.2	68.9
煤矸石综合利用率	%	70.0	67.3	64.2
矿井水综合利用率	%	72.8	72.0	70.6
土地复垦率	%	49.5	49.0	48.0
瓦斯抽采利用量（井下）	亿 m^3	60.5	48.9	48

资料来源：煤炭行业发展年报。

煤炭行业各类经济技术指标均持续增长，我国煤矿生态环境呈现转好趋势。供给侧结构性改革和绿色矿山建设等政策制度发挥着重要作用。随着经济技术的不断发展创新和政策制度的不断完善，可以预见，未来我国煤矿生态环境将进一步改善。

2.2　我国金属矿山生态环境问题分析

随着我国国民经济的快速发展，对各类矿产资源的需求越来越大，但在矿山开采中对生态环境的保护不够重视，导致资源与环境的问题日益严重。对目前我国金属矿山开采带来的生态环境污染及重金属迁移机制进行分析，探索金属矿山重金属污染治理和控制的措施与方法，对保护矿山环境具有深远的意义。

2.2.1 我国金属矿产资源开发现状

我国是全球最大的矿产品生产国，粗钢和煤炭产量占全球总量的 50%左右，生铁和电解铝产量占全球总量的 60%以上。2017 年，全国主要矿产中有 42 种查明资源储量增长，6 种减少。其中，锰矿增长 19.1%，铜矿增长 4.9%，铝土矿增长 4.9%，钼矿增长 4.3%，锑矿增长 4.1%，金矿增长 8.5%（表 2.4）（中国矿产资源报，2018）。

表 2.4 主要金属矿产查明资源储量

矿种	单位	2016 年	2017 年	增减变化/%
铁矿（矿石）	亿 t	840.63	848.88	1.0
锰矿（矿石）	亿 t	15.51	18.46	19.1
铬铁矿（矿石）	万 t	1 233.19	1 220.24	–1.1
钒矿（V_2O_5）	万 t	6 401.77	6 428.16	0.4
钛矿（TiO_2）	亿 t	7.86	8.19	4.2
铜矿（金属）	万 t	10 110.63	10 607.75	4.9
铅矿（金属）	万 t	8 546.77	8 967.00	4.9
锌矿（金属）	万 t	17 752.97	18 493.85	4.2
铝土矿（矿石）	亿 t	48.52	50.89	4.9
镍矿（金属）	万 t	1 118.37	1 118.07	0.0
钴矿（金属）	万 t	67.25	68.78	2.3
钨矿（WO_3）	万 t	1 015.95	1 030.42	1.4
锡矿（金属）	万 t	445.32	450.04	1.1

2017 年，粗钢、10 种有色金属、黄金产消量均位居全球首位。其中，铁矿石产量 12.3 亿 t，较上年增长 7.1%，消费量 15.7 亿 t（标矿）；粗钢产量 8.3 亿 t，增长 5.7%（图 2.9）（中国矿产资源报告，2018）。10 种有色金属产量 5 377.8 万 t，增长 3.0%；其中精炼铜产量 888.9 万 t，增长 7.7%；电解铝产量 3 227.3 万 t，增长 1.6%。黄金产量 426.1 t，下降 6.0%，消费 1 089.0 t，增长 9.4%。

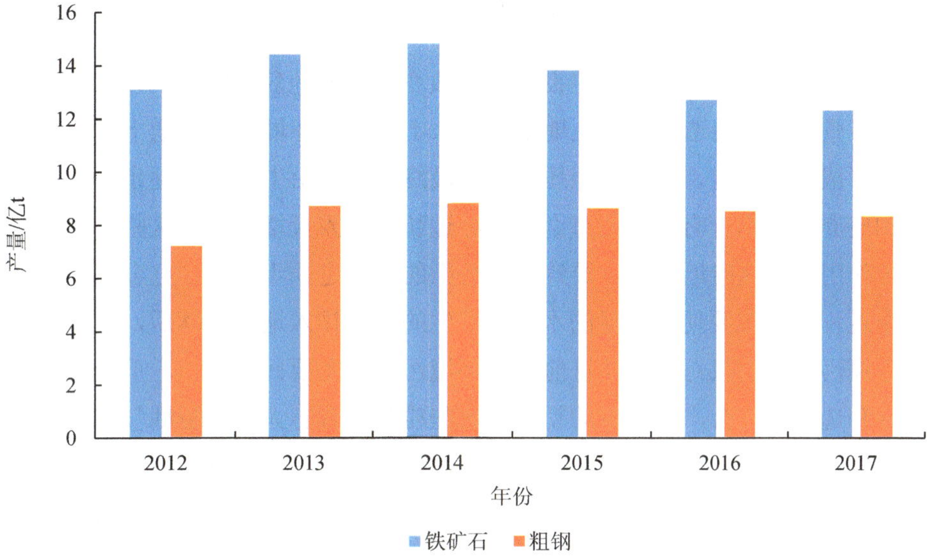

图 2.9　铁矿石与粗钢产量变化

2018 年，全国主要大宗矿产品产量总体保持平稳增长态势。1—11 月，全国铜精矿、氧化铝矿产量分别为 141.7 万 t、6 627.8 万 t，同比分别增长 8.3%、9.1%；铁矿石原矿、铅精矿、锌精矿产量分别为 6.9 亿 t、118.7 万 t、256.7 万 t，同比分别减少 3.3%、4.2%、4.6%。图 2.10 为 2018 年全国 10 种有色金属月度产量变化。

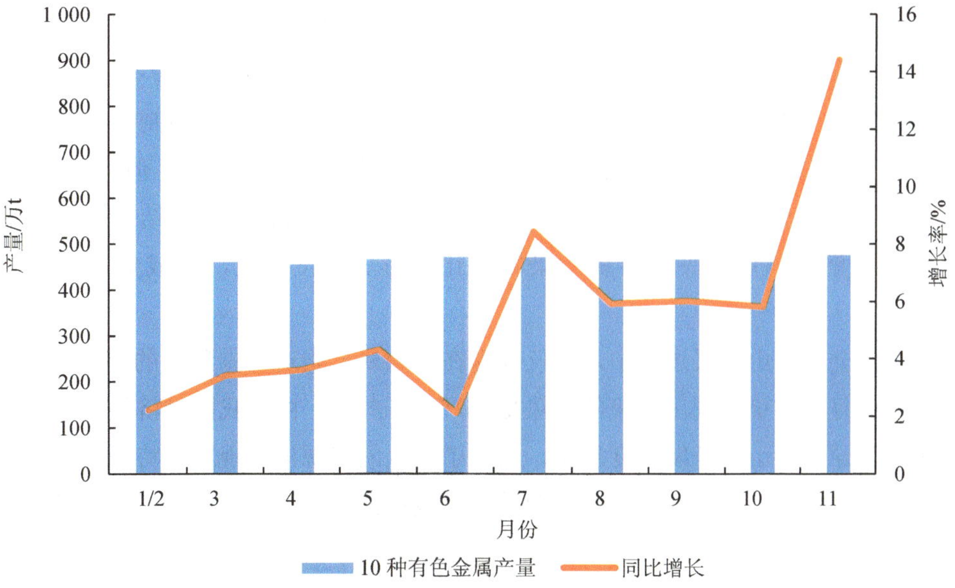

图 2.10　2018 年 1—11 月全国 10 种有色金属月度产量变化

数据来源：国家统计局.

2.2.2 开采金属矿山引起的主要环境问题

由于矿山开采工艺的限制，在建设时需要改变矿区的地貌、地形，并破坏矿区的自然地表、植被等景观，这会造成矿区土地荒废、水土流失等环境问题，地下开采的矿山还容易在采空区形成地表塌陷，并诱发地质灾害，最终导致矿山生态环境逐步恶化。重金属矿山的土壤和废弃物中均含有大量的重金属，经过长期的露天堆放后，这些重金属会经过降雨、风扬等作用向矿区附近扩散，导致土壤污染的范围进一步扩大。重金属矿山在采矿和选矿的各个过程中都需要使用大量的水，其产生的废水排入地表水体后，会导致矿区地表水体的重金属污染和有机污染，是目前矿山环境污染的主要问题之一。重金属矿山矿石的破碎、筛分和选矿中还会产生大量的粉尘，这些粉尘中含有大量的酸性气体，会导致矿山周边形成酸雨，造成森林及农作物大幅减产，而且粉尘中的重金属元素也会随着尾气的流动，最终进入土壤和水源中，造成二次污染。总的来说，金属矿山开采可引起矿山环境污染和矿山生态破坏（表 2.5）（韩张雄等，2017）。

表 2.5 金属矿山开采引起的问题及污染形式

矿山环境污染	矿山生态破坏
矿山尾矿废水污染、地表水与地下水污染、矿坑有毒有害气体污染、尾矿废渣风化淋失污染、周围农田及土地污染、矿坑废水污染严重	矿山植被破坏，过量开采引发地陷灾害及地面沉降，地下水位变化，尾矿废石占用大量土地，引发滑坡、泥石流等灾害

在我国金属矿山开采中，采矿、选矿和冶炼的过程中都会使用大量的选矿药剂，而这些选矿药剂在使用过程中会大量流入周围环境。目前，所使用的选矿药剂主要有几十类，其中使用最多的为捕收剂、起泡剂、凝聚与絮凝剂、调整剂、抑制剂、活化剂、萃取剂等 7 类 170 多种。这些药剂大多为有机类，无机类所占比例较少，但均为高毒药剂。选矿药剂中有机污染物可将矿山重金属通过吸附、配合、络合等作用结合包裹，而这些有机污染物分解过程中可使重金属污染物活化，形成异位催化，造成更加严重的二次污染。

因此，在金属矿山开采过程中，不仅仅存在重金属元素对周围环境的污染问题，选矿试剂与重金属复合污染对周围环境的污染更加严重。此外，由于我国经济发展对资源的需求增速明显，导致矿山的开发速度加快，造成了严重的资源浪费现象。特别是因为疏于矿山环境治理，许多还可以利用的矿产资源被当成废料排入大自然，造成了严重的环境污染和矿产流失。

2.2.3 金属矿山重金属污染特点及污染机制

（1）重金属污染的特点

金属矿山的污染多为复合性污染，与有机污染物不同，重金属不能被生物降解，但却可以在生物体内富集并转化为毒性较大的甲基类化合物。矿山的重金属一般都是通过与有机物形成混合物的方式进入土壤、水源及空气中，其对水源、大气的污染容易被发现，但对土壤的污染需要通过分析化验才能测试出来，而且其危害通常会滞后较长的时间。重金属的水污染、大气污染会随着水流和气流进行长距离迁移，而其在土壤中的扩散和稀释较为困难，使得土壤中的重金属不断累积，达到一定浓度会对植物造成很大危害。大气和水体受到污染时，可以在切断污染源后通过稀释和自净化的方法减轻污染，但累积在土壤中的重金属很难稀释和自净化，对土壤结构和功能的破坏不易恢复。目前重金属对土壤的污染必须采用多种治理技术相结合的方法才能消除，导致治理成本较高、周期较长。

（2）污染物质的释放机制

露天和地下开采的金属矿山都会产生废石和尾矿等固体废物，这些固体废物中重金属含量较高，在风化环境中容易产生非常细小的次生矿物颗粒，并随着雨水迁移到附近水体和土壤中造成生态系统的破坏。因此，需要对金属矿山废石及尾矿中矿物的形态、结构、化学反应、转化过程、迁移机制进行分析，并针对各种金属矿山废物中存在的有毒有害物质进行处理。尾矿矿物的属性与矿床类型、矿石品位、硫化物含量、区域气候特征等密切相关，矿物会在环境中发生氧化反应、中和作用、吸附作用、离子交换作用等一系列反应，并逐渐释放出重金属和酸性物质。金属矿山的尾矿中重金属和酸性物质的含量与硫化物及非金属矿物的种类、组成密切相关，硫化物氧化是产酸和释放重金属的主要方式，一般来说富硫化物、富碳酸盐的尾矿释放出的重金属和酸性物质很少，而低硫化物、无碳酸盐尾矿的重金属和酸性物质的含量均较高。硫化物风化产物以硫酸盐相为主，以单矿物相和集合体形式存在的次生矿物相控制着各自元素的溶解、沉淀以及迁移等。酸性废水是矿山污染的产物，同时也是金属污染物淋滤、扩散迁移的重要介质，其氧化的速率和程度受 pH 值、氧逸度、矿形态和特殊的表面积、硫化物细菌及水文环境等影响。

（3）金属迁移机制

1）金属矿山固体废物中硫化物的氧化是金属元素向环境扩散迁移的第一步，其后金属会伴随着沉淀水解作用、吸附解吸作用、共沉淀与离子交换等一系列复杂的反应而发生迁移。当然，由于各金属矿山的矿物成分与含量存在一定的差异，各种金属元素的迁移也会随固体矿物及溶液化学性质的不同而变化，其迁移机理也不是单一的，甚至时间和空间位置的不同也会造成金属迁移形式的差异。

2）水体及沉积物中重金属的行为。重金属在水体的迁移过程是多种形态重金属在水体中发生的物理、化学及生物反应的过程，包括随水流、沉积于底泥、吸附于悬浮物和沉积物、生物摄取积累富集及由水面向空气中气态迁移的过程。河流沉积物是重金属存在的主要方式，但也会随着环境条件发生变化，依赖于其迁移性和生物可利用性，要了解金属矿山污染在水体中的扩散情况必须对水体中的沉积物进行研究。一般认为，沉积物中的金属元素除了人为和自然来源外，其含量与矿物颗粒粒度密切相关，细小颗粒的比表面积大，其金属含量也会较高。

（4）土壤中重金属的化学形态

土壤中的重金属会通过地表径流或向下淋滤污染水源，还会通过植物吸收再通过生物链积累在人体中，从而影响人类的健康。土壤中重金属对环境的影响程度除了与其含量有关，还与其在土壤中的存在形态相关，不同形态的重金属活性、生物毒性及迁移特征也不同，对于土壤中重金属的提取剂和提取步骤也不同，通常可以按照弱酸提取态、可还原态、可氧化态、残渣态等四步进行提取。此外，土壤重金属的积累还是导致地表径流中重金属负荷增加的主要原因。

2.2.4 金属矿山污染治理和环保管理对策与建议

我国金属矿山主要生态环境问题可归纳为：重金属污染、酸性废水和生态破坏。针对我国现阶段金属矿山污染现状，大致采取以下修复技术：生物修复技术、化学修复技术、物理修复技术以及多种技术相结合的方法。

此外，对于金属矿山的管理和控制也十分重要。我国现阶段的矿山生态环保管理政策有环保管理法律法规和环保管理制度。根据我国金属矿山开采现状及存在的问题，遵循国家矿山环保管理政策与法规，借鉴国外矿山管理经验与做法，在金属矿山污染治理中，我们应该加强工程措施和生态措施，对正在开采的矿山、进行生产的采选厂，要严格监控其对环境的影响，只要发现有对生态环境造成破坏的，应立即责令其停产整顿；对新建矿山要严格审批，特别是要严格审查对矿山生态环境产生的影响。所有新、扩、改建设项目都必须严格施行“环境影响评价”和“三同时”制度。通过执行排污收费制度、污染申报登记制度和排污许可证制度，加强金属矿业企业污染源治理，力争清洁生产（富元斋等，2019）。认真监督尾矿库的运行情况，确保废水达标排放。加强环境监测工作，提高环境监测能力，及时掌握矿区周围河水水质状况、流域内地下水水质状况及区域环境质量状况变化，为环境管理与生态修复提供科学依据。

2.3 我国非金属矿山生态环境问题分析

非金属矿产是人类使用历史最悠久、应用领域最广泛、开发前景最广阔的矿产资源。据统计，世界矿产年开采量的70%以上为非金属矿，其需求量随国民经济建设和社会的发展与日俱增。随着矿产行业的发展，矿山开采规模不断扩大，同时也出现了一系列的矿山生态环境问题，例如矿山地质灾害、土地资源损毁、地貌景观及植被破坏、含水层破坏、土壤和水体严重污染等（张变华，2018）。对目前我国非金属矿山开采现状及一系列生态环境问题进行分析，探索我国在非金属矿山危害治理中的措施和方法以及良好的管理方法具有重大意义。

2.3.1　我国非金属矿山开采现状

我国非金属矿产资源种类齐全，按照《全国矿产资源储量通报》，非金属矿产有 95 种，可分为冶金辅助原料非金属矿产、化工原料非金属矿产、建材和其他非金属矿产三类。2017 年，主要非金属矿产中，硫铁矿和磷矿查明资源储量均有增长。磷矿等资源储量连续多年保持增长，2017 年与 2016 年相比，磷矿增长 3.6%，萤石增长 8.9%，晶质石墨增长 22.6%，钾盐下降 2.8%（表 2.6）（中国矿产资源报告，2018）。2017 年，生产磷矿石 1.2 亿 t（折含 P_2O_5 30%），较上年增长 0.6%；生产平板玻璃 7.9 亿重量箱，增长 3.5%；生产水泥 23.2 亿 t，下降 0.2%（图 2.11）（中国矿产资源报告，2018）。此外，根据博思数据发布的《2019—2025 年中国水泥市场现状分析及投资前景研究报告》：我国水泥产量 2018 年同比下降 5.28%。

表 2.6　主要非金属矿产查明资源储量

矿种	单位	2016 年	2017 年	增减变化/%
萤石（矿物）	亿 t	2.22	2.42	8.9
硫铁矿（矿石）	亿 t	60.37	60.60	0.4
磷矿（矿石）	亿 t	244.08	252.84	3.6
钾盐（KCl）	亿 t	10.57	10.27	−2.8
重晶石（矿石）	亿 t	3.51	3.62	3.1
水泥用灰岩（矿石）	亿 t	1 343.34	1 370.08	2.0
晶质石墨（矿物）	亿 t	3.00	3.67	22.6
膨润土（矿石）	亿 t	29.66	30.62	3.2
石膏（矿石）	亿 t	972.62	984.72	1.2
高岭土（矿石）	亿 t	33.95	34.74	2.3
钠盐（NaCl）	亿 t	14 128.57	14 224.92	0.7
芒硝（Na_2SO_4）	亿 t	1 171.12	1 171.20	0.0
滑石（矿石）	亿 t	2.86	2.89	1.1

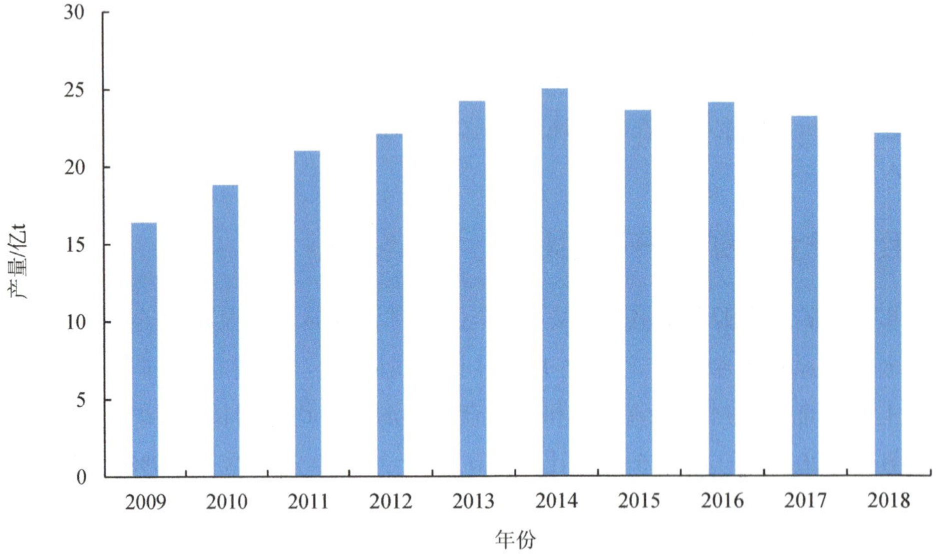

图 2.11 2009—2018 年中国水泥产量变化

2.3.2 非金属矿山生态环境破坏现状

矿产资源是国家经济建设的重要基础，随着社会的高速发展，其需求量不断增大。人类在获取矿产资源的同时，会对矿山生态环境带来无法避免的伤害。例如，露天采矿改变了山体结构，对地貌形态造成破坏，矿区占用了耕地和林地，占用了动植物的生存空间。在矿产资源加工的过程中，矿业企业会排放大量固体废物和废水。废水中含有很多有毒有害物质，一旦渗透到地下或流入地表水中，会造成水资源污染。矿渣堆放会占用大量土地，矿渣里的金属污染物随雨水溶入地表水中，并在动物或人类体内里富集，严重威胁矿区生物系统和居民的健康。非金属矿山生态环境破坏具体可分为以下几种：

（1）矿区地表环境破坏

地下开采对地表环境破坏较小，但会形成采空区，破坏山体结构稳定。露天开采对地表环境破坏大，占用土地，破坏植被（图 2.12）。由于很多老矿山开采初期没有设计合理的开采方式，没有统一规划和有效管理，私挖乱采，许多老矿区采空区不进行回填，多年后地表塌陷，原来的耕地和林地变成了废弃矿区，难以再利用。随着时间的推移，土地复垦难度越来越大。例如，自 2014 年以来，通过对西部 11 个典型矿山的调查，得到其中非金属矿区土地损毁状况（表 2.7）；韶关市部分小型非金属矿山土地资源破坏面积见表 2.8（宋允，2019），矿山剥离量见表 2.9（宋允，2019）。

建筑石料用灰岩矿

建筑用花岗岩矿

脉石英矿

高岭土矿

图 2.12　小型非金属矿山破坏植被资源的现状

资料来源：宋允，2019．浅谈小型非金属矿山的地质环境影响与保护要点．

表 2.7　2000—2010 年典型调查矿区土地毁损和土地利用变化

矿区名称	矿区编号	土地损毁面积/km^2	10 km 缓冲区面积/km^2						
			耕地	林地	草地	湿地	人工表面	其他	合计
达茂旗萤石矿区	S20	1.82	2.13/0	0.02/0	948.62/0.09	0.22/−0.09	0.07/0	0.03/0	951.09
苏莫查干萤石矿区	S21	1.58	0/0	1.85/0	405.14/−2.66	0/0	1.00/2.49	1.85/0.17	409.84
榆林高岭土矿区	S24	0.59	290.25/−2.43	7.85/0	35.63/0.49	0.08/−0.01	17.83/1.95	2.66/0	354.30
准格尔高岭土矿区	S25	32.01	125.80/−4.41	62.37/−10.07	459.66/−27.73	7.78/−2.80	28.35/42.59	6.39/2.42	690.35

注：“/”前数据为 2000 年的面积，“/”后数据为 2000—2010 年的面积变化量。

表 2.8　部分小型非金属矿山土地资源破坏面积分布

编号	矿山种类	露天采场/m^2	工业场地/m^2	排土场/m^2	道路/m^2	合计/m^2
1	建筑石料用灰岩矿	31 400	4 710	25 120	360	61 590
2	建筑用花岗岩矿	20 800	7 065	16 877	445	45 187
3	脉石英矿	20 000	2 200	10 020	510	32 730
4	高岭土矿	99 400	8 400	61 005	120	168 925

表 2.9　不同矿山的剥离量

编号	矿山种类	矿区范围/km^2	剥离量/km^2
1	建筑石料用灰岩矿	0.030 5	0.061
2	建筑用花岗岩矿	0.020 8	0.048
3	脉石英矿	0.02	0.038
4	高岭土矿	0.099 4	0.21

（2）地质灾害发生

矿山地质灾害主要为崩塌、滑坡、地面塌陷，其次为泥石流、地裂缝等。露天开采的小型非金属矿山在开采过程中难以按照设计要求修开采边坡，故形成高陡边坡。高陡岩质边坡容易造成崩塌和滑坡，形成地质灾害。其破坏的机理是在开采边坡与岩体产状及节理裂隙成小角度相交或方向一致时，破碎岩石沿节理面滑落，在暴雨或其他恶劣天气的影响下，岩石沿着不良地质面滑落，矿山开采破坏了岩体的整体应力，使岩石块体滑落。以广西地区为例，经调查，截至 2016 年年底，广西地区矿山因矿业活动引发地质灾害共 1 186 处，矿山地质灾害造成直接经济损失 17 613.15 万元，威胁人数 2 861 人，威胁财产达 11 972.5 万元。矿山地质灾害现状总体概括为：矿山地质灾害损失中金属矿山重于非金属矿山，非金属矿山重于煤矿山；地质灾害发生次数非金属矿山重于金属矿山和煤矿山。广西地区非金属矿山发生地质灾害次数最多，为 731 起，占比 66.33%；其次为金属矿山，为 283 起。矿山地质灾害损失财产主要受地面塌陷（含矿坑突水、冒顶）、沉陷和地裂缝影响，损失 13 128.84 万元，占比 74.54%。从地质灾害类型造成的危害程度上看，最为严重的是地面塌陷，死亡人数占比 45.26%；其次为崩塌、滑坡。从矿山类型上看，死亡人数以金属矿山最多，占比 45.26%；其次为非金属矿山。矿山各地质灾害情况统计见表 2.10（黄科源，2017）、各类矿山地质灾害发生次数分布见图 2.13（黄科源，2017）、矿山地质灾害损失财产见图 2.14（黄科源，2017）。

表 2.10　矿山各地质灾害情况统计

地质灾害类型	发生/起	隐患/处	总规模	毁房间数/间	损失/万元	威胁人数/人	威胁财产/万元
崩塌、滑坡	524	852	549.04 万 m^3	0	1 958.99	2 771	11 257.5
泥石流	87	268	197.28 万 m^3	0	2 525.32	90	715
地面塌陷（含矿坑突水、冒顶）	513	—	10.34 hm^2	70	13 128.84	—	—
沉陷	—	—	577.7 hm^2				
地裂缝	62	—	—				
合计	1 186	1 120	—	70	17 613.15	2 861	11 972.5

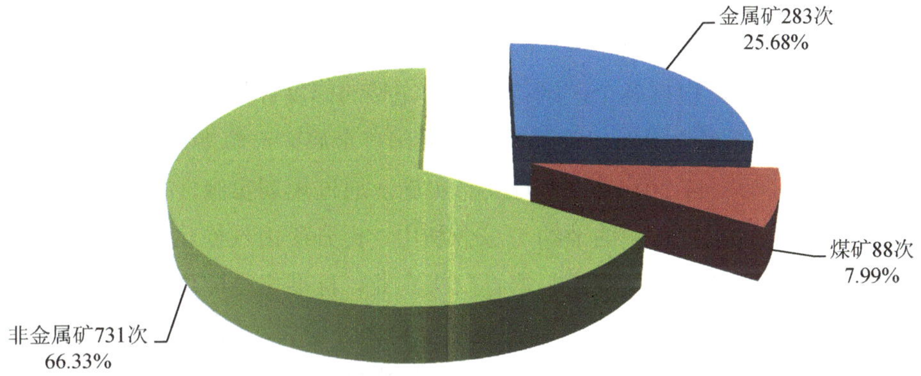

图 2.13　各类矿山地质灾害发生次数分布

资料来源：黄科源，2017. 广西矿山地质环境问题综述.

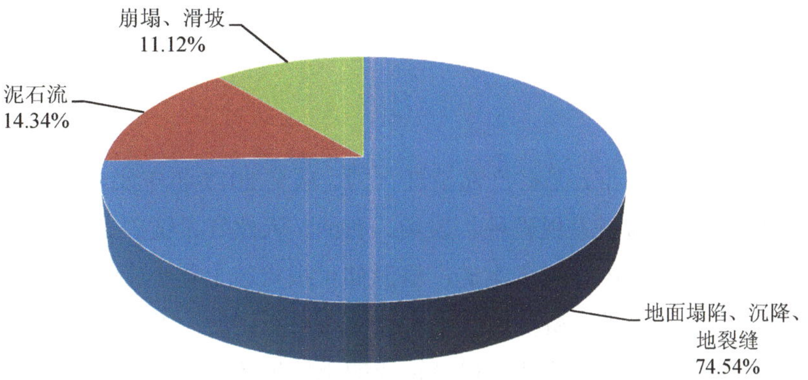

图 2.14　矿山地质灾害损失财产情况

资料来源：黄科源，2017. 广西矿山地质环境问题综述.

（3）环境污染

粉尘：爆破产生的烟尘、碎石加工时产生的烟尘、运输矿石装车产生的粉尘、运输车队经过矿山道路时扬起的粉尘均对环境产生污染；废水：小型非金属矿山选矿、尾矿和矿产品进一步加工产生的废水的直接排放均会污染地表水和地下水，非金属矿山围岩和矿石的化学性质较稳定，有毒有害成分较少，污染程度不高；废气：矿山开采和加工都采用机械化操作，机械开动产生的废气污染矿山环境，矿石的运输机械也会排出废气，人类的活动也会产生一定的废气污染矿山所在地的环境。

2.3.3 非金属矿山环境污染防治建议及矿山管理措施

非金属矿山生态环境遭到破坏，一方面矿山开采对矿山环境的破坏是不可避免的；另一方面矿山开采的各个环节及开采前后的管理不当，无法达到专业、环保的要求，久而久之，矿山环境遭到的破坏越来越严重。因此，在技术上，我们不仅要掌握各种矿山修复技术，更要学会因地制宜，根据各个矿区特点制定完整的修复计划以达到科学治理的目标。在管理上，首先，要落实全国矿产资源规划，强化非金属矿产资源管理。《全国矿产资源规划（2016—2020 年）》自 2016 年 11 月发布实施，通过规划实施，在稳定重要非金属矿产安全供应的基础上，重视资源的节约与综合利用，提升矿山规模化、集约化程度，及时治理和有效保护矿山地质环境。其次，培育龙头企业，标准化小矿生产。在国家现有产业政策的指导下，通过鼓励现有非金属矿企业竞争和联合兼并，淘汰现有“小而全”“小作坊”式非金属矿落后产能，淘汰能耗高、资源利用率低、污染严重的企业，逐步建立占有较大市场份额、对国民经济和出口创汇有重要影响的非金属矿产品或制品生产企业或企业集团，以适应现代市场经济和社会发展要求。最后，通过供给侧结构性改革，促进技术及产品创新（谢玉花，2008）。

2.4 本章小结

我国矿产资源储量丰富，是矿产品消耗大国。截至 2017 年年底，我国已发现矿产 173 种，其中天然气水合物为新发现矿种，煤炭、石油、天然气、锰矿、金矿、石墨等主要矿产查明资源储量增长，全国评审备案矿产资源储量报告较上年小幅增长，石油、天然气、锰、铅、锌、锂、石墨等矿产资源潜力动态评价取得新进展。不容忽视的是，在矿山开采过程中所产生的废水、废气、废渣，以及造成的土地破坏、土壤污染、地质灾害等环境问题，给生态环境带来极大的危害。因此，绿色矿山建设势在必行，必须坚决贯彻落实习近平生态文明思想，积极践行“绿水青山就是金山银山”的发展理念，全面实施矿山环境治理，加大人力、物力、财力投入力度，从而实现矿山环境的生态文明目标。

参考文献

董文程．2016．煤矿矿区水污染现状及修复治理研究[J]．内蒙古煤炭经济，(15)：63.

富元斋，周伟杰．2019．环境友好型煤矿建设存在的问题及对策[J]．产业与科技论坛，10（19)：220-221.

韩张雄，倪天阳，武俊杰，等．2017．典型金属矿山选矿药剂与重金属污染综述[J]．应用化工，46（7)：1387-1390，1393.

黄科源．2017．广西矿山地质环境问题综述[J]．低碳世界，(27)：269-271.

刘新杰，宋高峰，蒋斌斌．2019．煤炭行业发展历程及展望[J]．矿业安全与环保，46（3)：100-103.

尚洁．2015．内蒙古大兴安岭林区矿产资源开发对植被的影响[D]．呼和浩特：内蒙古工业大学.

宋允．2019．浅谈小型非金属矿山的地质环境影响与保护要点[J]．科技视界，(2)：219-220.

王鹏涛．2019．煤矸石综合利用的现状及存在的问题研究[J]．科学技术创新，16：182-183.

王志宏，肖兴田．2001．矿产资源开发对环境破坏和污染现状分析[J]．辽宁工程技术大学学报（自然科学版)，20（3)：369-372.

吴见，曹代勇．2009．煤炭开采的生态环境承载力评价：以山西省为例[J]．安全与环境工程，(3)：18-25.

吴楠．2019．中国煤炭产业发展现状分析[J]．中外企业家，23：64-67.

谢玉花．2008．矿产资源的合理利用与环境保护[J]．内蒙古科技与经济，21：76-77.

张变华，靳东升．2018．煤炭开采对国家级重点生态功能区的影响[J]．山西农业科学，46(10)：1710- 1712，1717.

张农，阚甲广，王朋．2019．我国废弃煤矿资源现状与分布特征[J]．煤炭经济研究，39（5)：4-8.

中国煤炭工业协会．2018．2017 煤炭行业发展年度报告[R].

中国煤炭工业协会．2019．2018 煤炭行业发展年度报告[R].

中华人民共和国自然资源部．2018．中国矿产资源报[R].

朱吉茂，李瑞峰，王雷．2019．我国西北煤炭发展空间和布局研究[J]．中国矿业，28（1)：41-46.

第 3 章

我国矿山治理与修复的相关法律、法规、标准及实践

3.1 我国矿山治理与修复的相关法律、法规、标准

我国矿山环境研究大约始于20世纪80年代。此后，随着矿产开发与环境保护的矛盾日益凸显，社会各方面逐渐重视矿产资源开发引起的环境问题，并进行深入研究。矿山环境保护的研究领域迅速扩大，专业性增强，关于矿山环境治理的法律、法规也越来越完善。为加强矿产开采效率及环境保护效果，制定了一系列标准（张巍等，2010）。

3.1.1 法律

我国现行矿产资源方面的基本法《中华人民共和国矿产资源法》（以下简称矿产资源法），于第六届全国人民代表大会常务委员会第十五次会议通过，自1986年10月1日开始施行。该法对我国矿产资源的勘查、登记审批、开发、利用、保护等方面做出了较为全面而详细的规定，为我国矿产资源的勘查、开发和保护工作奠定了重要的法律基础（张琳，2019）。

除矿产资源法这一基本法之外，我国其他多部法律涉及矿产资源方面的内容（表3.1）。此外，我国是煤炭消耗大国，1996年8月29日，针对煤炭资源制定了《中华人民共和国煤炭法》，为我国煤炭开采利用与环境保护协调发展提供了法律基础。

表3.1 我国矿产资源相关法律

名称	发布日期	实施日期	发布部门	相关规定简述
《中华人民共和国水污染防治法》	1984.05.11	1984.11.01	全国人大常委会	排污许可证制度；采取防渗漏措施，地下水水质监测，防止地下水污染
《中华人民共和国矿产资源法》	1986.03.19	1986.10.01	全国人大常委会	对矿产资源的勘查、登记审批、开发、利用、保护等方面做出了较为全面而详细的规定
《中华人民共和国土地管理法》	1986.06.25	1987.01.01	全国人大常委会	土地使用、保护、管理和合理利用；保护耕地，不得用于采矿、取土等
《中华人民共和国大气污染防治法》	1987.09.05	1988.06.01	全国人大常委会	调整能源结构，减少煤炭使用；煤炭清洁高效利用，煤层气开采利用，煤矸石综合利用；煤炭、煤矸石等堆放采取防燃措施
《中华人民共和国固体废物污染环境防治法》	1995.10.30	1996.04.01	全国人大常委会	减少尾矿、矸石、废石等矿业固体废物的产生量与贮存量
《中华人民共和国煤炭法》	1996.08.29	1996.12.01	全国人大常委会	煤矿开采、治理相关规定

名称	发布日期	实施日期	发布部门	相关规定简述
《中华人民共和国环境影响评价法》	2002.10.28	2003.09.01	全国人大常委会	规划与建设项目环境影响评价及法律责任规定
《中华人民共和国循环经济促进法》	2008.8.29	2009.01.01	全国人大常委会	对开采回采率、采矿贫化率、选矿回收率、矿山水循环利用率和土地复垦率等指标依法进行审查
《中华人民共和国水土保持法》	发布日期 1991-06-29 修订日期 2010.12.25	2011.03.01	全国人大常委会	编制水土保持方案，固体废物堆放在专门存放地；固体废物存放地，应当采取拦挡、坡面防护、防洪排导等措施，裸露土地上植树种草、恢复植被，对尾矿库进行复垦
《中华人民共和国环境保护税法》	2016.12.25	2018.01.01	全国人大常委会	规定矿产污染物环境保护税税目、税额
《中华人民共和国资源税法》	2019.08.26	2020.09.01	全国人大常委会	规定原矿或选矿税率

3.1.2　法规

3.1.2.1　国务院法规、规范性文件

20 世纪 50 年代，我国已开始发布实施多条法规以管理各类矿产资源。1956 年 10 月 19 日，国务院发布了《国务院关于非金属矿管理问题的指示》，规定了非金属矿的相关管理部门。1979 年 7 月 23 日，国务院发布了《国务院批转煤炭工业部关于地方煤矿当前存在的问题和调整发展意见的报告的通知》，针对地方煤矿煤炭积压严重、生产计划完成得不好两个突出问题提出了建设性意见（李海婷等，2011）。

20 世纪 90 年代，《防治尾矿污染环境管理规定》、《乡镇煤矿管理条例》和《矿产资源规划管理暂行办法》等法规发布实施（表 3.2），提出了煤矿开采应当遵循开发与保护并重的原则，依法办矿，安全生产，文明生产，统筹规划矿山生态环境治理（任凤珍等，2007）。

表 3.2　我国矿产资源主要法规

名称	发布日期	发布部门	效力级别
《国务院关于非金属矿管理问题的指示》	1956.10.19	国务院	国务院规范性文件
《国务院批转煤炭工业部关于地方煤矿当前存在的问题和调整发展意见的报告的通知》	1979.07.23	国务院	国务院规范性文件
《防治尾矿污染环境管理规定》	1992.08.17	国家环境保护局	部门规章
《乡镇煤矿管理条例》	1994.12.20	国务院	国务院规范性文件
《关于关闭非法和布局不合理煤矿有关问题的通知》	1998.12.05	国务院	国务院规范性文件

名称	发布日期	发布部门	效力级别
《矿产资源规划管理暂行办法》	1999.10.12	国土资源部	部门规章
《国务院关于全面整顿和规范矿产资源开发秩序的通知》	2005.08.18	国务院	国务院规范性文件
《关于逐步建立矿山环境治理和生态恢复责任机制的指导意见》	2006.02.10	财政部、国土资源部和国家环境保护总局	部门规范性文件
《国务院关于矿产资源合理利用、保护和管理工作的报告》	2016.12.26	国务院	国务院规范性文件
《全国矿产资源规划（2008—2015 年）》	2008.12.31	国土资源部	部门工作性文件
《矿山地质环境保护规定》	2009.03.02	国土资源部	部门规章
《国土资源部关于加强矿山地质环境治理项目监督管理的通知》	2009.12.31	国土资源部	部门规范性文件
《国土资源部关于贯彻落实全国矿产资源规划发展绿色矿业建设绿色矿山工作的指导意见》	2010.08.13	国土资源部	部门工作文件
《土地复垦条例》	2011.03.05	国务院	国务院规范性文件
《国务院办公厅转发安全监管总局等部门关于依法做好金属非金属矿山整顿工作意见的通知》	2012.11.04	国务院办公厅	国务院规范性文件
《国务院关于土地管理和矿产资源开发利用及保护工作情况的报告》	2012.12.25	国务院	国务院规范性文件
《国务院办公厅关于进一步加快煤层气（煤矿瓦斯）抽采利用的意见》	2013.09.14	国务院办公厅	国务院规范性文件
《环境保护部关于积极发挥环境保护作用促进供给侧结构性改革的指导意见》	2016.04.16	环境保护部	部门规范性文件
《国务院关于全国矿产资源规划（2016—2020 年）的批复》	2016.11.02	国务院	国务院规范性文件
《国土资源部、财政部、环境保护部等部门关于加快建设绿色矿山的实施意见》	2017.03.22	国土资源部、财政部、环境保护部等	部门规范性文件
《工矿用地土壤环境管理办法（试行）》	2018.05.03	生态环境部	部门规章
《自然资源部办公厅关于开展长江经济带废弃露天矿山生态修复工作的通知》	2019.04.25	自然资源部	部门工作文件
《自然资源部办公厅关于开展矿产资源节约和综合利用先进适用技术目录更新工作的通知》	2019.06.24	自然资源部	部门工作文件
《自然资源部办公厅关于开展省级矿产资源规划（2021—2025 年）编制前期工作的通知》	2019.07.09	自然资源部	部门工作文件
《自然资源部关于探索利用市场化方式推进矿山生态修复意见》	2019.12.17	自然资源部	部门工作文件
《关于加快煤矿智能化发展的指导意见》	2020.02.25	国家发展和改革委员会等	部门规章及文件
《关于促进砂石行业健康有序发展的指导意见》	2020.03.25	生态环境部等	部门规章及文件

2005 年 8 月 18 日，《国务院关于全面整顿和规范矿产资源开发秩序的通知》，要求建立矿山环境恢复保证金制度，制定相应的矿山环境恢复与综合治理方案，以确保采矿权人能切实履行矿山环境恢复与治理的责任。2008 年 12 月 31 日，国土资源部发布实施《全国矿产资源规划（2008—2015 年）》，提出到 2020 年，绿色矿山格局基本建立，矿山地质环境保护和矿区土地复垦水平全面提高。2016 年 11 月 2 日，国务院批复《全国矿产资源规划（2016—2020 年）》，提出 2025 年远景目标：矿业实现全面转型升级和绿色发展，现代矿业市场体系全面建立，提升参与全球矿业治理能力（邵文凤，2016）。

之后，《矿山地质环境保护规定》《国土资源部关于贯彻落实全国矿产资源规划发展绿色矿业建设绿色矿山工作的指导意见》《土地复垦条例》等多部重要文件相继发布实施，矿山地质环境保护走上法制化的道路，绿色矿山建设提供了思路、原则与目标，为矿产等行业土地复垦提供了法律基础（戈华清，2002）（表 3.2）。

3.1.2.2　地方法规

20 世纪 90 年代末，全国各省（区、市）为了加强矿产资源的勘查、开发利用和保护工作，促进矿业可持续发展，根据《中华人民共和国矿产资源法》和有关法律、行政法规，结合实际，制定了具有各省（区、市）特色的矿产资源管理条例，如《安徽省矿山地质环境保护条例》《抚顺市矿山地质环境保护条例》《内蒙古自治区矿山地质环境治理办法》等（表 3.3）。

表 3.3　我国矿产资源部分地方法规

名称	发布时间	发布部门	效力级别
《宁夏回族自治区矿产资源管理条例》	1987.11.28	宁夏回族自治区人大（含常委会）	省级地方性法规
《内蒙古自治区矿产资源管理条例》	1989.11.17	内蒙古人民代表大会常务委员会	省级地方性法规
《郑州市矿产资源管理条例》	1991.01.15	郑州市人大（含常委会）	设区的市地方性法规
《河北省矿产资源管理条例》	1993.09.06	河北省人大（含常委会）	省级地方性法规
《新疆维吾尔自治区矿产资源管理条例》	1995.01.13	新疆维吾尔自治区人大（含常委会）	省级地方性法规
《成都市矿产资源管理条例》	1995.08.17	成都市人大（含常委会）	设区的市地方性法规
《四川省矿产资源管理条例》	1997.10.17	四川省人大（含常委会）	省级地方性法规
《辽宁省矿产资源管理条例》	1997.11.29	辽宁省人大（含常委会）	省级地方性法规
《云南省矿山地质环境保护规定》	1998.09.11	云南省政府	地方政府规章
《山西省矿产资源管理条例》	1998.09.29	山西省人大（含常委会）	省级地方性法规
《江苏省矿产资源管理条例》	1999.10.30	江苏省人大（含常委会）	省级地方性法规
《安徽省矿山地质环境保护条例》	2007.06.22	安徽省人大（含常委会）	省级地方性法规

名称	发布时间	发布部门	效力级别
《安徽省矿山地质环境治理恢复保证金管理办法》	2007.12.06	安徽省政府	地方政府规章
《抚顺市矿山地质环境保护条例》	2009.01.09	抚顺市人大（含常委会）	设区的市地方性法规
《太原市矿山地质环境治理恢复保证金管理办法》	2011.01.17	太原市人大（含常委会）	设区的市地方性法规
《吉林省矿山地质环境治理恢复保证金管理办法》	2011.09.21	吉林省政府	地方政府规章
《内蒙古自治区矿山地质环境治理办法》	2015.03.27	内蒙古自治区政府	地方政府规章
《驻马店市人民政府办公室关于印发驻马店市十三五生态环境保护规划的通知》	2017.12.29	驻马店市人民政府办公室	地方政府规章
《平顶山市人民政府办公室关于印发平顶山市矿山地质环境恢复与综合治理规划（2017—2025 年）的通知》	2018.12.27	平顶山市人民政府办公室	地方政府规章
《湖南省人民政府办公厅关于全面推动矿业绿色发展的若干意见》	2019.12.31	湖南省人民政府办公厅	地方政府规章及文件
《江西省人民政府办公厅关于促进稀土产业高质量发展的实施意见》	2020.01.14	江西省人民政府办公厅	地方政府规章及文件

同时，根据 2005 年国务院《关于全面整顿和规范矿产资源开发秩序的通知》和 2006 年国土资源部与财政部、国家环境保护总局《关于逐步建立矿山环境治理和生态恢复责任机制的指导意见》的要求，目前绝大多数省份已出台管理办法建立了保证金制度，但保证金制度的具体名称各省表述不一，安徽省表述为“矿山地质环境治理恢复保证金制度”，内蒙古自治区表述为“矿山地质环境治理保证金制度”，辽宁、甘肃等省份表述为“矿山环境恢复治理保证金制度”，河北、福建等省表述为“矿山生态环境恢复治理保证金制度”，重庆、江西等省份表述为“矿山环境治理和生态恢复保证金制度”（陈诗太，2013）。

3.1.3 标准

3.1.3.1 国家标准

矿产行业开采涉及水土流失问题，水土保持工程备受重视。1995 年 12 月 8 日，《水土保持综合治理　规划通则》（GB/T 15772—1995）发布，为我国水土保持综合治理提供标准，矿产行业水土保持工作同样可参考该标准。矿产行业水、大气和固体废物等污染排放控制参照国家标准《污水综合排放标准》（GB 8978—1996）、《大气污染物综合排放标准》（GB 16297—1996）和《一般工业固体废物贮存、处置场污染控制标准》（GB 18599—2001）等。2018 年 11 月 1 日，《生产建设项目水土保持技术标准》（GB 50433—2018）发布，进一步促进各行业生产建设项目水土保持工作发展。

此外，针对我国重要矿产行业制定了相关标准。《煤炭工业污染物排放标准》（GB 20426—2006）规定了煤炭行业开采水、大气、固体废物等污染物的排放限值及控制技术要求。《铁矿采选工业污染物排放标准》（GB 28661—2012）规定了铁矿采选生产企业污染物排放限值、监测和监控要求。铜矿方面制定了《铜选矿厂废水回收利用规范》（GB/T 29773—2013）和《铜矿山酸性废水综合处理规范》（GB/T 29999—2013）等。

绿色矿山建设以来，急需绿色矿山方面的相关标准，我国正加快此类标准的制订，2019 年 6 月 4 日，《煤矿绿色矿山评价指标》（GB/T 37767—2019）发布，为我国煤矿绿色矿山筛选与建设提供标准。另外，针对全行业绿色矿山建设的标准“绿色矿山建设规范”已在起草中，各矿业绿色矿山建设标准也将在下一部分行业标准和地方标准中提及。

3.1.3.2　行业标准

针对矿产行业开采带来严重的土地破坏问题，2011 年 5 月 4 日，《土地复垦方案编制规程　第 1 部分：通则》（TD/T 1031.1—2011）等 7 部土地复垦标准发布。此外，“煤矿土地复垦技术规范”和“金属矿土地复垦技术规范”等矿业土地复垦技术规范正在起草。

2011 年 7 月 7 日，《矿山地质环境保护与恢复治理方案编制规范》（DZ/T 0223—2011）发布，规定了矿山地质环境保护与治理恢复方案编制的术语、定义、原则、工作程序及技术要求。2014 年 8 月 11 日，国家林业局发布了《矿山废弃地植被恢复技术规范》（LY/T 2356—2014），规定了各类矿山废弃地进行土地整理、森林或林草植被恢复的技术要求。《铁矿山排土场复垦指南》（YB/T 4486—2015）和《铁矿山固体废弃物处置及利用技术规范》（YB/T 4487—2015）于 2015 年 10 月 10 日发布，规定了铁矿山排土场和固体废物治理方面的技术要求。

2018 年 6 月 22 日，自然资源部发布九大行业绿色矿山建设规范，包括《非金属矿行业绿色矿山建设规范》（DZ/T 0312—2018）、《有色金属行业绿色矿山建设规范》（DZ/T 0320—2018）、《冶金行业绿色矿山建设规范》（DZ/T 0319—2018）、《化工行业绿色矿山建设规范》（DZ/T 0313—2018）、《黄金行业绿色矿山建设规范》（DZ/T 0314—2018）、《煤炭行业绿色矿山建设规范》（DZ/T 0315—2018）、《砂石行业绿色矿山建设规范》（DZ/T 0316—2018）、《陆上石油天然气开采业绿色矿山建设规范》（DZ/T 0317—2018）、《水泥灰岩绿色矿山建设规范》（DZ/T 0318—2018），于 2018 年 10 月 1 日起实施，对我国绿色矿山建设起到了极其重要的作用。

3.1.3.3　地方标准

2010 年 7 月 22 日，河北省发布地方标准《主要矿山废弃地植被恢复技术规范》（DB13/T 1246—2010），2010 年 12 月 28 日又发布了《矿区土地生态复垦技术规范》（DB13/T 1350—2010）。针对矿山植被恢复、土地复垦、地质环境防治等技术，内蒙古自治区、湖南省、辽宁省等相继发布了相应的技术规范（表 3.4）。

表 3.4　我国矿产资源相关主要标准

分类	名称	标准号	发布日期	实施日期
国家标准	《水土保持综合治理 规划通则》	GB/T 15772—1995	1995.12.08	1996.07.01
	《水土保持综合治理 验收规范》	GB/T 15773—1995	1995.12.08	1996.07.01
	《大气污染物综合排放标准》	GB 16297—1996	1996.04.12	1997.01.01
	《污水综合排放标准》	GB 8978—1996	1996.10.04	1998.01.01
	《一般工业固体废物贮存、处置场污染控制标准》	GB 18599—2001	2001.12.18	2002.07.01
	《煤炭工业污染物排放标准》	GB 20426—2006	2006.09.01	2007.01.01
	《铁矿采选工业污染物排放标准》	GB 28661—2012	2012.09.03	2012.10.01
	《铜选矿厂废水回收利用规范》	GB/T 29773—2013	2013.09.27	2014.08.01
	《铜矿山酸性废水综合处理规范》	GB/T 29999—2013	2013.09.27	2014.08.01
	《煤矿绿色矿山评价指标》	GB/T 37767—2019	2019.06.04	2020.01.01
	《绿色矿山建设规范》	起草中，计划号：20192408—T—334		
行业标准	《土地复垦方案编制规程 第 1 部分：通则》	TD/T 1031.1—2011	2011.05.04	2011.05.31
	《土地复垦方案编制规程 第 2 部分：露天煤矿》	TD/T 1031.2—2011	2011.05.04	2011.05.31
	《土地复垦方案编制规程 第 3 部分：井工煤矿》	TD/T 1031.3—2011	2011.05.04	2011.05.31
	《土地复垦方案编制规程 第 4 部分：金属矿》	TD/T 1031.4—2011	2011.05.04	2011.05.31
	《土地复垦方案编制规程 第 5 部分：石油天然气（含煤层气）项目》	TD/T 1031.5—2011	2011.05.04	2011.05.31
	《土地复垦方案编制规程 第 6 部分：建设项目》	TD/T 1031.6—2011	2011.05.04	2011.05.31
	《土地复垦方案编制规程 第 7 部分：铀矿》	TD/T 1031.7—2011	2011.05.04	2011.05.31
	《矿山地质环境保护与恢复治理方案编制规范》	DZ/T 0223—2011	2011.07.07	2011.08.01
	《矿山废弃地植被恢复技术规范》	LY/T 2356—2014	2014.08.21	2014.12.01
	《铁矿山排土场复垦指南》	YB/T 4486—2015	2015.10.10	2016.03.01
	《铁矿山固体废弃物处置及利用技术规范》	YB/T 4487—2015	2015.10.10	2016.03.01
	《非金属矿行业绿色矿山建设规范》	DZ/T 0312—2018	2018.06.22	2018.10.01
	《有色金属行业绿色矿山建设规范》	DZ/T 0320—2018	2018.06.22	2018.10.01
	《冶金行业绿色矿山建设规范》	DZ/T 0319—2018	2018.06.22	2018.10.01
	《煤炭行业绿色矿山建设规范》	DZ/T 0315—2018	2018.06.22	2018.10.01
	煤矿土地复垦技术规范	起草中		
	金属矿土地复垦技术规范	起草中		

分类	名称	标准号	发布日期	实施日期
地方标准	《主要矿山废弃地植被恢复技术规范》	DB13/T 1246—2010	2010.07.22	2010.08.10
	《矿区土地生态复垦技术规范》	DB13/T 1350—2010	2010.12.18	2011.01.20
	《矿山植被恢复技术规程》	DB53/T 662—2014	2014.12.18	2015.02.18
	《矿山地质环境综合防治方案编制规范》	DB43/T 1042—2015	2015.07.20	2015.09.20
	《矿山地质环境恢复治理规程》	DB21/T 2523—2015	2015.09.10	2015.11.10
	《草原矿区排土场水土保持综合治理技术规程》	DB15/T 1016—2016	2016.06.30	2016.09.30
	《矿山废弃地植被恢复技术规程》	DB53/T 767—2016	2016.09.10	2016.12.01
	《草原区露天煤矿排土场植被恢复技术规范》	DB15/T 1252—2017	2017.09.10	2017.12.10
	《离子型稀土矿山开采水污染物排放标准》	DB36 1016—2018	2018.03.05	2018.09.01
	《有色金属矿绿色矿山建设规范》	DB41/T 1663—2018	2018.09.29	2018.12.29
	《非金属矿绿色矿山建设规范》	DB41/T 1666—2018	2018.09.29	2018.12.29
	《煤矿绿色矿山建设规范》	DB41/T 1664—2018	2018.09.29	2018.12.29
	《岩盐、天然碱矿绿色矿山建设规范》	DB41/T 1667—2018	2018.09.29	2018.12.29
	《建筑石料、石材矿绿色矿山建设规范》	DB41/T 1665—2018	2018.09.29	2018.12.29
	《铁矿、锰矿绿色矿山建设规范》	DB41/T 1668—2018	2018.09.29	2018.12.29

2018 年，水污染方面，江西省发布了《离子型稀土矿山开采水污染物排放标准》(DB36/1016—2018)，针对性控制稀土矿山对环境的污染；绿色矿山建设方面，河北省制定了多部标准，涵盖多类矿山，进一步推进了我国绿色矿山建设。

3.2　我国矿山治理措施

3.2.1　煤矿

煤炭开采导致土地资源破坏并对环境产生巨大危害，矿区环境治理刻不容缓，以下是煤矿区治理实例。

3.2.1.1　矿区水治理

【阳泉市煤矿老窖水污染治理】(王桃良，2017)

该矿区老窖水污染采用矿井内原位处理技术，所谓原位处理就是通过钻孔直接向矿井内投加处理材料，利用井巷及采空区空间作为处理场所，使老窖水在流过时得到处理。具体如下：

（1）原位中和处理

原位中和处理就是在地表通过钻孔向矿井中投放碱性中和剂，如石灰石、石灰、石灰乳（熟石灰）等，也可将两种或两种以上中和剂混合使用，利用井下巷道及采空区作为处理场所，在老窨水缓慢流过时进行中和反应，从而达到处理效果。原位中和处理与地面处理比较，其优点是不需要在地面修建处理设施，无二次废渣处理问题，中和反应形成的各种沉淀物填充于巷道或是采空区内，同时又能起到封闭硫铁矿的作用。其缺点是中和剂投放量大、成本高，处理的效果难以掌握，国内还没有见到大规模实地应用的报道，技术工艺不成熟，经验不足。

（2）原位黄土处理

黄土中有机物和黏土矿物含量高，并含有碱性矿物碳酸钙和氧化钙，表面积大，吸附性强，是处理煤矿酸性矿井水的理想材料。太原理工大学对黄土处理煤矿酸性矿废水的实验研究结果表明，各类黄土都可以提升煤矿酸性废水的 pH 值，能够去除大部分或是一部分污染物，处理效果很显著。研究认为黄土处理酸性矿井水的机理是，通过物理吸附、絮凝沉淀、离子交换、与碱性矿物发生化学中和反应，降低酸性水中的硫酸根离子和重金属离子，并提高 pH 值，使矿井废水得到净化。与此同时，随着黄土不断充填至矿井内，又能起到封闭硫铁矿、隔绝氧气的作用，阻止了硫铁矿继续发生氧化反应，从根源上去除了老窨水的形成条件。阳泉市黄土分布广泛，来源丰富，可就地取材，处理成本低廉，建议尽快开展黄土处理矿井老窨水的实地应用试验，取得经验后，在全市推广应用。

（3）原位粉煤灰处理

粉煤灰是燃煤电厂产生的废弃物，是一种松散固体集合物，粒度小、比表面积大，适合做吸附物，并含有一定的碱性氧化物，对中和酸性起很大的作用，可以用来中和酸性矿坑水，吸附金属离子，同时又能充填煤矿采空区。据科研人员研究，粉煤灰用于处理酸性矿井水具有较好的处理效果，是比较有发展前景的一种处理方法。

目前，把粉煤灰用于填充煤矿采空区的应用较多，如美国将粉煤灰用于矿井回灌工程已有 30 多年的历史，一般为 10～15 m 设一灌浆孔，将纯粉煤灰灌入，既解决了土地沉陷问题，也为利用粉煤灰开辟了新路；阳泉市于 20 世纪 90 年代开始利用粉煤灰注浆充填煤矿采空区，至今已处理采空区 100 万 m^2 以上，从地下水水质监测结果看，粉煤灰回灌采空区充注浆，直至注满为止。

（4）原位赤泥处理以及赤泥、粉煤灰和黄土混合处理

赤泥是制铝工业从铝土矿中提炼氧化铝后残留的一种红色粉泥状碱性固体废料，一般提炼 1 t 氧化铝产生 0.8～1.5 t 赤泥，其主要成分是 SiO_2、CaO、Al_2O_3、Fe_2O_3 和 Na_2O，不属于对环境有特别危害的物质，其对环境的危害因素主要是碱度较高的赤泥浸出液。根

据有关科研人员利用赤泥去除酸性矿井水中重金属的研究，赤泥是通过物理吸附、表面络合吸附、离子交换和絮凝沉淀等去除酸性矿井水重金属离子的，而且处理效果明显，同时建议用赤泥添加黏土、煤渣或是其他废弃物来提高去除酸性矿井水重金属离子的能力。阳泉市建有年产110万t规模的氧化铝厂，日产赤泥4 000多t，基本上全部在地表堆放处置，不仅占用土地，还对周边环境造成了一定的影响，与此同时当地又存在煤矿老窖水污染的突出问题，可见阳泉市具有利用赤泥处理酸性矿井水的特有的条件。鉴于国内利用赤泥处理酸性矿井水的研究比较薄弱，建议在阳泉实地开展赤泥以及赤泥添加黄土、粉煤灰处理矿井老窑水的试验研究，实现“以废治废”的目的。

【梅花井煤矿井下水害治理】(翟文等，2016)

为了有效控制矿井水害，预防重特大水害事故的发生，系统分析了矿井的主要水害，并提出了针对性的措施：

（1）顶板水

近年来实际水文观测数据显示，顶板水为影响梅花井煤矿采掘安全的主要影响因素，尤其对回采工作面影响较大。如：截至2016年7月底，本年度矿井总疏放水量为356.8万 m^3，各回采工作面（包括5个已回采完毕工作面及3个正在回采工作面）总疏放水量为145.1万 m^3，约占矿井总疏放水量的41%，为目前梅花井煤矿主要防治水重点区域。

治理措施：

1）提前编制工作面疏放水设计，采取超前探放手段对顶板水进行提前疏放，确保工作面回采过程下隅角最大涌水量不大于10 m^3/h。

2）采用瞬变电磁探测技术对顶板水分布及赋水情况进行探查，掌握工作面异常区域，对异常区域采取针对性措施。

（2）断层水

目前矿井已揭露DF3、DF11、DF17、DF1四条主断层，并伴有多条次生断层，断层揭露过程中巷道均出现不同程度的淋水，断层导水性存在不均匀性；且目前揭露断层位置多为2煤层位，距直罗组粗砂岩含水层较近，该含水层富水性较强，易出现突水事故。

治理措施：

1）根据补勘资料及实际揭露的断层资料，对可能存在断层水害威胁区域进行提前预测。

2）编制工作面探断层设计，通过钻探手段探明断层导水性及位置。

3）根据探明的断层导水性制定相应的过断层措施，对断层导水性良好或围岩破碎导致工作面淋水增大等情况，可根据实际情况采取注浆封堵手段对断层水进行防治。

（3）钻孔水

地质钻孔往往连通各个含水层，如果钻孔封闭不良，将成为地下水体相互沟通的重要通道，且突发性较强，对工作面威胁较大。如：梅花井煤矿116103工作面回采过程中曾发生因 802 钻孔封闭不严而出现钻孔突然涌水的情况，水量约为 20 m^3/h，虽未造成大的影响，但给下伏 10 煤工作面安全回采留下了较大的安全隐患。

治理措施：

1）对一些没有封孔资料的地质钻孔，组织人员对钻孔封闭效果进行检验。

2）对于采掘过程中即将揭露的钻孔，揭露前应提前编制相关技术措施，进行探查，如发现不良涌水情况，采用先行疏放或注浆封堵等手段进行治理。

3）对于采掘过程中实际揭露的封孔不良钻孔，将其准确标注在采掘过程平面图上，并在后期做好封孔不良钻孔的管理工作。

（4）裂隙水

梅花井煤矿已揭露鸳鸯湖背斜、M502 向斜及 704 向斜。据实际揭露资料显示，M502 向斜对该矿采掘工作面影响较大，该向斜影响范围内裂隙发育，且煤层顶板直接揭露含水层，现已影响 4#煤层及 6#煤层的采掘活动。

治理措施：

1）提前编制疏放向斜裂隙水设计，对向斜影响范围内裂隙水进行提前疏放。

2）由于向斜构造水文情况较为复杂，普通的钻探手段无法对其进行有效疏放，梅花井煤矿特别采用井下超长定向钻进技术对该向斜富水性进行定点探查。

（5）老空水

梅花井煤矿自 2009 年回采至今，井田范围内已存在 9 个采空积水区，涉及影响煤层为 2#煤、4#煤、6#煤、10#煤。水害特点为同一煤层上部采空区对下部工作面有水害威胁；同一范围内不同煤层间上覆采空区积水区对下伏工作面有水害威胁。随着工作面的不断增加，矿井采空区积水将逐渐成为影响矿井安全生产的重要水害隐患。

治理措施：

1）工作面回采前提前编制探放水设计，内容包含对上部采空区及上覆采空区积水的疏放设计，提前对采空区积水进行疏放。

2）加强工作面回采期间老空水观测力度，重点加强对低洼点等可能存在水害威胁的区域的观测；并在低洼点施工泄水孔，确保采空区积水能够得到及时疏放。

【寸草塔煤矿矿井水综合治理】（宋建萍等，2012）

根据寸草塔煤矿所处水文地质条件，引进新技术、新工艺，加大水处理和水资源循环利用措施，使生产废水和工业场地生活污水得到有效控制和改善。基于矿井所处地区的严重缺水性，矿井在开采过程中产生的井下涌水本身就是一种宝贵的可利用资源，经过适当处理后完全可以满足很多环节的水质使用要求。否则产生的污水得不到有效处理和循环利用，大约 236.2 m^3/d 的生产生活污废水就会排入农田灌溉或排入乌兰木伦河。因此解决好水污染防治及资源化利用问题，是矿井建设生产期间环境保护及生态综合整治的关键一环。不仅可在很大程度上减少矿井生产生活从当地水源地的直接取水量，而且可实现污水零排放。具体防治措施包括以下几个方面：

（1）生产废水处置措施

在矿井工业场地建设矿井水处理站 1 座，处理规模为 1 800 m^3/d，采用絮凝沉淀和过滤消毒的处理工艺，处理流程如图 3.1 所示。

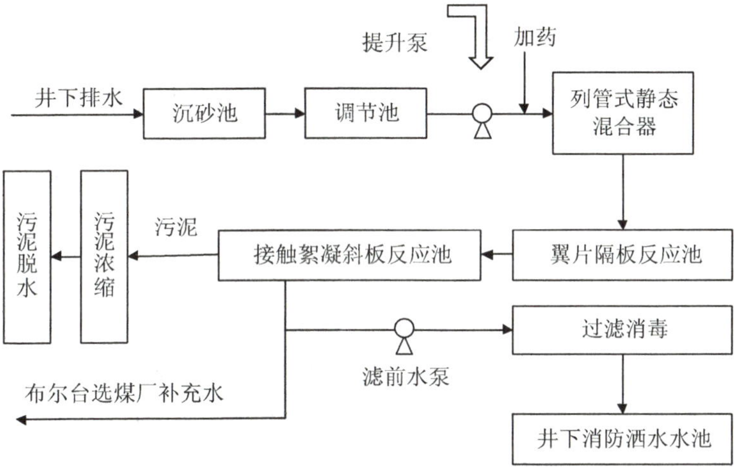

图 3.1　矿井水处理工艺流程

资料来源：王桃良，2017. 阳泉市煤矿老窖水污染治理措施及建议.

寸草塔煤矿矿井水属于含悬浮物的矿井水，矿井水的污染以煤粉、岩粉为主，主要污染物是 SS 和 COD，采用絮凝沉淀和过滤处理后的矿井水 SS 可降至 18.18 mg/L，COD 可降至 15.18 mg/L；处理污水的技术水平走在其他矿区的前面（表 3.5）。从表 3.5 可以看出，寸草塔煤矿采用絮凝沉淀和过滤处理后的矿井水 SS 和 COD 较其他煤矿的吨煤 COD 和 SS 产生量都小，达到了污水综合排放一级标准，也符合农田灌溉水质标准和杂用水水质标准要求，满足了选煤厂和井下生产消防洒水要求。经沉淀处理后，矿井涌水量为 1 632 m^3/d，其中一半用于井下消防洒水，提供给布尔台选煤厂作生产补充水的占总用水量的约 40%，其余的用于农林灌溉。总之，处理后矿井水全部回收利用。

表 3.5　各矿处理污水的技术水平

煤矿名称	规模/（Mt/a）	吨煤产生废水量/t	吨煤产生 COD_{Cr} 量/mg	吨煤产生 SS 量/mg
寸草塔煤矿	2.7	0.2	15.18	18.18
罐子沟煤矿	1.5	0.27	54	48.6
万利矿区一井	1.2	0.43	86	77.4
塔拉壕煤矿	3.0	0.35	70	63
补连塔煤矿	3.0	1.32	25.7	18.6
屯留煤矿	2.7	1.45	23.3	17.8

（2）工业场地生活污水处理措施

寸草塔煤矿工业场地的生活污水，采用地埋式污水处理装置，在扩建工业场地建成规模为 150 m^3/d 的生活污水处理站，这些生活污水经排水管网汇集至生活污水处理站。该综合污水处理装置是集生物接触氧化、生物过滤于一体的处理设备，具有固液分离效果好、生化效率高、出水水质优、设备集中，占地面积小、污泥浓度高、便于管理和自动控制等优点。在没有进行处理前，正常涌水量为 68 m^3/h，SS 浓度为 280 mg/L，COD 浓度为 100 mg/L。处理后的污染物 SS 浓度为 27 mg/L，BOD_5 浓度为 14 mg/L，COD 浓度为 23 mg/L，NH_3-N 浓度为 4 mg/L，处理后的生活污水用于绿化、道路洒水，冬季可作布尔台选煤厂的补充水，从而减少选煤厂直接在水源地的取水量，以达到既回收利用废水，又不污染乌兰木伦河水体的目的。

（3）采用合一的供水系统

寸草塔煤矿通过改扩建工程使工业场地生活和消防用水采用合一的供水系统。干管采用环状管网，水源井的潜水泵将地下水送至工业场地内的两座容积为 500 m^3 的水池，再由两台加压泵送至食堂、浴室及生活区等，并设消毒设备、加压泵变频调速装置，以适应生活用水量的变化。消防采用临时高压制。

（4）采用静压供水方式

井下消防、洒水采用静压供水方式，由工业场地井下水处理站水池引一趟 DN150 管道经胶轮车斜井井筒至井下，以满足井下消防洒水水量、水压的要求。同时在井下采空区采用过滤净化水技术，把采空区变为具有净化功能的蓄水库，用于井下生产用水，从源头上控制了井下废水产生。利用井下清污分流工艺和采空区过滤净化技术，将过滤净化水用于井下生产、地面生活补水、景观及绿化灌溉，井下生产利用 65 000 m^3/d，生活补水 18 000 m^3/d，景观及绿化灌溉用水 11 000 m^3/d，不但解决了生产、生活用水及绿化灌溉的供需矛盾，而且控制了井下废水排放。

（5）选用节水型生产工艺与设备

选用节水型生产工艺和设备，降低水耗，用有限的水资源生产出更多更好的产品；淘汰落后的卫生器具、设备和管道材料，采用高效节水型新工艺、新技术、新材料；同时供水系统采取防渗、防漏措施，降低水资源无效消耗，提高了水资源利用率。

3.2.1.2 矿区固体废物治理

【补连塔煤矿综采工作面粉尘治理】（王经玺等，2016）

综采工作面的粉尘主要源于采煤机割煤、液压支架移架和运输转载这三道工序，具体措施如下：

（1）采煤机割煤防尘技术

采煤机的割煤工序是综采工作面最大的产尘源之一。有效的防尘技术措施能减少粉尘的形成并迫使粉尘聚集降落。目前所采取的措施有：

1）在采煤机割煤的同时打开内外喷雾，覆盖滚筒，内喷雾压力不得小于 2 MPa，外喷雾压力不得小于 1.5 MPa。在静水压达不到喷雾要求时，必须设置加压泵。出厂的采煤机采用的防尘措施主要是内喷雾，由于喷雾水（其水压要求为≥3.5 MPa）采用的是其电机的冷却水（其水压要求为＜2 MPa），常常出现喷雾水量不足、喷水压力过低的现象；再加上内喷雾喷嘴极易堵塞，喷雾效果很不理想，很难达到割煤时控制粉尘扩散的效果。为采煤机的机组喷雾增收加压泵，可以解决这一难题。

2）改进采煤机的喷雾方式，使之更有效地降尘；在采煤机现有的结构上进行改进，尽可能地降低粉尘的产生。

3）采煤机割煤时，其产尘量的大小与截割滚筒结构参数密切相关，如滚筒的截深、转速、截齿的结构、钝锐性、布置方式和采煤机的牵引速度等。在现场条件下，为了达到降尘效果，可以采用改变截齿的结构形式，及时更换磨钝的截齿、损害的喷嘴，以及控制采煤机的牵引速度等方法。

4）增加采煤机的喷雾方式。采煤机割煤和装煤会产生大量的粉尘，再加上产尘点处在工作面的进风流中，粉尘极易扩散，通过增加采煤机的喷雾方式可以有效减少粉尘的形成并迫使粉尘聚落。

（2）液压支架工作中的降尘技术

综采工作面液压支架的支护作业，又是一个主要的产尘源。移架作业所产生的粉尘受多种因素影响，但最主要的是直接顶板的条件。在移架作业（降拉、拉架、升柱）过程中，产尘点多，产尘量大，分散度高。粉尘的产生部位主要是处在工作面风流通道中的支架前半部的架间位置，产生的粉尘在风流作用下极易扩散。由于支架后部有支柱、四连杆等支架零部件，与支架前半部主风流相比风速较小，后部煤尘未被及时沉降，易随风流沿此通道扩散。针对这些情况，对支架原喷雾降尘系统进行改进，使移架和放煤时的喷雾降尘，与操纵支架作业的液压系统实现联动，即在降、拉移、升支架时，就能自动实现喷雾，及时有效地捕集粉尘，而又不增加操作工序。改进后喷雾系统分为架前喷雾和架后喷雾。

（3）各运输转载点降尘技术

由于运煤的转载点都是在工作面的进风流中，在这些点对煤尘进行有效处理对工作面粉尘浓度的降低起着至关重要的作用。为此，在刮板输送机、采煤机、胶带输送机等转载点均需设置降尘喷雾，杜绝煤尘飘散。

（4）自动化采煤技术

采用自动化采煤技术，可从根本上减少矿工接触粉尘的时间和概率。综采工作面要实现自动化采煤，形成综采无人采煤工作面系统，实现采煤机记忆截割，液压支架自动降、移、升，无须人员操作，自动完成采煤过程。采煤机具有学习记忆截割功能，即事先由人工操作割一个示范刀，采煤机内部存储器会记下在各个位置时滚筒的截割高度数据。打开自动截割功能后，采煤机会严格按照示范刀的数据自动升降摇臂，自动割煤，无须人员干涉。采煤机还能随着工作面的倾角的变化，自动调整数据，进行自动补偿，使工作面在遇到地质条件变化时依然能自动割煤，保持平直，并根据示范刀的存储数据，随着工作面地质变化，摇臂自动升与降，使滚筒达到合适的高度自动割煤。液压支架随着采煤机的运行自动完成收护帮板、移架、推溜等各种动作，在任一台支架上发出一次操作命令能控制一组支架，其动作从这个组一端的起始架开始运行，按一定的程序在组内自动地逐架传递，每架的动作自动开始，自动停止，直至本组另一端的末架完成该动作为止。跟机自动化是以采煤机位置为依据的支架自动控制。电液控制系统通过红外线传感器检测到采煤机位置信息，此信息传到主机，主机经过内部程序处理，自动发出相应的控制命令，使相应的支架控制器自动完成相应的操作，如在采煤机前方自动收护帮板、在采煤机后方自动移架、推溜等。操作员只需在控制主机上提前做好参数设置，点击开始，一切任务全部交给计算机，支架的所有动作过程完全自动地进行，无需人员干涉。这样，自动化采煤将大批现场操作人员从工作面恶劣的工作环境中撤离出来，大大减少了人员接触粉尘的时间和概率。

【柴沟煤矿矸石场治理】（韩翠花，2016）

矸石是煤炭生产中伴生的岩石，在采煤和洗选过程中大量排出，历年积存，形成了数以万计的矸石山。通过调查柴沟煤矿矸石场的现状，提出了预防矸石场风险的综合治理措施：

（1）矸石场现有水保措施

经调查，矸石场沟口设有浆砌石挡墙，墙底部设有 3 个泄水孔，在矸石场最终堆矸标高之上沿坡面边界线修建有截水沟，以防矸石场两侧客水进入场内。

1）浆砌石挡墙：高 8 m，上顶宽 2.0 m，下底宽 5.56 m，上顶长 22 m，迎土面垂直砌筑，背土面坡比为 1∶0.5。挡墙按 50 年一遇洪峰流量设计，按 100 年一遇洪峰流量校核。

2）泄水孔：墙体底部设有 3 个泄水孔，洞宽 1.5 m，洞净高 1.75 m，1.2 m 高度起拱，拱圈半径 0.75 m，孔距 1.8 m。

3）截水沟：总长 700 m，为浆砌石梯形断面，底宽 0.5 m，顶宽 1.5 m，深 0.5 m，边坡 1∶0.5。

（2）边坡防护工程

1）削坡。矸石场目前边坡坡度较陡（约 45°），在暴雨冲刷下容易产生滑坡，为了使边坡更加稳定，对矸石场边坡进行削坡，使其坡度降低，确保治理后的矸石山边坡稳定。具体措施如下：首先，用人工或机械对矸石山坡面按高宽比 1∶2 进行削坡，将削坡产生的多余矸石回填平台；然后，对回填部分进行分层夯实，夯实系数≥0.85。每层矸石用马道把坡面分成阶梯式；最后，对矸石山顶部平台进行平整，为了将矸石山以上坡面水引向低处排出，将矸石场顶部平整成外高内低，雨水汇集后经坡面两侧竖向排水沟引到坡底排水沟内，再由坡底排水沟排出矸石场地。

2）排水沟设计。根据水文计算，矸石场区洪峰流量为 12.65 m^3/s，按照 3.65 m/s 的水流速度计算，每层坡面平台（马道）设计的排水沟断面为上宽 300 mm、下宽 300 mm、深

300 mm，浆砌块石排水沟；横向坡面根据现状矸石山的坡面的横向设计为 2/100。纵坡排水沟的断面参数为上宽 400 mm、下宽 400 mm、深 400 mm，浆砌块石排水沟，排水沟的纵向坡度在坡面上与隔坡坡面相同。

（3）矸石场封场措施

该矸石场服务期已满，为了杜绝乱堆乱放，对矸石场进行覆土、绿化封场。考虑到立地条件较差，绿化树种应选择抗逆性强，有较强适应能力，对干旱、瘠薄、盐碱、酸碱度、毒害等不良立地因子有较强的忍耐能力的树种，同时能应对粉尘污染、SO_2、高温等不良的大气因素。

【鄂尔多斯市远兴露天煤矿排土场治理】（于斯琴高娃等，2016）

排土场是露天矿剥离物堆积而成，水土流失严重，是重点治理区。排土场设计概况见表 3.6，排土场治理措施如下：

表 3.6 排土场主要技术参数

序号	项目	单位	一号排土场	二号排土场
1	占地面积	hm^2	64.26	41.48
2	最终排弃高度和标高	m	120/1 360	33
3	排土台阶坡面角	(°)	33	33
4	最终帮坡角	(°)	18	18
5	松散系数		1.15	1.15
6	最终排土台阶数量	个	6	5
7	台阶高度	m	20	16
8	平盘宽度	m	50	50
9	排土场容量	Mm^3	25.30	37.95
10	计划排弃量	Mm^3	20	30
11	排土场容量备用系数		1.10	1.10

（1）工程措施

1）台阶平台周边挡水围埂。排土场平台面积较大，由于排土时采用重型机械层层夯实碾压，使平台的密实度加大，不利于暴雨的入渗，增大了产汇流量。如不修筑平台周边挡水围埂拦蓄平台径流，极有可能冲刷排土边坡，形成侵蚀冲沟。因此，在排土场最终平台周边修筑挡水围埂，不仅保护了边坡安全，而且拦蓄的径流可为平台植被恢复提供水分。

2）平台及边坡绿化覆土。排土场形成最终排土台阶平台和最终平台，为了尽快恢复植被，平台须采取覆土措施。平均覆土厚度为 0.3 m，覆土来源于采掘场和排土场剥离表土。

3）边坡排水暗管及消能设施。为避免雨水侵蚀排土场平台及边坡，通过边坡排水暗管汇至排土场坡脚，经过消能设施消能后，排入场外。

（2）植物措施

远兴煤矿排土场台阶平台外侧挡水围埂内侧栽植油松防护林；边坡设置 1.2 m×1.2 m 沙柳网格，网格内撒播草木樨、沙打旺和紫花苜蓿草籽。排土场最终平台平均划分为 100 m×100 m 方格，每个方格之间布设 6 m 道路，兼作围埂，方格四周栽植 2 行油松防护林。为了便于方格管护，将方格用 2 m 宽道路分成两块，每小块方格中间栽植 1 行油松防护林。方格内撒播草木樨、沙打旺及紫花苜蓿草籽。

【徐州矿区煤矸石的综合利用】（贾澎波等，2010）

多年来，徐州矿区已经将煤矸石回填塌陷区，进行了煤矸石部分综合利用的实践。

（1）矸石的回收利用

选择发热量比较低的矸石作为填充材料，将煤矸石用作塌陷区、露天矿坑填充物，使矸石得到利用，煤矸石充填复垦工艺如图 3.2 所示。

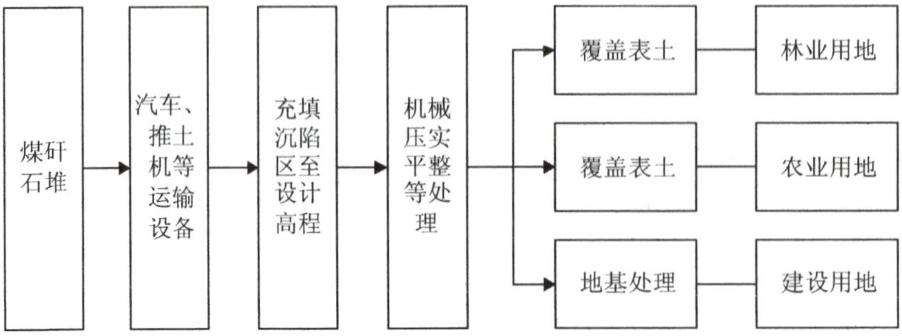

图 3.2　煤矸石充填复垦工艺

资料来源：贾澎波，2010. 关于徐州矿区煤矸石的危害及综合利用.

（2）煤矸石的回收再利用

从煤矸石中洗选优质煤，同时筛出劣质煤，再生煤可用于动力锅炉燃料；水洗煤矸石可用于建筑材料；作为电厂主要原料，与煤泥、瓦斯等低热值燃料一起燃烧发电等（李媛，2019）。

（3）煤矸石作混凝土掺合料

由于自燃煤矸石或烧煤矸石具有火山灰活性，能与水泥水化过程中析出的晶体发生缓慢的“二次反应”，生成水化硅酸钙和水化铝酸钙，与水泥浆硬化体坚固地结合起来，进而增加长龄期强度，提高混凝土的抗渗性和耐久性；此外，由于粉状煤矸石在混凝土中具有超出火山灰活性的特殊物理功能，比如增加浆体的体积功能、充填浆体空隙功能等，使煤矸石混凝土物理化学作用达到动态平衡，起到了使混凝土性能改善和质量提高的作用。

3.2.1.3　矿区废气治理

【王庄煤矿 9102 掘进工作面瓦斯治理】（常青，2018）

通过对王庄煤矿 9102 掘进工作面进行施工，研究该区域煤层瓦斯含量，对该区域瓦斯储量及可抽采储量进行了相关预测，提出了巷道开口前瓦斯预抽以及巷道掘进过程中的瓦斯局部治理措施：

（1）掘进工作面瓦斯超前治理

瓦斯超前治理主要是为了满足巷道开口掘进时，在开口范围内的瓦斯含量可以满足工作面设计的巷道回风通道、车场、巷道开口的安全生产。9102 工作面开始掘进前，在巷道开口处、回风通道和车场范围内的施工区域预抽钻孔，对该区域瓦斯进行超前治理和预抽。分别在 540 皮带大巷、回风大巷和 9103 运巷布置区域预抽钻孔，由巷道向工作面外帮施工钻孔，具体设计见图 3.3，钻孔与巷道垂直布置，钻孔按照开孔高度分 1.5 m 和 1.8 m 两排布置，钻孔倾角按照煤层倾角 α、倾角 $\alpha+1$ 和倾角 $\alpha-1$ 布置，皮带大巷布置钻孔 50 个（风巷）+75 个（运巷），回风大巷钻孔 50 个（风巷）+50 个（运巷），9103 运巷钻孔 50 个。实测结果显示，风运巷开口处实测原始瓦斯含量分别为 7.3 m^3/t 和 7.1 m^3/t，可以满足巷道内巷道开口的安全生产需求。

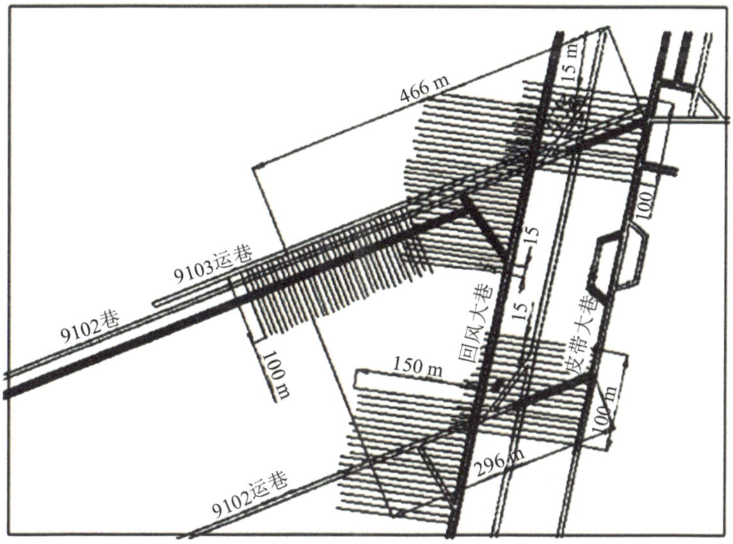

图 3.3　瓦斯超前治理钻孔布置示意

资料来源：常青，2018．王庄煤矿 9102 掘进工作面瓦斯治理技术措施．

（2）掘进工作面正巷掘进期间瓦斯治理

9102 工作面可抽瓦斯 8.49 Mm^3，按照王庄煤矿瓦斯治理基本原则，即若实测瓦斯含量 8 $m^3/t \leqslant W_0 < 10$ m^3/t，采取迎头预抽+迈步钻场治理瓦斯，所以 9102 掘进工作面正巷掘进期间的瓦斯治理措施主要是在巷道内采用迎头预抽+迈步钻场的方法。

1）在巷道两侧施工迈步钻场，边掘边抽，见图 3.4 和图 3.5，迈步钻场设计如下：迈步钻场按照步距 40 m（同帮钻场间距 80 m）交错布置，钻场内宽 4 m，外宽 6 m，深 4.5 m，与巷道等高，呈直角梯形设计，钻场内呈两排三列平行布置 6 个钻孔，按照从左至右进行编号 1#～6#，钻孔设计深 120 m，孔径 113 mm；新钻场掘成之前，前一个钻场内的钻孔必须完成，新钻场施工完成后巷道掘进 10 m，新钻场内开始施工钻孔，保证掘进工作面有不少于 30 m 长的超前护帮钻孔；钻孔设计倾角为煤层倾角 α+2°、α+3°，实际倾角需根据煤层倾角变化进行调整，确保钻孔在煤层内成孔；钻孔间距 0.5 m，1#、3#、5#孔高 1.5 m，2#、4#、6#孔高 1 m，5#、6#孔与巷道中线呈 8°外夹角。

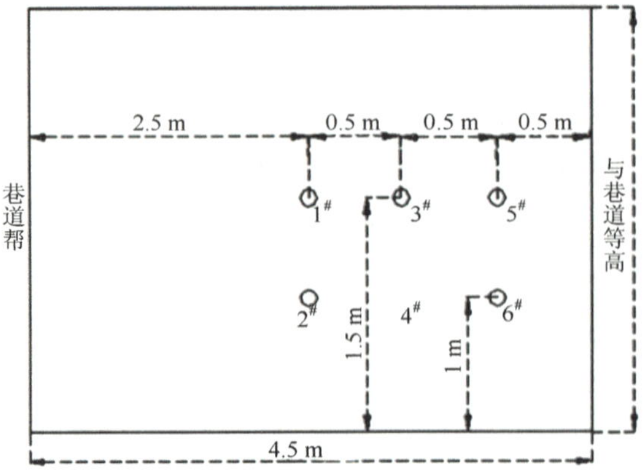

图 3.4　钻孔正规图

资料来源：常青，2018．王庄煤矿 9102 掘进工作面瓦斯治理技术措施.

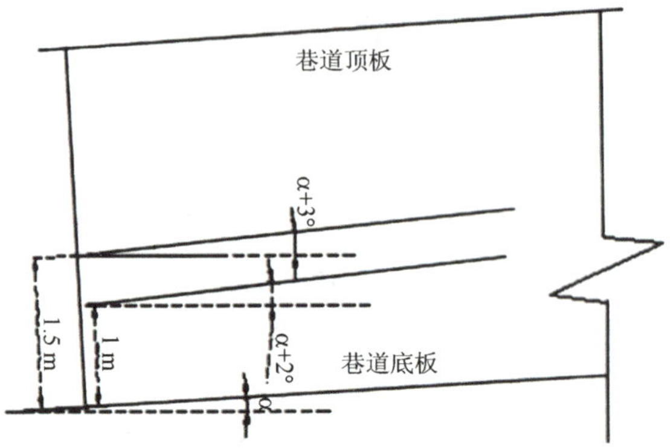

图 3.5　迈步钻场预抽钻孔布置示意

资料来源：常青，2018．王庄煤矿 9102 掘进工作面瓦斯治理技术措施.

2）迎头预抽只在运巷内进行，具体设计如图 3.6 所示：运巷正头布置三排钻孔，第一排钻孔开口位置距底板 1.1 m，钻孔长 120 m，倾角 0°；第二排钻孔开口位置距底板 1.5 m，钻孔长 120 m，倾角+1°；第三排钻孔开口位置距底板 1.9 m，钻孔长 120 m，倾角+2°，为保证钻孔在煤层内成孔，钻孔倾角需根据现场煤层倾角进行上下调整；第一排、第三排中间三个孔垂直正头施工，两边的钻孔与巷道壁呈 0.5°夹角施工，第二排中间三个钻孔垂直正头施工，两边的钻孔与巷道壁呈 7°夹角施工。

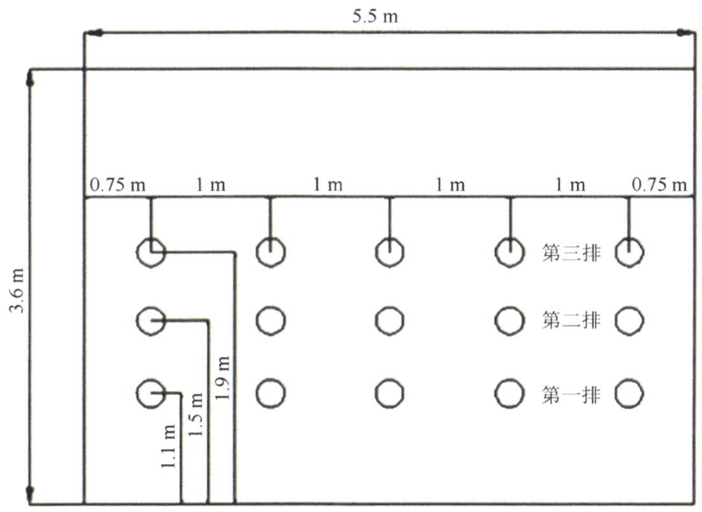

图 3.6　9102 工作面迎头预抽钻孔布置示意

资料来源：常青，2018. 王庄煤矿 9102 掘进工作面瓦斯治理技术措施.

3）掘进巷道内采用迈步钻场对巷道实施边掘边抽后，若出现瓦斯涌出程度 K_1 值≥0.4，则采取迎头施工释放孔的局部措施，具体设计如下：释放钻孔布置密度为 2 个/m^2，钻孔深度 20 m，孔径 42 mm，按照巷道断面大小，共施工钻孔 8 排 5 列平行孔；钻孔倾角分别为 1 排～4 排为 0°，5 排为 2°，6～8 排每排增加 2°，为保证钻孔在煤层内成孔，钻孔倾角需根据煤层倾角上下调整；第一列、第五列与巷帮呈 16°夹角，第二列、第四列与巷帮呈 5°夹角，第三列垂直正头施工。

【苏家壕煤矿 1303 工作面一氧化碳治理】（石银斌，2017）

针对苏家壕煤矿 1303 采煤工作面一氧化碳异常问题，依据实验室研究，结合现场观测及数据，分析了采煤工作面一氧化碳异常的机理，提出了相应的综合防治措施：

（1）预测预报

1）监控系统实时监控。在回风隅角处安设 CO、O_2、CH_4 传感器，定期对传感器进行校准，确保传感器检测数据灵敏可靠，传输正常。生产指挥中心值班人员随时观察各类传感器数据变化，发现 CO、O_2 浓度异常时，立即命令现场瓦斯检查员、跟班管理人员查明原因，及时汇报生产指挥中心，并按照要求进行处理。

2）采空区埋管自动取样分析。正常回采期间，在 1303 工作面沿回风隅角预埋 2 条单芯束管进入采空区，两条束管间隔 15 m。每天检测采空区下部 30 m 范围的 CO 等 8 种气体浓度，实现采空区深部的预测预报。

3）人工取样分析。瓦斯检查工利用瓦斯检定杖（长 3 m）、取样气袋，人工抽取采空区下部气样进行分析，实现回风隅角以内 3 m 范围的防灭火预测预报和自动取样分析数据的对比分析。特殊期间（停产等），沿采空区（后部刮板运输机）预埋 5 条单芯束管、10 个铂电阻（2 个一组），各测点间隔 50 m，定期检测采空区 CO 等 8 种气体浓度和温度变化情况，实现采空区深部的预测预报。

通过定时和实时监测分析，对采空区进行预测预报，指导工作面防灭火工作的合理有效开展。

（2）防治措施

1）采空区注氮。采取全封闭迈步连续式注氮工艺，一是沿工作面后部刮板运输机全部 240 m 埋设注氮管，注氮管间隔 1 m 钻 $\Phi10$ mm 的氮气扩散孔；二是沿进风隅角埋设注氮管，前后注氮管均间隔 10 m，注氮管进入采空区 5 m 开始注氮，进入采空区 35 m 停止注氮。对采空区氧化散热带、升温带进行连续式注氮，充填采空区，减少遗煤与 O_2 结合。埋管方式：沿后部运输机全部 240 m 埋设 PVC 塑料管，每隔 10 m 埋设一条，每条注氮管间隔 1 m 预设扩散孔；注氮方式：预埋管进入采空区 10 m 开始注氮，3 条管路同时注氮，控制范围 40 m。

2）采空区灌浆。苏家壕煤矿建有 ZLJ-60 灌浆装置 2 套，依据工作面地质构造和回采性质，采用预防性和针对性两种灌浆防灭火措施，正常回采期间，工作面采取迈步式埋管（利用停止注氮的管路进行注水或注浆，控制采空区内 35～45 m 范围），俯采时不灌浆，仰采时条带式灌浆。特殊时期，工作面采取针对性埋管灌浆。

3）上下端头喷涂封堵。根据防火三带观测结果，正常回采期间，对工作面上下端头采取间隔式（每天生产完毕后，进行垒砌沙袋喷浆）全断面封闭喷涂措施，停采期间，沿工作面对采空区进行全面封闭喷涂措施，堵塞漏风通道，减少向采空区漏风。喷涂范围：上端头自上帮至 137#过渡支架，下端头自下帮至 3#过渡支架；上至顶板，下至底板。喷涂标准：全范围用砂浆覆盖，厚度不小于 10 mm，无缝隙，无煤岩体、沙袋裸露。

4）合理调配风量，上下端头设置导风障，减少采空区漏风。针对煤炭低温氧化特性，在满足《煤矿安全规程》规定下，合理调配工作面风量，降低工作面上下端的风压差，减少向采空区漏风；并定期对工作体面风量进行测定，确保工作面风量稳定。上下端头各搭设 30 m 透明导风障，既有效保证拉移支架过程中能看清顶底板及支架周围状况，又减小采空区漏风。

5）塌陷区回填压实。工作面回采过程中，每 2 天对塌陷区裂隙进行一遍回填压实，杜绝地面漏风。

6）设备优化布置。下端头靠下帮侧端头支架控制阀组移至 1#过渡支架上，既保证了移架工在拉移支架时能随时观察支架拉移情况，又避免了 CO 超限对支架工的伤害；把下端头前后部运输机控制器移设至 3#支架前部运输机上，既保证了前后部运输机的安全，又确保了前后部运输机司机对设备的可控性；分别在转载机、前部机头处安设摄像头，在控台设置监控装置，进行远程监控前后部运输机堆煤及转载机人员安全状况。以上设备的优化布置，有效保证了下顺槽工作人员的安全。

7）合理调控回采进度，优化放煤工艺。依据科技院校试验参数，确定工作面每月均衡回采进度不少于 90 m，确保采空区遗煤在发火期内进入窒息带；且回采进度不高于 150 m，采煤机割煤速度限定在 4 m/min 以下，放煤工尽量将顶煤放净（标准：见矸石停止放煤），最多允许两人同时放煤，并保持放煤速度均匀；下顺槽工作人员及现场盯班瓦斯检查员随时观测生产期间 CO 浓度，当 CO 浓度超过 15 ppm ① 时立即通知现场跟班管理人员，由跟班管理人员合理调控采煤机割煤及放煤工序，浓度超过 18 ppm 时工作面必须立即停止生产。

优化放煤工艺，工作面由原来的单轮顺序放煤工艺改为双轮顺序放煤工艺，既提高了放煤质量、减少了采空区遗煤，减小了采空区内遗煤低温氧化生成 CO 造成积聚，又有效控制了放煤量，合理调控了放煤与割煤的关系。

3.2.2　金属矿

3.2.2.1　矿区水治理

【德兴铜矿生产废水的综合治理】（陈林，2006）

德兴铜矿结合废水特点，投入大量资金，建立了一套完整的生产废水处理系统（图 3.7）。具体为清污分流系统和污水处理系统。污水处理系统又分酸碱中和处理系统、专业污水站处理系统、堆浸闭路循环系统和多级河坝渗清系统等。

（1）建立清污分流拦截排系统，降低污水量

德兴铜矿的清污分流拦截排系统主要是在摸清水质的情况下，针对露天采场、废石场修建了大量的截排水明沟、截排水巷道、拦水坝、酸性水调节水库，根据水质将所截水引向不同处理系统，大大降低了污水量。

（2）酸碱中和处理系统

将采区内边坡渗水、最低台阶地下水及堆浸富裕的萃余液泵入尾矿库与选矿所产生的碱性废水进行中和处理。根据酸碱平衡原理达到以碱性废水治理酸性废水的目的。德兴铜矿的碱性废水主要有尾矿溢流水、精矿溢流水和含硫废水。尾矿溢流水量平均 8 887.75 万 t/a，其 pH 值为 11～12，平均碱度 5 642.8 mg/L，尾矿浓度 18%；精矿溢流水量 1 576.41 万 t/a，其 pH 为 12 左右，碱度为 1 489.1 mg/L；含硫废水水量 535.84 万 t/a，其 pH 为 12 左右，S^{2-}含量为 $1\ 645.4\times10^{-6}$。

---

① 注：$1\ \text{ppm}=1\times10^{-6}$。

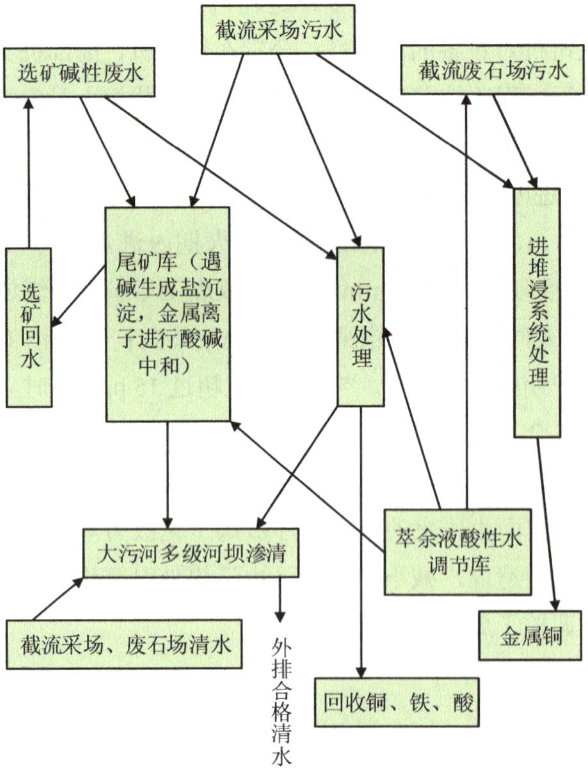

图 3.7　德兴铜矿废水处理流程示意

资料来源：陈林，2006. 德兴铜矿生产废水的综合治理.

通过实践，在德兴铜矿尾矿溢流液与酸性水中和的混合比控制在 4～6 的条件下，中和后上清液 pH 可达 7.0～8.5，沉淀 4 h 后，上清液水质澄清，各项指标均达到排放标准。

酸碱废水发生中和反应后，初期为成层沉淀，沉速约为 0.03 mm/s，开始 3～4 h 中和液的沉速较慢，随后，比尾矿溢流液沉速快，最终中和渣体积小于尾矿渣体积，因而不会影响尾矿库的固液分离和堆积容积。经过该处理工艺，废水变为可利用的清水，多次取样全分析结果见表 3.7 和表 3.8。

表 3.7　废水处理后的污染物指标（一）　　单位：mg/L（pH 量纲一）

项目	pH	Cu	Fe^{3+}	TFe	Al	As	Cr^{6+}
矿山酸性废水	2.7	85.05	1 113.0	2 337.3	1 025.2	0.068	未检出
尾矿溢流液	12.5	＜0.05		0.24	0.87		
沉淀池出水	8.95	0.97	未检出	未检出	5.40	0.007	未检出

表 3.8　废水处理后的污染物指标（二）　单位：mg/L

项目	SO^{2-}	Cd	Ca	Mg	Pb	Zn
矿山酸性废水	14 677	＜0.02	413.9	882.9	＜0.04	2.40
尾矿溢流液		＜0.05	412.0	8.00	＜0.20	0.06
沉淀池出水	2 232	＜0.02	1 089.1	47.58	＜0.40	＜0.02

目前，矿山克服成本压力，坚持采区内 5 000 t/d 以上量的酸性废水输往尾矿库进行酸碱混合处理。酸碱中和处理系统因酸性水送入尾矿库管路长，泵运行数量多，成本相对较高，处理的酸性水量受到一定限制，否则会对选矿回水利用造成一定影响。

（3）采用堆浸闭路循环系统处理废石场及其他含铜酸性废水

德兴铜矿在开采过程中，需要剥离堆存含铜 0.1%～0.25%的废矿石，仅铜厂矿区就有 3.26 亿 t，内含铜金属量约 57 万 t，常年受细菌、空气和雨水的作用，产生大量含金属离子的酸性废水，从废石场流出，成为德兴铜矿最大的污染源。

利用含细菌的酸性废水，浸出废矿石中的铜，然后从浸出液中萃取-电积生产铜，既能回收废弃铜资源，又能减少酸性废水排放量。

1）德兴堆浸工艺流程见图 3.8。整个堆浸作业采用细菌堆浸-萃取-电积流程。流程中酸性废水在旱季因喷淋蒸发量大，为闭路循环，需补充消耗采区内的酸性废水。在废石场清污分流截流系统未完全建好前，在雨季曾有部分萃余液需进污水处理站处理。尽管进污水处理站处理，但其处理量大大降低，且废水含的重金属离子也大大降低，其中铜离子浓度由平均 0.2 g/L 以上降低到 0.04 g/L 以下。

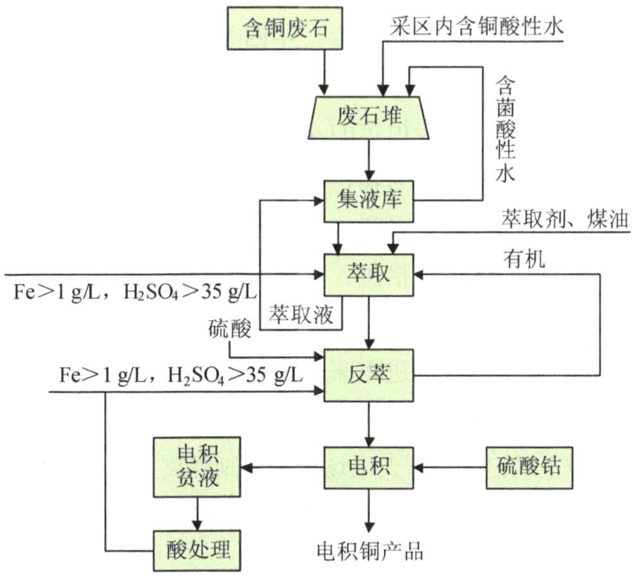

图 3.8　德兴铜矿堆浸生产工艺流程示意

资料来源：陈林，2006. 德兴铜矿生产废水的综合治理.

2）堆浸处理效果。德兴铜矿废石堆浸场堆浸电铜平均生产成本 2 万元/t（1997 年）。废石场清污分流设施完成后，堆浸系统内基本无废水外排或再需处理。

（4）工业水处理站处理生产废水

德兴铜矿 1988 年 5 月建成了工业水处理站，设计规模为处理矿山酸性废水 12 370 t/d，处理选矿碱性废水 2 万～3 万 t/d。其工艺流程和参数为：

1）一段除铁。pH 为 3.4～3.6，一段铁去除率大于 97%，铜回收率大于 90%，一段出水 Fe^{3+}小于 50 mg/L。

2）二段沉铜。pH 为 3.7～4.0，二段铜回收率大于 99%，铜渣含铜品位大于 30%。

3）三段中和。酸性废水与碱性废水中和，达到 pH 6.5～7.5。2005 年江铜集团公司通过国际招标选择采用加拿大 PRA 公司的"高浓度浆料处理技术"（HDS）对工业水处理站进行技术改造，改造完工后，将大大提升德兴铜矿污水处理能力。

目前工业水处理站处理酸性废水处理量有限，且成本较高，只作为矿山对其他方式处理未净的矿山废水处理的必不可少的有效补充。

（5）多级河坝渗清系统

德兴铜矿酸性水源范围超过 11.5 km^2，尽管在采区内、废石场等场所修建了大量清污分流设施。但在雨季，尤其是遇暴雨天气，采区及废石场截流的非酸性废水及由于受输往尾矿库的泵排设施能力限制，仍有少量被稀释了的采区废水流入自然水系，该废水 pH 值、重金属离子等指标符合或接近排放标准，但由于水量大，大部分由采区边坡、废石场表面、水库面流出，夹带大量泥沙，为避免河道堵塞，德兴铜矿在矿区内 5 km 长的河道上每隔 400 m 左右就修建拦水坝。雨季时，河水中的大量泥沙自然沉淀到河底，雨季后，对河道进行清淤。河坝使原本秋冬干涸的河流如今一年四季皆水波荡漾。

【城门山铜矿矿区水治理】（王瑞等，2010）

对于城门山铜矿水的治理，初步拟定的水治理原则为对地表湖水进行围堤拦截，对地下水则以疏干排水为主，以注浆堵水为辅，疏堵结合。城门山铜矿运用这个水治理原则取得了水治理的成功，使得矿山一期开采和二期基建剥离顺利进行。为保证生产安全顺利地进行，采取了以下一些具体的水治理措施：

（1）地表水的治理

地表水治理方案是围堤拦截湖水进入采场，实际生产中该矿将城门山铜矿露天采场临近湖区的地带作为排土场，既拥有了运距较小的排土场，同时起到拦截隔离湖水的作用。目前临近湖区的 2#、3#排土场已经将露天采场和赛城湖隔离开了约 450 m，排土标高+33 m，而赛城湖夏季水面标高一般在+13 m 左右，赛湖历史最高水位+22.86 m，不会出现湖水倒灌入采坑的情况，达到了拦截湖水进入矿坑的目的。

（2）地下水的治理

城门山起步规模开采方案中在 7#矿体东南边帮上打了一口疏干井，疏 7#矿体及围岩。

二期开采方案关于地下水治理部分依然遵循以疏干为主、以注浆堵水为辅、疏导结合的原则，计划在二期露天采场西南面布设 4 孔疏干井，在北面布设 4 孔疏干井，在东面布设 5 孔疏干井，共计 13 孔疏干井用以疏干二期境界内的矿岩。因为种种原因，这 13 口疏干井还没有打好，二期基建剥离已经动工，对于地下涌水，采用渠道网将水排至固定泵站水仓，再用水泵排出采场至废水库。下面主要介绍城门山铜矿采坑渠道网的建立和扩展。

1）渠道网的建立。渠道网由集水渠和主干渠构成，是用来疏导露天境界内地表积水的网络，城门山露天矿通过挖深挖宽渠道，结合小台阶开采，使得渠道网不仅可以疏导地表积水还可以起到疏干采坑矿岩的作用。城门山铜矿经过几年的开采形成了南、北两个采区，南部的 7#矿体采区已经开采到了 –54 m 坑底境界，北部 15#矿体采区，最低一个台阶标高为 –34 m，故渠道网的建立主要在 15#矿体采区，将 15#矿体采区内的水疏导至 7#矿体采区 –54 m 台阶的固定泵站。然后通过三路管线排出采区。渠道网的建立首先是沿采场内非工作台阶的坡底挖掘主干渠，作为截、排水网络的主干线，主干渠的挖掘顺序是从最下一个工作台阶处的集水坑即固定排水泵站开始挖掘，沿着最下一个非工作帮由深到浅，一直挖掘到最上一个工作台阶，以确保主干渠内不会大量积水，使集水渠中的水能通过主干渠顺畅地排水至固定泵站。然后在每个工作台阶沿台阶推进线方向，每隔一个或者几个采掘带的宽度挖掘一条集水渠，与主干渠相通，这些水渠可以起到疏干矿岩的作用。这样采场内渠道网排水网络就基本建立起来了，采区内的地下水和大气降水都可以通过渠道网排水网络进入固定排水泵站，通过泵站排至地表废水库。

2）台阶推进过程中渠道网的扩展。含水矿岩就像吸了水的海绵体，从哪里切入哪里就会出水，在挖掘过程中就会出水，不进行处理就会浸泡工作面，使铲装作业效率降低甚至发生陷铲、陷车事故使得铲装作业无法进行。所以台阶的推进与集水渠的跟进是同步的，挖掘某一采掘带，出水后，要沿着台阶坡底线挖沟将水引入集水渠，为了保证运输车辆方便地进出工作面，在集水渠适当的位置埋设铁管用以连通工作面和开拓运输道路并且保证集水渠能顺畅排水。集水渠的间距根据出水量的大小和排水顺畅情况来决定。出水量大，则间距小，出水量小，则间距大。同时要保证在两条集水渠之间的矿岩上可进行正常的铲装作业。

【湖南柏坊铜矿放射性废水治理】（谢龙水等，1988）

柏坊铜矿是一座小型铜铀共生矿山。放射性废水主要来自井下矿坑水和选冶废水。以前，这些废水用稀释法直接排入湘江，严重地污染了湘江水体。该矿废水中含有铀、砷、铜等元素，如表 3.9 所示。该矿采用离子交换法处理放射性废水。1971 年建成第一个选冶废水处理车间，日处理能力达 3 000～3 500 t；1979 年又建成一个日处理能力为 6 000 t 的井下废水处理站。同时，增加了净化处理系统。

表 3.9　柏坊铜矿放射性废水水质　　单位：mg/L（pH 量纲一）

元素	井下废水	选冶废水
	水量 3 600～4 000 m^3/d	水量 3 300～4 000 m^3/d
U	0.3～0.5	5～10
悬浮物		7 000
As		5.87
Cu	0.155	37.5
Ca	52.58	
Fe^{3+}	0.26	
Fe^{2+}	微量	
SO_4^{2-}	70	
HCO_3^-	79.94	336
CO_3^{2-}		124
Ra/（Ci/L）	5.45×10^{-11}～2×10^{-10}	（2～4.11）$\times10^{-10}$
pH	6	10

该矿采用井下水作为选冶生产用水，使井下厂吸水直接变成选冶废水（多余的井下废水单独处理）。这样，大大地减少了废水处理量，使选矿铜回收率提高 1%～2%。符合卫生标准的处理水，通过泵站送往硫酸厂作为冷却用水，然后送往铜冶炼风炉作冲渣水用，实现了一水多用，并节约了用水。废水综合治理流程如图 3.9 所示。

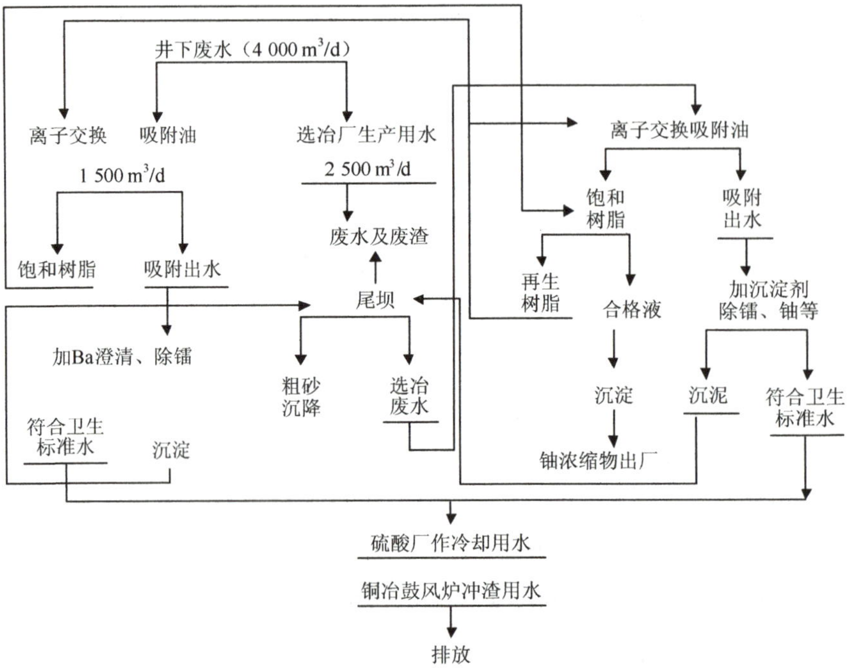

图 3.9　柏坊铜矿放射性废水治理和综合利用流程

资料来源：谢龙水，1988. 湖南有色金属矿山废水治理.

井下废水大部分作选冶厂用水，然后将多余部分送往移动床处理站处理并回收铀。从移动床排出的井下水，加入 0.015 g/L 的氯化钡，进入 4 000 m 澄清池除镭。经处理后，废水含铀≤0.05 mg/L、镭≤3×10^{-11} Ci/L、pH = 6，可作生产用水循环使用。

选冶废水中的铀用离子交换法回收。在废水中加入硫酸、聚合氯化铝、氯化钡作澄清剂，控制 pH = 6～7，处理后水中的铀、镭含量都达到排放标准（表 3.10）。

表 3.10 废水处理的技术指标

项目		类型	
		井下废水	选冶废水
铀	出水含量/（mg/L）	≤0.05	<0.05
	净化率/%	97～99	97～99
镭	出水含量/（Ci/L）	$\leqslant 3\times10^{-11}$	$\leqslant 3\times10^{-11}$
	净化率/%	94～96	94～98
砷	出水含量/（mg/L）	微	<0.10
	净化率/%	—	99.5
铀回收率/%		80～95	95～97
悬浮物/（mg/L）		无	无
pH		6	6～7
其他有害杂质		符合卫生标准	符合卫生标准

近年来，柏坊铜矿已处理废水 55 万 t，回收铀 27.9 t，价值达 651.28 万元，上缴利润 360 万元。井下废水用于选矿、冶炼生产，日节约新水 2 500 t，年节约水电费 4.8 万元、除镭药剂费 1.525 万元、15 t 离子交换树脂费 17.7 万元。通过多年努力，基本上消除了铜矿废水对环境的污染，特别是消除了对湘江水体的污染。

3.2.2.2 矿区固体废物治理

【凡口铅锌矿固体废物综合利用】（张木毅，2010）

凡口铅锌矿成功将选矿尾砂和采掘废石回收用于井下采矿充填。实现了变废为宝、资源综合利用，达到了降低采矿充填成本、节能减排、保护环境的目标（韩张雄，2016）。

（1）井下废石回收利用

凡口铅锌矿采矿产出废石每年都在 15 万 t 以上，近年来随着深部开拓量的增大，产出废石量大幅增加，2000 年达到 30 万 t 以上，废石出窿不仅大大提升了运输成本，还要占用大量的土地堆放。因此将采矿废石直接回填采空区，其经济效益十分可观，对环境保护也具有重大意义。近年来随着回填技术标准的建立和规范，回填力度逐渐加大，每年回填废石量均在 10 万 t 以上。表 3.11 为凡口铅锌矿历年来废石回填量。

表 3.11 凡口铅锌矿历年来废石回填量

年份	1995	1996	1997	1998	1999	2000	2001	2002	2003	2004	2005	2006
废石回填量/万 t	4.7	6	6.7	8.2	9.2	9.4	11.8	10.6	8	12.1	12.2	12.6

凡口铅锌矿提升出窿废石主要堆放在工业场地附近的九莲塘充填坝。针对井下充填工艺的特点，凡口铅锌矿设计修建了棒磨砂厂，将出窿废石棒磨成小于 3 mm 的较粗粒砂，用于充填浇面或其他要求高强度充填体的采空区，棒磨砂投产后，减少了地表废石堆放，并停止了用于充填的地表河道取沙，有利于环境保护。表 3-12 为凡口铅锌矿 1995 年以来利用出窿废石生产棒磨砂状况。

表 3.12 凡口铅锌矿历年来生产棒磨砂量

年份	1995	1996	1997	1998	1999	2000	2001	2002	2003	2004	2005	2006
棒磨砂量/万 t	8.0	8.7	8.6	7.8	11.2	15.3	15.1	16.2	18	18.7	16.2	20.7

（2）选矿尾砂综合回收利用

凡口铅锌矿扩产至年生产铅锌金属量 18 万 t 的生产规模后，采矿、选矿生产能力及采矿充填需要物料量随之扩大。同时选矿生产采用选矿新产品工艺流程后，其特点是混合铅锌矿进入再磨、选矿尾砂粒级趋向细化、尾砂细粒物料成分增多等，原来的尾砂综合回收生产工艺远不能满足新的要求。与此同时国家节能减排和新的环保政策提出更高的要求，选矿尾砂综合回收率亦需要进一步提高。为了提高选矿尾砂回收利用率，凡口铅锌矿完成了以下优化尾砂综合回收利用措施，大幅度提高了尾砂回收利用率。

1）增加和改进脱水设施，确保提高回收尾砂能力。根据选矿生产 18 万 t/a 铅锌金属量的需要，在尾砂回收系统现有设施的基础上，经过研究和探索试验确定，增加 1 台 Φ30 m 浓密机，用于提高选矿尾矿矿浆的贮存能力和沉淀面积。改进和扩大全尾砂圆盘过滤机系统生产能力，将原来的 1 台 GP-68 m^2 和 2 台 GP-80 m^2 圆盘过滤机换成 4 台 GP-80 m^2 圆盘过滤机，全尾砂的产量要从原来的 640 t/d 提高到 800～1 000 t/d，达到 18 万 t/a 的生产能力要求。同时改进滤布类型，提高滤布使用寿命和更换方式，提高作业效率。

2）科学优化尾砂生产工艺流程和生产组织模式。根据选矿生产系统开停机情况，改善选矿尾矿从 1#泵站输送到 2#泵站（即尾砂系统）等关联作业，合理高效地利用尾砂综合回收系统设施，科学优化尾砂生产工艺流程。与此同时优化尾砂生产组织管理模式，根据选矿生产系统开机情况，对应组织相应的生产工艺流程，合理安排人力资源，高效安全地组织尾砂综合回收生产。

3）优化改进旋流器分级技术、提高分级效率。优化旋流器工艺参数，提高分级效率，改善旋流器溢流返回点，实现提高尾砂回收率目的。

4）提高浓密机的沉淀效果、减少浓密机溢流外排固体量。尾砂生产工艺流程中主要外排物料为浓密机溢流和圆盘过滤机的滤液。根据浓密机溢流和圆盘过滤机的滤液的沉降特征，通过添加絮凝剂，提高凝聚体的大小，提高沉降速度，达到多回收尾砂的目的。

5）立式砂仓进行高浓度充填，进一步提高尾砂的回收利用率。凡口铅锌矿为了解决 18 万 t/a 铅锌金属量扩产技改后井下充填能力不足的问题，在 2007 年开始与中南大学合作进行立式砂仓高浓度充填技术研究，解决了传统的立式砂仓因采用高压水造浆造成制备的尾砂浆浓度较低（60%～65%），不能满足充填质量要求的难题。新的技术措施是改造仓底结构并进行局部充气流态化造浆；增加一套干砂系统，确保充填质量；新增计量仪表，提高自动化水平。立式砂仓改造后经工业调试完全达到设计指标，加快了尾砂沉降速度，提高了细粒尾砂的回收利用率。

6）优化充填参数，提高尾砂充填利用率。为适应目前尾砂的细颗粒增多、松散容重减小等系列客观条件的限制，同时满足井下大型运输设备和安全条件对充填体强度的要求，一方面使用全尾砂与磨砂混合用于井下充填，提高充填体强度，使全尾砂能用于井下各种类型采场的充填；另一方面提高全尾砂充填浓度，优化灰砂配比，使全尾砂满足井下充填矿房采场的要求。通过上述一系列的科学优化和改进工作，尾砂综合回收利用率得到了大幅度提高。

【临湘市桃林铅锌矿尾矿库的综合治理】（郑奎，2009）

通过对临湘铅锌矿尾矿库区的砂、土、水环境及安全状况进行调查与评价，了解到铅锌矿尾砂粒径小，为细砂和粉粒，缺磷无氮、有机质含量低，阳离子代换量低，保水保肥能力较弱而不宜直接耕作和植树。基于此，提出桃林铅锌矿尾矿库综合治理措施：

（1）安全治理措施

1）尾矿坝治理。尾矿坝安全隐患的主要问题是由于堆积坝浸润线过高产生渗透管涌，而导致尾矿堆积坝失稳。为降低坝体浸润线，建议采取的尾矿坝安全治理措施是：

采用 2004 年长沙有色冶金设计研究院完成的《湖南桃林铅锌矿渔潭尾矿库安全治理工程方案设计报告书》中的设计方案：

分别在 1#、2#、3#尾矿堆积坝的外坡面设 1 座 D=3.0 m 大口辐射井，井深深达库底基岩，井底以上图示位置处上游侧布置 7 根 DN65 的水平辐射管，管长 50 m，管理夹角 30°，下游侧布置一根 DN108 的 PVC 排渗引出管穿过初期坝体，将渗水排往坝体外；在 1#副坝及 2#副坝分别布置排渗管 4 根以降低浸润线，排渗管管长 50 m、间距 15 m；采用排渗管措施，有效降低坝体浸润线；由于 1#、3#尾矿库稳定系数不足，为此分别在 1#、3#尾矿堆积坝外增设堆石反压平台（高度 5 m，宽度 5 m，外坡比 1∶2，外坡用块石护坡）；增加、清理、整修坝坡排水沟和坝肩排水沟，保证其能正常运行。采取该措施后，按 P=0.1%设计洪水位情况对坝体稳定进行计算，坝体抗滑稳定最小安全系数 K=1.312，能满足规范要求。

2）排洪系统治理。该尾矿库因长期闲置未用，尾矿水已降至最低水位。由于库内尾矿砂排放不够均匀，滩面局部隆起，致使尾矿水集中汇集于2#坝右侧，调洪库容大幅度萎缩，枯水期由于受库内一山体横隔，将库水分隔为两块水域，设计方案为在两水域之间贯穿山体设计一连通隧洞，隧洞断面为 $b\times h$=2.0 m×2.0 m，长度 L=140 m，隧洞底标高为 96 m，全隧洞范围内进行钢筋混凝土衬砌；尾矿库现有排洪构筑物因坝外排水明渠淤积大量尾砂，且部分明渠已垮塌，过流能力大大减小，建议采用 2004 年长沙有色冶金设计研究院完成的《湖南桃林铅锌矿渔潭尾矿库安全治理工程方案设计报告书》中的新建一辅助排洪系统对此进行整治。

该方案以现有 D=2.0 m 排水井接 2.0 m×2.0 m 排水隧洞为主要排洪设施，在原有排洪系统旁边再新建一井——隧洞式辅助排洪系统。考虑到老排洪系统下水泄流量，设计考虑将现有排水井的 4 块拱板进行局部处理，封堵其中两块。辅助排洪系统井径 D=2.0 m，井顶标高 100.0 m，库容 24 万 m^3，设计考虑在井座 96 m 标高处接 D=1.0 m、钢筋混凝土灌溉斜槽，斜槽长 L=90 m。井座另一侧接一隧洞，隧洞断面 $b\times h$=2.0 m×2.0 m（有色院原设计方案为断面：1.0 m×1.5 m），L=150 m，全隧洞范围内进行钢筋混凝土衬砌。隧洞出口处接一溢洪道，直接将洪水排往下游。

增加排洪治理工程之后，再进行调洪演算，结果是增加防洪工程之后安全超高能满足规范要求，且对该方案进行 1 000 年一遇洪水校核时，原有排洪系统最大下泄流量为 18.2 m^3/s，辅助排洪系统最大下泄流量为 6.0 m^3/s，如表 3.13 和表 3.14 所示。

表 3.13　尾矿库现状调洪演算复核表

频率	坝顶标高/m	死水位/m	洪峰流量/（m^3/s）	调洪库容/m^3	调洪水深/m	安全超高/m	最高洪水位/m	干滩长度/m	最大下泄流量/（m^3/s）
P=0.1%	105	103	107	637 415.3	1.26	0.74	104.26	30.8	9.08

注：据现场踏勘得知，现排水隧洞实际尺寸为 $b\times h$=2.0m×0.5 m，隧洞出水标高约为 90.0 m，按 1 000 年一遇的洪水设防标准进行调洪演算。

表 3.14　尾矿库现状调洪演算复核表

频率	调洪库容/m^3	调洪流量/（m^3/s）	安全超高/m	最高洪水位/m
P=0.2%	467 116	25.53	3.78	103.82
P=0.1%	522 577	24.20	3.35	104.25

3）安全管理措施。该尾矿库属于重大危险源，应按照规定对该尾矿库登记建档、定期检测、评估、监控、制订应急预案、告知从业人员和相关人员在紧急情况下采取应急措施。并将该重大危险源扩建有关安全措施、应急措施，到地方人民政府安全生产监督管理

部门及其他相关部门备案；尾矿库管理机构和管理人员应参加有关部门组织的安全管理及专业知识培训，获取安全管理上岗资格证，持证上岗；补充完善尾矿的安全管理制度和操作规程；按照《尾矿库安全监督管理规定》要求做好尾矿库的防洪安全检查、尾矿坝安全检查及库区安全检查工作，做好尾矿库防汛度汛、抗震等日常安全管理；按照《矿山重大灾难事故应急预案编制导则》的要求，编制矿山尾矿库应急救援预案，并按要求进行预案演练。

（2）环境治理措施

对该尾矿库的尾砂理化性质分析和实地考察表明，该地不适宜直接栽种植被。采取覆土（厚度为 0.3～0.5 m 的红壤最佳）或直接在尾砂中添加（添加比例要低于 52%）的方法，能够更快更好地达到恢复植被和植物修复的效果。临湘市桃林铅锌矿尾矿库的综合治理方法为，先在尾矿库覆土，然后以 0.5 m×0.5 m 的斜线距离网状植草，约 30 d 以后，草长 0.5 m 左右时再次覆土（厚度为 2 cm），促使其长出新的根、茎稳固覆土层，形成一个“绿色护坡”，这样既能稳固坝坡，又能治理重金属污染，一举两得；与此同时在库区周边植树造林，防风护沙，降低沙尘污染。

临湘尾矿库库内干涸滩面达到 9 688 m^2，然而其基质尾砂理化性质分析和实地考察表明，尾矿库不适宜直接种植植物。为此可以采取先覆土再种植的处理方法，在干涸的滩面覆土 1.0 m 厚，然后在覆土后的干涸滩面种植白杨、刺槐、苦楝、马尾松等树种。这既可以达到防止水土流失的作用，还实现了尾矿库资源合理利用。

【德兴铜矿 4$^{\#}$尾矿库 1$^{\#}$斜槽冒尾砂治理】（杨永生等，2000）

针对德兴铜矿 1$^{\#}$斜槽严重的冒尾砂状况，进行了冒尾砂原因分析，并采用声波探测等技术手段，应用概率极限状态法、有限元和结构可靠性分析方法对 1$^{\#}$斜槽进行了安全分析，并提出了相应的工程治理方案：

根据 1$^{\#}$斜槽目前存在的问题及水面以下段和水面以上段施工环境的差异，对斜槽水面以上段和水面以下段分别提出不同方案进行治理。

（1）水面以下段治理方案

经多方案比较分析，最后提出“快速堵漏剂初步先处理，钢板后灌浆方案”：用快速堵漏剂对斜槽水面以下段大的冒尾砂点进行初步处理，并用锚钉将事先加工好的三心拱形钢板（厚 5 mm，宽 1 m，钢板上预留灌浆孔）紧贴斜槽内部固定，钢板间采用焊接方式连接。然后，按从上到下的顺序浇灌水泥-水玻璃浆（水泥浆水和水泥比 $W:C=0.5:1$，水泥浆：水玻璃浆体积比=1：1）进行壁后充填。

（2）水面以上段治理方案

根据斜槽水面以上段无水且施工场地狭窄的特点，经多方案分析比较，最后提出“壁外灌浆方案”：即在槽壁与围岩之间的回填物内打竖直眼灌水泥浆（$W:C=0.8:1$），斜槽两侧各布置一排灌浆孔（$\Phi42$），间距 1 m，孔深 2.4 m。

3.2.2.3 矿区生态治理

【德兴铜矿水龙山矿山排土场生态恢复实践】（陈波，2017）

生态恢复是一种治理排土场生态环境问题的有效手段。针对治理区域的特点，结合现场勘查结果以及各分区的坡度、理化数据情况，在采取适当的土方平整、大冲沟处理以及合理有序的排水设计的前提下进行生态恢复治理。生态恢复工程措施如下：

（1）场地平整

采用原位整地模式。在确保施工安全的前提下，水龙山排土场的冲沟坡面原则上不设置大型平台进行降坡处理。机械作业仅局限于平台作业，在机械削坡实现人工可安全施工的基础上，结合排水沟设置，采取就近挖方填方、不外运土方的方式。优先采用人工辅助削坡，因势造形，坡面修整只要能满足人工种植操作需要即可，尽量减少机械施工对边坡造成的负荷压力，避免滑坡。

泥石流冲沟区域采用防滑基底处理，将冲沟上、中、下分三段就近取土填充生态袋安息角 40°堆叠垒砌，减缓水流冲击力。大型泥石流冲沟沿冲沟谷底两侧及顶端断面，采用生态短袋就近填充坡面形成的松散土体来构筑沟谷两侧生态袋墙，柔性拦截坡面冲刷体；采用竹桩固定编竹篱+柔性生态袋进行“品”字形安息角 40°堆叠垒砌，堆体高约 2 m，构筑沟谷纵向生态袋护墙；根据现场坡度设置多条横向生态袋护墙，纵横交错以拦截冲沟、人工削坡及滑坡下落的松散土体，形成沟底生态袋排水沟。

（2）排水设计

排土场滑坡与泥石流都是在水动力的作用下发生的，在雨水作用下，一方面增加排弃物的重量，另一方面使堆体的抗剪强度减弱，引起排土场大块段或排土场平台的塌滑，加上地面积水浸泡，地面径流冲刷坡脚，造成排土场滑坡。在排水设计方面，排土场顶部平台区域修截水沟以拦截场外地表水，排土场内修筑排水系统将排土场内的地表水引流至场外，排土场基底建排水暗沟将地下水导出。重点从三个方面设计截排水沟，以解决排土场表面的水蚀问题。平面排水沟与大冲沟各排水沟相通，将水汇集到场地外总排水沟，保障坡面安全。

（3）土壤改良方案

沿坡面人工修整“之”字形人行便道，沿简易路螺旋状发散，横向开挖条沟，耙松种植平台的间隙表土 2 cm，进行土地备耕。备耕完成后，施加酸性中和剂如石灰、矿区酸性废水处理厂压滤车间的碱性底泥以及其他土壤改良材料对土壤进行改良。采用各种土壤改良措施调整土壤 pH 值，降低土壤重金属毒性，同时增加土壤的营养物质含量，改良土壤结构，创造有利条件以满足植物定居生长。

（4）植被方案

在植物选择上，综合考虑植物与环境相适应性及植物种间共生关系。根据矿山排土场的实际情况，植物选择的原则为：①满足生态学要求；②满足植物重金属耐性要求；③满足水土保持方面的要求；④满足生物多样性的要求；⑤优先考虑乡土品种。在以上原则基础上，考虑采用多种植物进行群体配置，建立草先行、多层植物的立体生态系统。植物品种上，采取乔灌草相结合，常绿与落叶植物、速生与慢生相结合，并解决好种间关系，确保植物群落的健康生长与稳定。

【广西锰矿废弃地生态治理】（罗亚平等，2008）

在调查了广西全域，尤其是荔浦、板苏和八一锰矿废弃地土壤肥力状况、土壤重金属污染情况、植被现状的基础上，分析了广西锰矿废弃地生态恢复面临的主要问题，结合广西当地的地理地貌特征、气候特点和区域植被情况，提出广西锰矿废弃地生态恢复措施。

（1）土壤整治

板苏锰矿区和八一锰矿的凤凰矿区采矿后地面为布满沉陷坑的坡地和丘陵，地表破碎，起伏不平，水土流失严重，且石块与泥土混杂，有些采矿坑大面积积水。因此，首先采取工程措施将露天采空区充填、覆土、整平，充填时要岩石底土在下、表土在上，分层进行。在矿区堆积大量洗矿、选矿后剩余的尾矿、矿渣，重金属含量较高、缺乏营养元素，可将这些废弃物充填到采矿坑底部，覆盖岩石后上层覆盖约 30 cm 的黄土。对坡度较陡、工程量大、施工困难的区域，减缓坡度使高陡边坡形成缓边坡或修整为梯田，修筑为多台阶梯田，但必须首先考虑稳定化问题，要采取在坡底修坝、设栏等加固方式，以避免滑坡、崩塌、泥石流等灾害。另外，在缺少填充材料的塌陷区，可采用“挖深补浅”的办法，这样可以将一部分塌陷区作为耕地使用，另一部分则作为水塘。

（2）表土覆盖

对于任何类型的矿山废弃地来讲，最简单且最有效的复垦办法就是覆盖土壤，这种办法能够解决水分缺乏、营养物质不足、重金属毒性过高等一系列问题。但覆盖土壤费用很高，需大量人力、物力，而且客土一般很难得到。考虑到矿区恢复面积较大和经济投入等问题，建议只对尾矿坝、洗矿池、选矿区等重污染区采取表土覆盖法进行恢复，覆土方式与厚度根据废弃地类型、特点及生态恢复的目标而定，一般覆土 5～10 cm 即可。如果想在覆盖后的废弃地上种植农作物或果树，则覆盖表土厚度应不小于 50 cm。

（3）土壤改良

1）添加营养物质提高土壤肥力。大部分矿山废弃地缺乏氮、磷等营养物质，是植物生长的限制因子之一（陈为旭等，2010）。对广西锰矿区土壤总氮、总磷及有机质等肥力指标进行检测，得知 4 个锰矿区废弃地土壤中氮、磷和有机质含量均较低，尤其是氮、磷缺乏，可能成为影响植物定居的不利因素。解决这类问题的办法是添加肥料或利用豆科植物的固氮能力来提高土壤肥力。矿山废弃地施肥也可以补充作物所需的养分，但是速效肥料极易被淋溶，因此不能一次性使用肥料，而需要少量、多次施肥来补充土壤的肥分。针对使用豆科植物的固氮能力来提高氮肥的利用率，需要采取一些辅助措施，如加施磷肥、调节过酸或过碱等对废弃地基质改良及人工补种一些豆科植物以扩大其种群优势。

2）施用石灰等物质调节土壤 pH 值。由于多数矿区废弃地存在不同程度的酸化问题，有些废弃地具有酸性，致使金属离子浓度过高或者土壤酸性过高不适宜植物的生长，因此需要改善其酸性条件。测试表明，4 个锰矿区废弃地土壤均呈弱酸性，可以施用硅酸钙、碳酸钙、熟石灰等市售农用石灰性物质以中和土壤的酸性条件。当废弃地的酸性较高时，应少量多次施用碳酸氢盐与石灰，防止局部石灰过多而使土壤呈碱性。

3）施加有机肥料。有机肥料不仅含有作物生长和发育所必需的各种营养元素，而且可以改良土壤物理性质（陈为旭等，2010）。有机肥料种类很多，大体分为两类：一类为生物活性有机肥料，如动物粪便、人粪尿、鸟粪、污水污泥等；另一类为生物惰性有机肥料，如泥炭和泥炭类物质及其同各种矿质添加剂的混合物。它们都可作为阴阳离子的有效吸附剂，提高土壤的缓冲能力，降低土壤中盐分浓度。加入的有机质还可以螯合或者络合部分重金属离子，缓解其毒性，提高基质持水保肥的能力，这种施用有机肥料的方法是使用固体废物来治理废弃地的土壤结构，既达到了废物利用效果，又收到了良好的环境和经济效益。事实上，有机改良物的改良效果优于化学肥料。作物的秸秆也可被用作废弃地的覆盖物，这可改善地表面的温度状况，并有助于维持一定的温度，有利于种子萌发和幼苗的生长。秸秆还能改善土壤的物理结构，有利于微生物的生长、固定和保存氮素养分、促进基质养分的转化。但是在使用前必须对其重金属含量进行检测及处理，重金属含量超标的不能使用，避免加重废弃地的污染。

（4）植被恢复

优选草本植物：禾本科的白茅、马唐、毛竹；菊科的飞蓬、苍耳；茜草科的耳草；紫萁科的芒萁；锰超富集植物商陆；匍匐木质藤本植物地瓜榕（可以固定尾矿渣）；蓼科的水蓼和短毛蓼等。

优选树种：马尾松、桂花、板栗、细叶桉、大叶桉、木荷等。

4 个矿区主要位于波状起伏的丘陵山包上，采用斜坡林木植被配置模式，群落结构配置上，草木结合、高矮搭配、多种植物混种，实行乔、灌、草结合，促进草地植被率先形成，控制水土流失，培肥地力，改善生态环境。

【东鞍山铁矿南帮边坡滑坡防治措施】（孙丽芳，2013）

边坡的稳定性对生产和生活的影响是十分巨大的，对它的防治难度十分大，有必要调查研究，进行积极防治，减少地质灾害的发生。具体措施如下：

（1）消除和减轻对地表水和地下水的危害

在滑坡区内坡面修筑排水沟。在覆盖层上可用浆砌片石、防水编织物覆盖等方法，防止地表水下渗。对于岩质边坡还可喷混凝土护面或挂钢筋网喷混凝土。地下水对东鞍山边坡影响较小，排除地下水的措施很多，应根据边坡的地质结构特征和水文地质条件加以选择。东鞍山铁矿在东、西两端 51 m 平台采取竖井抽水方法。

（2）改善边坡岩土体的力学强度

通过一定的工程技术措施，改善边坡岩土体的力学强度，提高其抗滑力，减小滑动力。常用的措施有：

1）削坡减载；用降低坡高或放缓坡角来改善边坡的稳定性。对于南帮 92～105 阶段，由于 F6 断层在此处通过形成破碎带，经近几年的削坡减载治理，现已基本稳定。

2）边坡人工加固；如断裂带 F7、F8，碎裂结构明显易风化，其稳定较差，易出现坍塌和塌落，现已采取一定措施，修建了防护墙，以防岩体坍落。

3）预应力锚杆或锚索，适用于加固有裂隙或软弱结构面的岩质边坡。

4）固结灌浆或电化学加固法加强边坡岩体或土体的强度等。

3.2.3　非金属矿

3.2.3.1　矿区水治理

【银川市废弃硅土矿区生态修复】（陶艳春，2019）

其中截排水工程设计如下：

截排水工程主要设计在开采平台区域和渣堆坡面不挂网区域。在开采平台修建土石埂，在渣堆坡面安放草石隔离带进行截水，配合穴植施工。

（1）开采平台截排水设计

为了避免暴雨季节强降雨对渣堆坡面造成冲刷可能引起的边坡滑塌，设计在开采平台及平台边缘利用碎石土修建土石埂，根据施工现场按比例分区划畦成网格状。

（2）渣堆坡面截排水设计

边坡截水设计主要采用草石隔离带，布置形式为鱼鳞坑式，配合穴植灌木复绿工程使用，设置在穴植灌木坑的下部，这样可以起到储水和分流的作用。设置完成后可减缓雨水到达坡面后的汇流速度，从而减少雨水对坡面的冲刷。草石隔离带铺设可根据现场坡面实际情况进行调整，遇到坡面排水沟需将草石隔离带裁剪后间隔布置。

3.2.3.2　矿区固体废物治理

【铜岭方解石采矿区生态修复】（倪炳卿，2006）

铜岭方解石采矿区生态修复采取弃土就近堆放与弃渣集中整治相结合的方法；对集中整治的废弃弃渣场先种植百喜草、宽叶雀稗等先锋草本植物，后采取封禁治理，第 2 年基本恢复植被；同时就近堆放的弃土地及周围种植毛竹，形成连片的毛竹林，取得显著效益。弃土弃渣的治理措施如下：

（1）弃土弃渣就近堆放与集中整治相结合

1）开矿运输道弃土及剥离表土就近堆放。开矿运输道的弃土及剥离表土，基本上是山地黄壤，土质中等，利用运输道下山坳自然乔灌木作挡土墙，就近堆放，可节省运输及建造挡土墙成本；同时，良好的土质培土有利于当地优势种群的发展和种植毛竹等。

2）建立弃渣场。对开采中的弃渣（废弃的毛石等）采取集中整治，建立弃渣场，以防止污染和水土流失。

1#、2#弃渣场：选在远离村庄、农田的采石场下方自然山谷处。3#弃渣场：选在开矿运输道的下方山坳上，建坝长 40 m、高 4 m，坝顶宽度 2 m、上游坝坡 1∶0.1、下游坝坡 1∶0.75、75#浆砌石拦渣坝 1 座，内装甲 $\Phi30$ 铸铁两根，将弃渣场的水引至坝外。

3）建立排水沟，废弃的弃渣场截断波长。开矿运输道路两侧建立排水沟，弃渣场坡顶修筑截水天沟，以排放上方来水。废弃的弃渣场根据斜坡面的坡度大小，选择水平梯田、窄条梯田、水平阶、水平沟等多种形式截断波长，防止水土流失。

（2）废弃的弃渣场第 1 年种植先锋草本植物，第 2 年封禁治理

第 1 年种植先锋草本植物，选择百喜草、宽叶雀稗，第 2 年封禁治理，利用自然力恢复植被。

种植时期：在闽北以早春气温稳定在 15℃以上为好，此时闽北雨季刚开始，生长虽慢些，但成活率尚高，应尽量密植，争取早期覆盖，以减少雨季的水土流失。

种植方法：一般有直播、育苗移栽与分株种植。该矿区采取分株种植：由于种子难得、季节要求以及生产急需，可以分株扦插种植。切取肥壮的先端即可扦插成苗。剪取扦插苗，长 10～15 cm，带有 4～5 个节，每节都有白色粗壮的不定根 2～3 条（如只有深褐色须根的老化茎不易成活），把叶子剪短，以备扦插。装运前必须淋些水以保湿活苗，运输时间间隔不可超过 4～5 d，并要防止发热，到达目的地应立即插植。插植时将苗的基部 2/3 斜插入土，先端的 1/3 露出地面。每丛 4～8 苗，在坡面沿等高线犁沟或挖穴，株行距 20～30 cm，先下基肥后以三角形排列插植。约 10 d 即可返青成长。弃渣场边坡的下缘要更加密植，以便拦截泥土与防止坡缘下崩。

（3）弃土地及周围种植毛竹

竹子具有根系发达、四季常青的特点，不实行皆伐作业，可以有效地保持水土、美化环境，维护生态平衡。铜岭的自然条件及弃土土壤十分有利于竹子，尤其是毛竹的生长，几年来铜岭已发展毛竹 25 hm^2。

3.2.3.3 矿区生态治理

【泥石流的治理工程】

多采用上游保、中游挡、下游导，同时减缓沟床纵坡等措施。

（1）工程治理措施

1）调蓄水工程：设于泥石流沟上游形成区，主要有水库等蓄水工程，以及截水沟、排水沟等，以拦蓄、排出洪水，调节洪峰，造成水土石分离。

2）稳坡工程：采取在滑坡前缘铺设石笼、修筑护岸堤坝等手段使容易滑坡的地段稳定。

3）拦挡工程：在泥石流沟的中上游建拦沙坝、谷坊（群）的功能工程，以拦截泥石

流固体物质，减缓沟床纵坡，减少泥石流固体物质对下游的危害，并利用回淤物压埋坡角，稳定谷坡，是治理泥石流采取的较普遍措施。

4）排导工程：在泥石流沟的流通段，设置排导槽、导流堤、顺水坝等，以排泄拦挡剩余的泥石流固体物质至预定地点，防止泥石流对下游建筑物和耕地的危害。排导工程在泥石流沟穿过铁路、公路时可采用。

5）停淤工程：在泥石流沟的下游或堆积区，设置停淤场，让拦挡不住而无处排泄的泥石流在指定的地点停淤，避免堵塞江河、淤埋村田。

（2）生物治理措施

从水土保持入手，实行乔灌草结合、上中下游结合。

泥石流形成区的生物治理工程主要是增加植被覆盖、涵养水源，以减少地表径流量和固体物质补给量。山地营造水源涵养林，而沟谷中营造水土保持林，包括沟头防护林、沟坡防护林和沟底防护林，以制止沟头溯源侵蚀，沟坡产生崩塌、滑坡，防止沟谷加深加宽，从而减少泥石流固体物质来源。

由于泥石流形成区侵蚀强烈，单纯采取生物措施难以很快奏效，必须实行综合治理，可先修筑必要的工程，如谷坊、护坡、拦挡坝等，并在沟谷中上游逐渐恢复植被，泥石流得到基本控制以后再造林。

1）选择速生树种，并具有枝叶繁茂、能耐干旱瘠薄、种苗来源充足的特点，应采取多树种混合造林、乔灌草结合的复层结构，提高水土保持效能。

2）大多数泥石流地区生态环境差，直接植树造林不易成活。宜先封山育草，增加地面覆盖，逐渐改善地表环境，使草成为树苗的天然保护屏障。

【水土流失生态治理】

水土流失的治理措施主要有：生物措施，封山育林、植树种草、营造水土保持林等；工程措施，打坝、修建鱼鳞坑、谷坊、塘库、等高截水沟等；农业技术措施，修筑梯田、等高种植和免耕等。具体措施如下：

（1）工程治理措施

1）治坡工程：局部减缓坡度、缩短坡长、增加水分入渗、避免和减小冲刷、拦蓄水土。在坡度较小的土石山地，以修筑梯田为主，土石山区为石块垒砌修筑梯田。可配合植树造林、修筑鱼鳞坑、条形沟等。

2）治沟工程：在沟头加强坡面的治理，拦截地表水，做到水不下沟，制止沟壑的发展；巩固沟头和沟坡，在沟坡两岸造林种草，防止冲刷；水土流失严重区在沟内修筑淤地坝，拦蓄洪水泥沙淤积坝内，变沟底为平地。从沟头到沟底，自上而下，层层拦蓄，有效控制沟蚀，不仅减少了水土流失，还可变荒沟为生产用地。

（2）生物工程措施

生物工程措施主要有封山育林、植树种草、营造水土保持林等。生物防护措施要因地制宜，选择适宜生长环境的草种和树种。

3.3 生态修复方法与原理

矿区生态修复是指对各种因采矿造成土地功能退化、生态结构缺损、生态功能失调和环境污染的区域，通过生物、工程及其他综合措施，因地制宜地恢复和提高生态系统的功能，使其恢复到期望状态的活动或过程，其目的是保证在开采矿产资源的同时，恢复矿区生态系统的功能，使其可以自我维持，以保护区域生态环境，实现可持续发展。相对于生态破坏而言，生态修复是帮助整个生态系统恢复并对其进行管理的一种人类主动行为。矿区生态修复是一项综合性多学科课题，它包括矿区生态环境的系统评估、复垦地开发利用、地貌再开发、生产能力的恢复、生态系统的重建和修复技术、修复活动的效益评价、生态综合性、经济和美学价值等问题，此处以生态修复方法与原理为主（黄科源，2017）。

3.3.1 煤矿

【陕北煤矿区生态修复】（王晓娜，2009）

当前，煤矿区生态修复备受人们的关注，煤矿开采主要是对矿区的大气、水造成污染以及对土地造成严重破坏，而矿区受破坏的土地可能因风蚀、雨蚀造成大气、水的进一步污染。因此，陕北煤矿区生态修复中破坏土地的修复是其核心问题。参考水生态修复等领域的方法，以最少的投入、最短的时间获得最大的效益为前提，提出几种陕北煤矿区土地生态修复方法：

（1）物理性修复

土壤物理性修复的关键是覆盖、培育与维持表层土，改善土壤结构，建立植被覆盖，有效控制土壤侵蚀。粉碎压实、剥离、分级、排放等技术被用于改进煤矿区退化土地的物理特性，实际操作还包括梯田种植、排流水道等设置、覆盖物或有机肥施用等。

（2）化学改良法

在尾矿及废弃矿区均缺少植被生长所必需的有机质和氮、磷、钾等物质。如果将修复后的土地用于农业生产，首先要恢复土壤肥力，提高土壤生产力。因此必须对矿区土壤进行化学改良。有机废弃物如污水、污泥、垃圾或熟堆肥可作为土壤添加剂。有机肥对多种污染物在土壤中的固定有明显影响。除有机添加剂以外，无机添加剂也可改善土壤特性，包括采石废弃物、粉碎的垃圾、煤灰、石灰、石膏、氯化钙和硫酸等，都能起到化学稳定修复作用。

（3）生物改良法

利用菌肥或微生物活化剂改善土壤和作物的生长营养条件，它能迅速熟化土壤、固定空气中的氮素、参与养分的转化、促进作物对养分的吸收、分泌激素刺激作物根系发育、抑制有害微生物的活动等。

（4）植被修复

植被修复应在广泛调研的基础上，借鉴国内外经验，首先对污染元素进行分析，再对土壤的物化、生化性质进行分析，查明土壤的 pH 值、含水量、通气性、氮素及温度等，进而选择合适的树种进行大面积种植。

3.3.2　金属矿

金属矿山开采所致的水体重金属污染及周边区域的土地污染，不但可能导致农作物减产或绝收，而且伴随着大气和水环境污染，并可通过食物链富集危害人体健康，引发慢性疾病和癌症等。土壤重金属污染已严重影响人类的生命和健康，重金属污染土壤修复刻不容缓。

【金属矿山生态修复】（张溪等，2010；石玉青，2018）

（1）物理修复技术

土壤的物理修复技术包括直接换土法修复、热化法修复、玻璃花修复方法、电极驱动修复法等。

1）直接换土法修复。顾名思义就是用未受到污染的土壤替换掉已经受到污染的土壤。这种方法方便、直接、高效，但因换土工程量大、造价高，只能适用于修复后利用价值很高的土壤，比如景区花园、科研场所土壤等。直接换土法主要的工艺有直接全部换土、地下土置换表层土、部分换土法、覆盖新土降低土壤污染物浓度法等。通过实地考察，根据实际情况选择单一换土法或者多种换土法综合使用，一般可以很快达到土壤修复的目的。

2）热化法修复。就是通过直接加热、水蒸气加热、红外线加热、微波辐射加热等方式将土壤加热到一定温度，土壤中可挥发性的污染物会迅速气化，再将这些可挥发性污染物收集，就可以降低土壤中污染物的浓度。热化法能耗高，要求土壤渗透性高，只是用于可挥发性好的土壤污染物。一般也只用于快速修复土壤，比如医院、池塘、花园、科研单位等等地方的土壤。

3）玻璃花修复方法。就是通过高温高压将土壤中污染物塑化成玻璃态，再通过一定的物理方法分离玻璃态物质。这种方法需要高温高压，消耗较大的能源，成本较高，不适于大规模土壤修复项目。但是该方法效率最高，修复土壤中污染物广度也高。

4）电极驱动修复法。湿度较高的土壤，尤其是淤泥，通过两级通电技术，可以把土壤中的污染物集中在一级，增高单级的污染物浓度，尤其是重金属，再通过以上三种方法继续修复。简单来说就是缩小土壤修复范围，降低工程量。这种方法只适用于湿度较高的土壤，由于需要耗费电能，成本也不低，而且也具有一定的危险性。

（2）化学修复技术

化学修复主要运用化学方法，使用化学添加剂减少或去除污染物。人们根据污染物的化学性质，选择适合的化学添加剂，运用合适的化学方法，对污染物进行吸附、迁移、淋溶、挥发、扩散和降解，减少污染物在环境中的含量，使污染物浓度达到正常指标。使用这种方法时，人们要特别注意所使用的化学添加剂不能产生二次污染。与其他污染修复技术相比，化学修复技术使用时间较早，相对成熟。它虽然是一种传统的修复方法，但是随着新材料和新化学试剂的不断涌现，修复效果不断提升。

（3）生物修复技术

生物修复技术是指使用生物方法，利用动物、植物、微生物让残留在土壤中的污染物被吸收、降解、转化，使污染物浓度降低，土壤指标恢复到安全范围内，或是让有毒有害的污染物无害化，或是让污染物稳定，不向周围环境扩散。

1）植物修复法。目前利用超积累植物修复重金属污染土壤主要有 3 种方法：植物吸收、植物挥发和植物稳定。

①植物吸收。植物吸收是利用超积累植物根系从土壤中吸取一种或多种重金属，并将重金属转移、贮存到地上部分，通过收割从而去除土壤中重金属。由于运行成本低，回收和处理富集重金属的植物较为容易，故应用最多。

②植物挥发。植物挥发是指植物将其吸收与积累的重金属元素转化为可挥发形态，并挥发出植物表面的过程。这种方法只用于具有挥发性的污染物，应用范围较小。同时该方法只是将污染物从土壤转移到大气，对环境仍有一定影响。目前这方面研究最多的是类金属元素 Hg 和非金属元素 Se 的去除。

③植物稳定。植物稳定是指利用植物降低重金属的活性，从而减少重金属的生物有效性，或促进土壤中重金属转变为低毒形态，防止其进入地下水和食物链，从而减少其对环境和人类健康的危害。但是这种方式并未去除土壤中的重金属，环境条件的改变仍可使重金属的生物有效性发生变化。

2）微生物修复法。微生物对重金属污染土壤的生物修复作用主要是通过微生物对重金属的溶解、转化与固定来实现。

①微生物对重金属的溶解。主要是通过各种代谢活动产生多种低分子量的有机酸直接或间接进行的。最早的报道是真菌可以通过分泌氨基酸、有机酸以及其他代谢产物溶解重金属及含重金属的矿物，而后 Chanmugathas 比较了不同碳源条件下微生物对重金属的溶解，发现土壤微生物能够利用有效的营养和能源，在土壤滤沥过程中通过分泌有机酸络合并溶解土壤中的重金属。在灭菌试验中，未灭菌处理的淋洗液中重金属离子的浓度显著高于灭菌处理的淋洗液。Loser 等曾借助土著微生物的淋滤作用来修复德国萨克森地区河流沉积物的重金属污染，指出处理过程中基质的最佳投加量为 2%，最适温度为 30～40℃，去除率最高可达 98%。

②微生物对重金属的氧化还原转化。在外界环境中，变价金属 As、Cr、Co 和 Au 等可以不同的价态存在，而细菌的代谢活动可以通过其氧化还原作用改变它们的价态。Chang 等在污水处理厂发现一种嗜硫酸盐细菌可以还原 Cr^{6+}为低毒的、溶解度较小的 Cr^{3+}，从而降低水体中的重金属毒性。土壤中还分布着多种可以使铬酸盐和重铬酸盐还原的微生物，如产碱菌属（*Alcaligenes*）、芽孢杆菌属、棒杆菌属（*Corynebacterium*）、肠杆菌属、假单胞菌属和微球菌属（*Micrococus*）等，这些菌能将高毒性的 Cr^{6+}还原为低毒性的 Cr^{3+}。另外一些细菌，如硫-铁杆菌类能氧化 As、Cu、Mo 和 Fe 等，假单胞杆菌（*Pseudomonas*）能使 As、Fe、Mn 等发生氧化，从而降低这些重金属元素的活性。

③微生物对重金属的生物固定。主要有 3 种作用方式：胞外络合作用、胞外沉淀作用以及胞内积累。细胞壁中的分子结构具有活性，可以将金属螯合在细胞表面。Papassiopi 等利用 *Desulfuromonas palmitatis* 菌对两组 Cr 污染土壤样品进行生物固定处理后，土壤中可溶性 Cr 的含量分别从 13 mg/kg 降到低于 0.5 mg/kg、从 120 mg/kg 降到低于 5.6 mg/kg。Beveridge 等研究发现从芽孢杆菌上分离下来的细胞壁可以从溶液中螯合大量的金属元素，当将细胞壁放入含氯化金的水溶液中时，可在细胞壁上通过聚合作用形成微小晶体。细菌很早就被发现可以在细胞外部沉积铁和锰的氧化物和氢氧化物，并可以调节 Zn^{2+}、Pb^{2+}和其他金属的氧化还原反应，如硫杆菌属（*Thiobacillus*）革兰氏阴性细菌，可以氧化铁和硫。

3.3.3 非金属矿

根据露天矿山开采特点及所在区域环境特征，非金属矿区所面临的最大生态环境问题主要有植被破坏、水土流失、水污染、景观破坏等。因此，矿区废弃地的生态修复工作势在必行（位振亚等，2018）。

【石材矿山生态修复】

（1）资源节约技术

石材是不可再生的自然资源，如何最大限度地利用好石材资源、提高资源的利用率是绿色制造领域研究的重点内容之一。过去开采和加工以后的剩余石料，都作为垃圾废料处理，未经处理或再利用的尾矿不仅占用了大量土地而且还污染环境。其实尾矿并不是完全无用的废料，往往含有可作其他用途的组分，可以综合利用。实现无废料排放，是矿产资源得到充分利用和保护生态环境的要求。因此尾矿的综合利用与治理是非常重要的环节。

1）从废弃物中进一步回收有价元素，不仅降低了成本，还可以减少环境污染。

2）作为二次资源制取新形态物质。用废石与尾矿作为井下采空区的充填材料不仅能节省费用，还能避免土地占压、减少水土流失源。积极开展石渣、荒料废物综合利用研究，加快固体废物无害化和资源化的进展。加大荒料的利用力度，大块荒料锯切大规格板材，小块石料可以用圆盘锯切成小规格的板材，或者是加工成路缘石和铺路石，再小的碎石可以用作鹅卵石、石子或者制造成人造石。同时推广石粉再利用研究的成果，把石粉颗粒筛分、活化，加入添加剂后，可根据石粉颗粒大小分别制成涂料、高分子材料填充剂、屋面防漏剂、瓦片、特种黏结剂、免烧砖等系列产品。这些产品投资省、用途广，消耗石粉多，用废量达 70%～80%，是消灭石粉的好办法。这样不仅使石材资源的利用率达到了较高的水平，而且使企业的经济效益得到提高（罗志兵等，2017）。

（2）表层土壤剥离技术

土壤层中可耕种的表土需很长时间才能形成。可在矿山施工之前，先取 50 cm 左右深的土壤，并将其保存封藏，尽量减少土壤结构的破坏和养分流失，在矿山开采完毕后，将表土重新迁回，使其还原。

（3）物化技术

在矿山废弃地恢复过程中，通常添加有效物质，使土壤的物理化学性质得到改良，从而缩短植被演替的进程，加快矿山废弃地的生态重建。

1）添加营养物质提高土壤肥力。缺乏 N、P 等营养物质，会限制植物的生长，可通过施肥或者利用豆科植物的固氮能力来改善土壤肥力。

2）施加有机物质。有机肥料广泛应用于矿山废弃地的基质改良。首先它含有作物生长和发育所必需的营养元素；其次可作为阴阳离子的吸附剂，提高土壤的缓冲能力，降低土壤中盐分的浓度。

（4）客土复垦技术

对于已经破坏的矿区，决定矿区修复成功的最大障碍是土壤因子。因在矿产开采过程中，土壤层序颠倒，土壤结构破坏，弃渣场土石混杂，保水保肥性差，表层渗漏速度大，不易贮水，易干旱，缺乏植物生长所需的有机质和营养元素，易对植物造成危害，这些都是生态修复的不利因素，导致生态修复困难。植被修复的关键是筛选优良先锋植物和实施土壤改良，因此，矿区生态修复最直接、最快速的途径就是客土复垦。通过异地客土 50 cm 厚有生产能力的土壤，并配以土壤改良措施，可实现废弃地的农林业利用。

（5）筛选与引种技术

植物修复是利用植物的独特功能，与根际微生物协同作用，从而发挥比生物修复更大的功效。植物修复必须在生态学理论指导下，将各学科的理论、技术协同起来，相互促进，调节控制，统筹安排。选取植物可遵循以下原则：考虑当地地理气候特点，选取抗性强的植物，以适应矿山环境特点；同时还应重视美化效果与经济性；此外在短期复绿的同时可采用混播、混种或分期栽植等多种形式以利于群落的演替。

3.4 本章小结

为促进我国矿山环境修复治理工作，从矿山环境问题的系统性与复杂性以及政府方针政策要求及法律法规角度考虑，探讨了矿山环境修复治理的法规、相关理论及实践。围绕矿山环境问题修复治理所涉及的法规、对象、目标及技术等核心内容展开了系统深入研究。从多角度将治理目标分为地质工程目标、土地修复目标及生态修复目标（表3.15）。

表3.15 矿山环境修复治理目标分类

修复治理目标	类型	具体修复目标
地质工程目标	治理工程	加固岩土体，修复水文地质结构，改造岩土体等
	预控工程	环境地质问题预控体系，矿山环境预测系统等
	预警工程	监测岩土体变形，环境地质问题预警系统等
土地修复目标	农林用地	耕地，园地，林地，牧草地，其他农用地等
	建设用地	商服用地，工矿仓储用地，公用设施用地，公共建筑用地，住宅用地，交通运输用地，水利设施用地，特殊用地等
	待利用地	未利用地，其他土地等
生态修复目标	地貌形态修复	地形坡度，地面承载力等
	植被修复	植被种类，植被覆盖率等
	生态景观修复	人工湿地，地质公园等

参考文献

陈林．2006．德兴铜矿生产废水的综合治理[A]//全国冶金矿山信息网，《矿业快报》杂志社，国家冶金矿山装备行业生产力促进中心．第五届全国矿山采选技术进展报告会论文集[C]．全国冶金矿山信息网，《矿业快报》杂志社，国家冶金矿山装备行业生产力促进中心，2.

陈为旭，陈燕红，张济宇．2010．石材矿区生态修复技术探析[J]．农业环境与发展，27（3）：63-66.

陈诗太．2013．金属矿山生态环境问题与环保管理对策——以福建尤溪铅锌矿山为例[J]．中国高新技术企业，（29）：71-73.

陈波．2017．矿山排土场生态恢复实践——以德兴铜矿水龙山为例[J]．江西建材，（22）：278-279.

常青．2018．王庄煤矿9 102掘进工作面瓦斯治理技术措施[J]．山东煤炭科技，（8）：81-83.

戈华清．2002．论我国扩业环境保护法律制度[J]．煤矿环境保护，16（2）：5-8.

韩翠花．2016．柴沟煤矿矸石场环境风险论证及治理措施[J]．山西科技，31（1）：79-82.

韩张雄．2016．矿山环境选矿药剂与重金属污染综述[A]//中国环境科学学会．第六届重金属污染防治及风险评价研讨会暨重金属污染防治专业委员会2016年学术年会论文集[C]．中国环境科学学会，5.

黄科源．2017．广西矿山地质环境问题综述[J]．低碳世界，(27)：269-271.
贾澎波，李文涛，王娟．2010．关于徐州矿区煤矸石的危害及综合利用[J]．企业家天地（理论版），(4)：142.
罗亚平，李明顺，李金城，等．2008．广西锰矿废弃地生态恢复的现状与治理对策[J]．现代农业科技，(13)：356-359.
罗志兵，王球胜，王亚男．2017．黄石市非金属矿产（石灰岩）资源开发利用现状及发展对策[J]．西部探矿工程，29（2)：147-149.
李媛．2019．煤矿废弃地环境修复及其再生研究[D]．苏州：苏州大学．
李海婷，王世虎．2011．我国矿山环境保护政策法规的展望[J]．山东国土资源，27（6)：59-61.
倪炳卿．2006．铜岭方解石采石矿区的生态修复技术[A]//福建省水土保持学会．福建省水土保持学会 2006 年学术年会论文集[C]．福建省水土保持学会，3.
任凤珍，蒋北辰．2007．我国矿区环境保护的法律思考[J]．河北法学，25（2)：116-120.
宋建萍．2012．寸草塔煤矿矿井水综合治理与利用技术措施[J]．煤炭工程，(4)：49-50，54.
孙丽芳．2013．鞍钢东鞍山铁矿南帮边坡稳定性调查及防治措施[J]．科技风，(7)：152.
邵文凤．2016．我国矿山环境治理法律制度研究[D]．石家庄：河北地质大学．
石银斌．2017．苏家壕煤矿 1303 工作面一氧化碳产生机理及治理措施[J]．中国矿山工程，46（2)：53-55.
石玉青．2018．金属非金属矿山（含尾矿库）生态环境修复技术实践与应用[J]．中国资源综合利用，36（4)：141-143.
陶艳春．2019．银川市废弃硅石矿区生态修复技术研究[D]．杨陵：西北农林科技大学．
王晓娜．2009．陕北地区煤矿区生态修复方法研究[J]．现代商贸工业，21（17)：314-315.
王瑞，杨国财．2010．水对露天开采的影响及其治理措施[J]．铜业工程，(3)：19-21.
王经玺，刘建宇．2016．补连塔煤矿综采工作面粉尘治理措施[J]．陕西煤炭，35（2)：134-136.
王桃良．2017．阳泉市煤矿老窖水污染治理措施及建议[J]．山西水利，(7)：31-32，34.
位振亚，罗仙平，梁健，等．2018．南方稀土矿山废弃地生态修复技术进展[J]．有色金属科学与工程，9（4)：102-106.
谢龙水，赵纯葆，张振传．1988．湖南有色金属矿山废水治理[J]．长沙矿山研究院季刊，(4)：48-54.
杨永生，陈国锋．2000．德兴铜矿 4#尾矿库 1#斜槽冒尾砂治理研究[J]．金属矿山，(10)：33-35.
于斯琴高娃，吴国玺．2016．鄂尔多斯市远兴露天煤矿排土场治理措施[J]．内蒙古水利，(1)：33.
翟文，马昆，任予鑫．2016．梅花井煤矿井下水害分析及其治理措施[J]．价值工程，35（27)：131-133.
张琳．2019．重构我国矿产资源法的法律责任体系[J]．法制博览，15：173-175.
张木毅．2010．凡口铅锌矿固体废弃物综合利用研究与应用[A].//中国有色金属学会．全国有色金属工业低碳经济及冶炼废气减排学术研讨会论文集[C]．中国有色金属学会，199-201.
张巍．2010．黑龙江省矿山环境修复工程措施研究[D]．长春：吉林大学．
张溪，周爱国，甘义群，等．2010．金属矿山土壤重金属污染生物修复研究进展[J]．环境科学与技术，33（3)：106-112.
郑奎．2009．临湘市桃林铅锌矿尾矿库的环境现状及综合治理研究[D]．长沙：湖南农业大学．
中国工程院化工，冶金与材料工程学部，中国有色金属学会．有色金属工业低碳发展——全国有色金属工业低碳经济及冶炼废气减排学术研讨会论文集[C]．中国工程院化工、冶金与材料工程学部，中国有色金属学会，3.

第 4 章

国内外矿区生态治理工程案例分析

本章以徐州潘安湖塌陷区生态治理工程、唐山南湖采煤塌陷区生态修复工程、湖北黄石矿山公园和信阳上天梯非金属矿区生态治理工程等4个废弃矿山修复治理的案例详细分析了国内废弃矿山的概况、问题、修复原理及现状。又以美国科珀希尔铜矿湿地治理工程、德国鲁尔区北杜伊斯堡景观公园、澳大利亚新奥克兰矿土地修复工程和美国阿巴拉契亚区域矿山森林重建工程等4个案例介绍了国外环境综合治理；描述了英国伊甸植物园、法国Biville采石场生态恢复、加拿大布查德花园和罗马尼亚盐矿主题公园等4个矿山公园生态修复案例的现状及成果；用荷兰海尔伦废弃矿井开发地热资源工程、加拿大废弃矿井地热能利用计划和德国报废矿井瓦斯发电计划等3个案例介绍了国外的资源再利用状况。

4.1 我国矿区生态治理工程案例

4.1.1 我国典型煤矿生态治理工程案例

我国是矿产品生产和消费大国，煤炭、钢铁、有色金属、水泥等的产量和消费量均居世界第一。在促进经济发展的同时，矿产资源的开发利用也造成了严重的生态破坏和环境污染，粗放的开发方式成为制约我国经济社会长远发展的重要因素。生态环境质量已经成为衡量社会经济发展的重要标志，生态修复是恢复和改善生态环境质量的重要方面。

我国矿山环境保护工作起步晚、基础薄弱，责任主体不清晰，历史遗留问题多，治理难度大，存在大量的安全隐患。截至2017年年底，全国矿产资源开发占用土地面积约362万 hm^2，大规模的矿山开发造成了严重的生态问题。

近10年，国家大力推进矿山生态修复、绿色矿山和矿山公园建设。矿山生态修复方面，2017年全国新增矿山修复治理面积约4.43万 hm^2，其中在建生产矿山修复治理面积约2.82万 hm^2，占63.7%，废弃矿山治理面积约1.61万 hm^2。总共治理矿山6 268个，主要集中在内蒙古、宁夏、安徽、新疆、陕西、山西、江苏、青海等省份。绿色矿山建设方面，自2011年3月国土资源部发布首批37家国家级绿色矿山建设试点单位后，共公布了四批并确定661家国家级绿色矿山建设试点单位。矿山公园建设方面，自2007年国家启动矿山公园建设并批准了首批28家国家级矿山公园建设资格后，共公布四批建设名单，至此国家级矿山公园达88家。

从中央到地方，支持矿山生态修复的力度不断加大。据统计，截至2017年年底，全国用于矿山地质环境治理的资金超千亿元，其中中央财政安排资金超过300亿元，地方财政和企业自筹资金近700亿元；全国累计完成治理恢复土地面积约92万 hm^2，治理率约为28.75%，矿山治理恢复工作取得一定成效（张宇等，2019）。

4.1.1.1　徐州潘安湖塌陷区生态治理工程

（1）徐州潘安湖塌陷区概况

徐州是全国重要的煤炭产地，其经过了 100 多年的大力开采，地表已经逐渐形成多个塌陷区，而且规模十分巨大，在空间上呈东北向分布，塌陷形状为不规则漏斗状。有的塌陷区常年积水或季节性积水，总面积约 207 km^2，深度最深达到 9 m。其中潘安湖煤矿塌陷地位于徐州东北部、苏鲁两省的交界处，是徐州市现存最大的采煤塌陷区——百年煤城贾汪区权台煤矿和旗山煤矿所在地，塌陷面积共 1 160 hm^2，其中湿地面积 319.84 hm^2，约占塌陷总面积的 27.57%，它是徐州贾汪区内塌陷时间最长、面积最大、塌陷程度最深的采煤塌陷地，土壤与水体的污染使得当地生态环境遭到严重破坏，塌陷地人均耕地面积的减少使得大批农民失去生存的保障，对人民的生活产生了极大的影响。因此为了解决采煤所带来的地面塌陷及环境污染问题，改善当地的生态环境，徐州市确立了“基本农田整理、采煤塌陷地复垦、生态环境修复、湿地景观开发、村庄异地搬迁”五位一体的创新治理模式，在煤矿塌陷地形成的大面积水域基础上，成功打造了集游览观光、生态宜居、旅游度假、乡村民俗体验等于一体的最美乡村湿地景观——潘安湖湿地公园（图 4.1）（叶东疆等，2011；刘秋月等，2016；贺震，2018）。

图 4.1　潘安湖湿地公园

注：图片来源于百度百科 https://baike.baidu.com/item/江苏徐州潘安湖国家湿地公园。

（2）潘安湖煤矿塌陷地生态修复策略与方向

1）分期的渐进修复引导

潘安湖片区在生态修复、环境优化提升的引导过程中，应强调生态环境修复是前提、因地制宜可持续发展是基础。前期优先改善潘安湖内水域、陆域和两栖生态景观质量，恢复片区生态自净能力。通过对塌陷区生态湿地的再造、滨水景观的重塑等一系列水体修复手段，将潘安湖地区构建成为水清、岸绿、景美的生态新载体。结合塌陷地的深度、积水状况、沉稳状况，因地制宜地采用粉煤灰充填法、煤矸石填充法、疏排法、挖深垫浅法等一整套复垦技术，以及分层剥离、交错回填、土壤重构等技术，形成种植、浅水种养殖和深水区共存的土地利用结构，并通过周边水域引水、排水等整治措施，使采煤塌陷地具备进行湿地规划的自然地貌条件。根据土壤理化性质和立地类型选择适生植物，发挥其最大功能，先后种植乔木 16 万棵、灌木及地被 100 万 m^2、水生植物 98 万 m^2，其中针对被破坏的水资源和地表结构，采用植物净化（如芦苇、香蒲等）、污水处理、净化后的水回补水体、湖底清淤以及污水完全纳管排放等综合治理方法治理坑塘和湖泊，避免污水对湿地水质和环境的影响，恢复湿地生态功能。在核心保育区内，构建集野生鸟类科普展示、珍稀鸟类救护、濒危鸟类繁育科研、休闲观光旅游于一体的综合性动物乐园。持续提升潘安湖片区的生态多样性，打造山水林田湖沙生命共同体，切实把“绿水青山就是金山银山”的理念落到实处。

中远期潘安湖的修复治理工作更加强调地区发展的可持续性与宜居性。一方面，进一步改善生态环境，保护各类水域、林地和风景游赏用地，建立“生物-水景-农田”的自然生态景观体系，并围绕潘安湖片区鸟类栖息地聚集区和湿地植物集中区打造特色生态聚落，结合湿地、驳岸和岛屿打造海绵基底，依托塌陷区治理后的农林复垦用地打造特色农田景观。另一方面，作为贾汪区城乡功能优化的重要空间，潘安湖片区以土地利用性评价和生态适宜性评价为基础，进一步挖掘用地价值，重振经济活力，推进文旅结合，提升服务品质，实现可持续发展。

2）分区域的差别修复

潘安湖湿地片区中部为重度塌陷区，东部及南部以中度塌陷区为主，北部为轻度塌陷区，各个片区应采用不同的生态修复策略（表 4.1）（王子强等，2019）。

表 4.1　分区域差别修复

	生态修复策略	城市修补策略
轻度塌陷区	削高填洼、平整土地、生态复绿	用地预留、开发建设、平坦成本
中度塌陷区	挖深垫浅、水路分区、上垦下渔	用地评估、因地制宜、适度建设
重度塌陷区	通渠汇水、重塑生境	湿地改善、完善设施、生态旅游

①中部重度塌陷区。重度塌陷区优先开展生态修复工作。适当开挖河湖沟渠、增加水域面积，打造生态海绵体，促进雨水的积存、渗透和净化，同时建立水域与陆域两栖生态系统，通过浮叶、挺水、沉水等湿地水生植物吸附净化陆域及上游水域产生的废水、废物，避免水系汇出时的源头污染。依托前期生态修复成果，后续不断完善片区生态旅游服务设施，培育潘安湖特色四季景观，规划建设潘安湖四季特色赏花线路。环湿地种植迎春花、

杏花、桃花、梅花、樱花、玉兰花，打造春季赏花岸线，利用湿地东西两侧大片水域种植莲花、荷花，打造夏季成片荷塘景观，湿地内主要岛屿种植银杏、柿子树、桂花、菊花、海棠花等，形成秋季金风玉露景色，湿地南部种植蜡梅、梅花、一品红、水仙等，突出冬季赏梅雪景。

②东部及南部中度塌陷区。湿地东部现保留有特色重点村落——潘安村，周边用地经过生态“整地”后，原先的沼泽地、污泥臭水坑已转变成大片高产稳产田，形成苗木、蓝莓、葡萄等特色农业种植体系。未来该片区将进一步推动农业生产与观光、体验、教研等功能的融合发展，挖掘用地价值，建设潘安特色田园乡村，打造农业观光旅游品牌，发展旅游接待、观光休闲、农庄餐饮等功能。湿地南部区域由于用地零散，在挖深垫浅后，将进一步利用平整后的土地，凸显地域文化，重铸文化品牌。结合潘安湖片区乡土文化、矿区文化、湿地文化等丰富的资源，发展健康、绿色、体量偏小的文化创意产业，打造科技文化区。未来随着徐州多所大学的落户，潘安湖将逐步形成自身的特色文化 IP，不断研发孵化出各类文创产品，展示前沿科技，形成创新体系和环境功能一流的国家级高新技术开发区和国家创新基地。

③北部轻度塌陷区。潘安湖北部区域塌陷程度较轻，适宜开发建设，经过削高填洼、平整土地后，未来可布局生态体育公园、康养服务设施，打造生态休闲、运动休养、文化旅游等各类旅游产品，进一步提升片区综合服务水平。目前，恒大集团已与贾汪区签约，未来将投资潘安湖生态文化旅游小镇，引入高端居住、休闲度假、娱乐体验、商务会议、主题酒店、健康运动等七大特色功能，预建设打造成为徐州首个生态度假综合体。

（3）潘安湖煤矿塌陷地生态修复成效

1）生态环境得到显著改善

潘安湖湿地公园的建设显著改善了生态环境，湖水水质达到Ⅱ类水质标准，湿地的总面积约 3.34×10^6 m^2，湿地率高达 71.5%。其中湖泊占比 43.71%，占地面积约 2.04×10^6 m^2；河流占比 6.43%，占地面积约 3×10^5 m^2；沼泽地带占比 21.36%，占地面积约 9.77×10^5 m^2；林地占比 21.93%，占地面积约 1.02×10^6 m^2。湿地区域内的动植物种类增加，湿地系统内植物生态有：乔木 16 万棵，灌木及地被 100 万 m^2，水生植物 98 万 m^2，完成了 22 个精品绿化标段。经初步调查，动物生态系统有：刺猬、野兔、鼹鼠等哺乳类 12 种；池鹭、豆雁、鸿雁、针尾鸭等鸟类 209 种；乌龟、中华鳖、壁虎、赤链蛇等爬行类 13 种；中华蟾蜍、泽蛙等两栖类 6 种；银鱼、青鱼等鱼类 44 种，组成了庞大的水陆结合的生态圈，丰富的动植物也成为游客尤其是青少年的自然科普基地拓展了园林绿化的科普功能（刘秋月等，2016）。

2）周边地区发展活力被激活

潘安湖湿地公园的成功建设，优化和提升了区域人居环境品质，改善了生态，使工矿业废弃地获得了新生，让周边区域焕发了活力。农家乐、养老养生基地、生态农庄和高效农业产业园等，与湿地公园相得益彰、和谐发展，成为广大市民和中外游客新的休闲和旅游热点，提高了生态农业及旅游观光业的收益，推进了新农村建设，为城市可持续发展注入了动力。潘安湖湿地公园先后被列为江苏省生态旅游示范区、国土资源部黄淮海采煤塌陷地土地利用贾汪野外科学观测研究基地、国家级湿地公园试点、国家 4A 级旅游景区和国家级生态旅游示范区、中央影视拍摄基地、中央国际微电影频道联盟拍摄基地、中国电视艺术家协会微视频（微电影）委员会拍摄基地、市级重点现代服务业集聚区。潘安湖畔吸引了多家高新技术企业落地生根，并规划建设 20 km^2 的徐州科教创新区，打造高端人才、高端产业集聚地，并获得 2015 年“江苏人居环境范例奖”，成为中国最美的乡村湿地之一（图 4.2）（周文琴等，2016）。

图 4.2 潘安湖生态小镇

注：图片来源于百度百科 https://baike.baidu.com/item/江苏徐州潘安湖国家湿地公园。

（4）潘安湖湿地的环境经济效益

1）丰富了地下水资源。可以达到积蓄地下水源的效果，使得地下水资源更加丰富。

2）防洪防灾。潘安湖湿地就相当于一个大型的蓄水库，其错综复杂的水系统大大地降低了洪水灾害的可能性。

3）净化污染物和有毒物质。湿地作为陆地水生态系统中的缓冲带，当生活污水、工业废水中的有毒有害物质流经湿地系统时，原本水体流速减小，利于有毒有害物质的沉积和去除。潘安湖湿地中最为常见的芦苇和河芒等挺水植物，可以有效吸收有毒物质、洁净水质，有利于人类的生活和生产活动。

4）为水生和陆生生物以及鸟类提供了大量的栖息地。对原有水域和零星孤岛进行适当平整，在最大限度上将原有资源进行整合，改善区域小气候，调节水气功能，提供重要的野生生物栖息地，营造自然生态区，对局部生态环境的改善作用明显。

5）保护了原地土壤，防止水土流失。煤炭开采造成土壤流失十分严重，潘安湖的生态治理完美地解决了这一难题。通过农田护路林的建设，林草覆盖率增加了 0.86%，不仅减少了土地养分的流失，还使区域内的土地更加肥沃有营养。

6）从煤炭塌陷区转变为潘安湖湿地景区（图 4.3），实现了环境效益与经济效益的双赢，改善了环境，拉动了经济的增长，提供了工作岗位。

图 4.3 潘安湖湿地公园景观

注：图片来源于百度百科 https://baike.baidu.com/item/江苏徐州潘安湖国家湿地公园。

4.1.1.2 唐山南湖采煤塌陷区生态修复工程

（1）唐山南湖生态城演变概况

唐山市是一座有着百年历史的重工业资源型城市，被誉为“中国近代工业的摇篮”。早在 1878 年清朝末年就创办了开滦（开平）煤矿，这是中国第一个使用机械开采的大型煤矿，同时也催生了唐山这座城市的兴建与发展。但是多年的煤炭开采，给这座城市留下了深深的创伤，在市区南部形成了一个 30 km^2 的采煤沉降区与波及地，满面疮痍、污水满坑、烟尘四起、垃圾横飞，土地破坏日益严重，城市空间的利用和拓展受到限制，矿城空间矛盾突出，城市环境保护压力过大，城市安全、社会问题日益突出。

自 1996 年起，为了治理改造南湖采煤塌陷区、有效改善城市生态环境、实现绿色发展，唐山市实施了整治脏乱差环境、大面积绿化、水体还清、市政道路建设等工程。经过 9 年多的治理改造，脏乱荒芜的采煤塌陷区发生了质的变化，通过植被让其自然恢复，结合生态保护人工植被，形成了鸟语花香、水清地绿的南湖生态园林（苏丽萍，2012）。南湖生态公园初具规模。

在完成了南湖采煤塌陷区基本改造的基础上，唐山市在 2006 年年底决定加快建设南湖生态城。2007 年年初，中国煤炭科学研究院（唐山分院）等三家权威机构对南湖区域进行了地质勘测，解决了防治水渗漏等难题，打破了采煤塌陷区不能开发和建设的误区。2008 年 3 月，南湖生态城的建设正式开工，景观道路的建设工程、垃圾山的封场绿化工程、大规模的植树工程、公园的景观亮化工程、扩湖引水工程同时进行，仅用 14 个月的时间就完成了南湖生态城的建设，建成后的南湖生态城绿地面积达 16 km^2，水域面积达 11.5 km^2（何琼等，2018）。

（2）唐山南湖土地复垦修复机制

唐山地处受印度板块和太平洋板块推挤造成的地震带，同时又有着多年的地下采煤生产过程，因此，土地塌陷程度极其复杂并且破坏程度严重不一致，塌陷区域较广，土地复垦技术面临着许多困难和问题。所以，应以生态保护修复为宗旨，实现生态效益最大化，科学推进南湖生态城规划建设工作（高怀军，2014）。唐山市政府在南湖区域共采取了大致五种修复措施（李娟等，2015）。

1）浅层无积水塌陷地。主要成因为煤炭开采量不大，或开除下沉后形成的波及地坡度变化较小，并且汛期形成的暂时积水仅限于土地表层 2 cm 左右。土地平整后可直接用于耕作，种植农作物、果树、绿化林木等，提高土地经济效益和生态效益。

2）浅层浅积水塌陷地。常年积水大约 50 cm，这种情况利用土地周边煤灰、煤矸石、垃圾废弃物等进行填充，附表土再塑为耕地使用。优势为扩大了耕地利用率，劣势为对种植的作物有局限性与选择性，要求种植的植物具有耐涝、抗贫瘠等特点，维护周期较长。

3）浅层高潜水位塌陷地。主要成因为由于煤矿建立之初即清朝末年科技水平极其薄弱，盲目勘探，开采前未能准确探测地下水位与结构，不慎在开凿过程中与地下水资源较丰富的地带打通，造成地表水位抬升，常年积水 50～80 cm，甚至汛期深达 1 m 左右。这种情况多采用挖空中心、垫浅四周的方法，抬高部分土地复垦为耕地使用，中心水域可种植水生作物、植物等（如水稻、莲等）。

4）深层大面积积水塌陷区。这样大面积的积水塌陷如若复垦为耕地，工程量大、费用高、技术难度高，并且很难复垦维护为耕地，因此将附着在水底的煤矸石、煤灰以及工业垃圾等固体废物清运深埋后，可直接用于水产养殖、蟹稻田、蛙荷田等立体养殖。

5）高潜水位塌陷区。这种地区地表水资源相当丰富，可充分开发其成为旅游资源，打造人工湖泊、生态公园，建立环城水系，不仅保护了水资源，也很好地保护了自然生态。

（3）唐山南湖生态城修复现状

自 2006 年年底，唐山市决定对南湖采煤塌陷区进行全面改造，基于生态保护和绿色发展的理念，合理划分园区用地（表 4.2）（何琼等，2018），实现南湖地区由“工业废弃地”向“生态公园”的转变，实现由资源型发展到绿色发展的转变。市区南部最近的 30 km^2

的塌陷区（即南湖生态城区）已完成了基本的建设改造，山顶封场绿化、假山护坡延伸、大小水域连通、外围简易环路、高尔夫球场、游船码头等工程已基本完工。南湖生态城现辖有桃花潭、龙泉湾等九湖，云凤岛、香茗岛等五岛，城市湿地公园、紫天鹅庄、植物园等大小公园。

表 4.2　南湖城市中央生态公园用地划分　　单位：hm^2

市民广场	50.5	文化娱乐	21.0
植物园	32.5	城市滨水绿地	20.0
公共水域	93.5	酒店会议	22.0
休闲娱乐	8.8	生态隔离缓冲	95.8
湿地保育区	142.8	生态净化水域	106.7

昔日的工业废弃地经过多年的建设改造已成为集生态旅游、休闲观光、体育运动、政务会议等于一体的综合功能区。南湖生态城作为 2016 年世界园艺博览会的会址，曾是开滦矿多年过度开采形成的采煤沉降区，将南湖生态城作为世园会会址，是采煤塌陷区生态恢复的样板，也是坚持绿色发展的示范。作为南湖生态城（图 4.4）的名片，唐山南湖国际会展中心多次承办大型活动，例如中东欧国家省州产业合作展、中国金鸡百花电影节颁奖典礼、中国（唐山）国际体育健身休闲产业博览会、梦之蓝巨星演唱会等大型国内外活动，在发挥其辐射作用的同时也提高了唐山南湖生态城的知名度和影响力。

图 4.4　唐山南湖生态城

注：图片来源于唐山文明网 http://ts.wenming.cn/mltsh/201709/t20170920_4772235.shtml。

南湖生态城建成至今，发挥了巨大的经济、社会和生态效益，是河北乃至全国采煤塌陷区实现转型发展、绿色发展的典范。截至目前，唐山南湖生态城先后获得河北省第一届“人居环境奖”、2004 年度“迪拜国际改善居住环境最佳范例奖”等荣誉，2005 年被建设部批准设立国家城市湿地公园，2010 年 4 月荣获“国家 4A 级景区”称号，7 月荣获“国家体育休闲示范区”称号，2010 年荣获“河北省参展上海世博会城市最佳实践区”唯一案例。

（4）唐山南湖生态修复影响与启示

南湖采煤塌陷区的治理开发充分遵循绿色可持续发展的原则，在考虑自然资源和地质情况等特殊性的基础上合理开发，将生态和经济、社会、文化等融为一体。一方面，南湖塌陷区的治理开发因地制宜，建成了风景美丽的生态公园，同时又保留了工业文明，实现了城市文化的传承。另一方面，在提升城市功能、带动周边地区发展上发挥了突出作用，实现了区位价值和对外交流价值。唐山南湖采煤塌陷区的治理开发是国内采煤塌陷区治理成功的典型案例，为河北乃至全国采煤塌陷区的治理开发积累了有益的经验，也为河北乃至全国资源型区域的发展转型提供了有益参考。

4.1.2 我国非煤矿区生态治理工程案例

4.1.2.1 湖北黄石矿山公园

（1）黄石矿山公园概况

黄石市位于湖北省东南部，地处长江中下游南岸，是古代楚、吴文化的汇集地，同时还是全国有名的资源型城市，矿产种类繁多，储量丰富，素来被称为“百里黄金地，江南聚宝盆”，据统计黄石共有各类大小矿藏 429 处，其中以大冶铁矿最为出名。大冶铁矿位于黄石市铁山区，东临东方山，西接白雉山，已有 110 多年的开采历史，是一个大型多金属矿区，年产矿石 250 万 t。但是，由于大冶铁矿区历经长期粗放式开采，产生了一系列的环境问题。首先矿区历经 100 多年的开采，场地地面严重下沉，其中东露天采场已经形成了截面积相当于 1 500 个足球场的、边坡垂直落差为 444 m 的矿坑（图 4.5），成为世界第一高陡边坡，同时造成大片废弃堆积区，面积达 400 hm^2。其次大冶铁矿的开采，在给各地输送矿业原料的同时，也产生了大量的废石，据统计自 1958 年以来，大冶铁矿共计排放废石 4 亿多 t，形成的尾矿坝、塌陷区和废石场面积达 400 多 hm^2，这些排放场中的废石硬度大，体块大，难风化，难固氮，保水能力及固碳能力极差，植物几乎不能够生长，空气悬浮物多，漫天灰尘，水面污染物多，水质混浊，整个矿区自然环境十分恶劣。加上东露天采坑的高陡边坡失稳，容易引发滑坡，自开采以来，前后发生滑坡 20 多起，且塌方面积及体积较大，严重影响矿区人身安全及生态环境质量（程岚，2014）。因此矿区合理利用其地质地貌，结合生态效益、历史因素、文化背景，规划设计了黄石矿山公园。

图 4.5　亚洲第一大天坑

注：图片来源于湖北省政府官网 http://www.hubei.gov.cn/jmct/hbms/201510/t20151022_1694945_5.shtml。

（2）黄石矿山公园生态恢复设计

作为一座有上千年开采历史的矿山，过去留下的东西很多。场地中，有大量遗留的工业建筑物、构筑物、工业设施，如厂房、油罐、铁路、避雷针等，还有世界第一高陡边坡、亚洲第一硬岩复垦林。因此在设计中充分利用这些人文元素，将其与自然生态相结合，着力展现其独特的人文景观和自然景观（李军等，2008）。

1）矿山废弃建筑物、构筑物的再利用

对矿山废弃建筑、构筑物进行再创造，使人们从它们那里发现以前工业景观的痕迹，并解读矿山历史。矿山公园场地中遗留了大量的工业厂房。对质量比较差的建筑予以拆除，对质量较好的建筑予以保留并进行重新设计，使它们的建筑生命得以延续。

部分旧厂房的建筑主体结构坚固、空间高大灵活、建筑体量大，厂房的改造比较方便。设计中，将其改为餐厅建筑，其中餐厅设置多个包间，如钳工班、焊工班等，把整个空间营造成矿工当年的生活场景。部分保留厂房在其空间形态的基础上设计成咖啡厅、茶室。部分旧的工业厂房改造成宾馆、娱乐室、健身房等，使建筑开始新的生命（肖静蕾，2012）。

通过对废弃工业厂房的再利用设计，让建筑创作走向可持续发展和生态的道路。

同时，矿区仍有许多之前开采时遗留的构筑物。如原有煤气罐和避雷针，用它们进行装饰，使它们成为公园中别具一格的小品。场地中堆放的废弃油罐，与生长繁茂的樟树相掩映，形成了一道别具特色的景观。

2）对采矿遗留的历史矿坑的保护与开发

大冶铁矿经过上千年的开采，形成了一个落差达 444 m 的世界第一高陡边坡。它是亚洲第一大天坑，也是世界矿业史上的一个奇迹，属于国家重要遗产。它如实反映了当时大冶矿山工人们的生产和生活，是他们归属感的基础。同时，该矿坑也是独特的地质场地，其自身亦具有内在的独特性、稀缺性。

景观设计中并不试图掩盖或消灭这一人工痕迹，因为它是工业文明的价值见证，是重要的历史文化景观。为了体现对这一历史痕迹的充分尊重，设计中设置了多个观景点来观赏矿坑。如公园中枫之谷上景区的观景平台、绝顶览山景区的观景楼和其他景区中的一些观景平台等，为从不同角度欣赏矿坑提供了场所。

3）体现矿区精神的复垦林

复垦林原是大冶铁矿废石场，但经过大冶铁矿工人 16 年的努力，形成了今天这块亚洲最大的硬岩土地复垦基地。该复垦林面积达 247 hm^2，由规则槐树（图 4.6）数阵形成。这是矿区经人工开凿后又生态恢复的景观，反映了矿区工人的毅力和坚韧的精神。复垦林设计为复垦荣光景区，林间设计了一些木栈道、观景平台、休息亭。在这里可以感受矿山工人的坚强意志。

图 4.6 黄石矿山公园复垦槐树林

注：图片来源于湖北省政府官网 http://www.hubei.gov.cn/jmct/hbms/201510/t20151022_1694945_6.shtml。

4）植物种植规划

植物种植规划分为两个层次，分别为在各景区中和连接各景区的起、承、转、合四个部分。连接各个景区的道路两旁现状植被比较单一，设计中对现有乔木进行整合，并分段配植各式灌木和地被植物，各段主导色彩分别为：红、白、黄、紫。红色系代表植被为红花继木、杜鹃、鸡冠花；白色系代表植被为葱兰、野蔷薇、大滨菊；黄色系代表植被为连翘、凌霄、云南黄馨；紫色系代表植物为夹竹桃、紫荆、紫茉莉、桔梗等。这样不仅丰富了植物的多样性，也丰富了景观层次，给人以不同的景观感受。

复垦生态林区分为百草石锅景区、悠境探寻景区、幽居营宿景区、枫之谷上景区、绝顶览山景区、复垦荣光景区共 6 个景区。各景区内在种植原有乡土植物的基础上（如铜草花等），还选择了一些耐贫瘠、耐干旱且有特色的植物。这有利于恢复矿山的生态环境，也突出了各个景区的景观特色。百草石锅景区内有农家蔬菜园和百草园。在农家蔬菜园种植一些当地有观赏价值的时令蔬菜，如黄瓜、玉米、茄子、辣椒、豇豆等。而百草园内则种植了各类中草药，如芍药、枸杞、中华常春藤等。此景区的植物种植规划，一方面增加了植物的多样性，另一方面，用植物烘托了景区主题氛围，展现了矿山文化内涵。

悠境探寻景区现状植物景观较好，有大量的圆柏、槐树、狗尾巴草等。规划中，保留原有植被，在重要节点处种植红枫、广玉兰、双面红继木等乔灌木，突出景观层次，同时也利于创造良好的自然生态环境。

幽居营宿景区大量种植了各种不同类型的菊花，中心广场栽植广玉兰树阵，外围保留大片的樟树林，不仅丰富景区植物种类，而且植物景观相互映衬，形成良好效果。

枫之谷上景区观景台附近种植贴梗海棠、杜鹃、双面红继木、天竺葵、红枫等乔灌木；外围种植灌木杜鹃、洒金桃叶珊瑚和树干高直、气势雄伟的枫香树、鸡爪槭林等。既改善了其原有一片草地的单一脆弱的自然生态环境，又以植物点题，待深秋时节能营造出浓烈的红色氛围，形成独特风景。

绝顶览山景区种植枫树林、紫藤、葱兰、云南黄馨等乔灌木，不仅改善了其原本光秃的自然生态环境，也使景观丰富，让人们能身处其中，体验“会当凌绝顶”的壮观景象。

复垦荣光景区在保留原有矿山工人种植的槐树的基础上，增加种植铜草花、双面红继木等适合在此生存的灌木和草本植物，一方面改变单一树种植被的人工生态状况，恢复多样化的自然生态，以此形成完善的自然生态系统；另一方面，丰富植物景观层次，创造良好的景观效果。各个景区通过植物规划，使矿山形成极具特色的景观，同时也实现了矿山植被的生态恢复。

5）植被自然再生

自然再生的植被是很好的自然景观，这些植被能更好地吸引动物栖息。在公园景观设计中，我们充分尊重自然再生的过程，保护场地上的野生植物，创造出不同的景观特征。与植物种植规划一起重新建立起矿山公园新的生态平衡。

4.1.2.2　信阳上天梯非金属矿区生态治理工程

（1）信阳上天梯非金属矿区概况

信阳市位于河南省南部、华北平原南缘，地形地貌具明显山区与平原交接带特征。大别山与桐柏山构成豫南山地，面积近 6 980 km^2，中部是丘陵岗地，面积 7 000 多 km^2，区内有著名的信阳上天梯矿区（图 4.7）。矿区蕴藏着丰富的非金属矿产资源，全区各类矿产 49 种：金属矿 17 种，非金属矿（含能源矿产）24 种，其他 8 种。各类矿产地 424 处，其中大型矿床 9 处、中型矿床 26 处、小型矿床 84 处、温泉 1 处、矿泉水 1 处，合计 121 处。区内以建材类非金属矿产为主，优势矿产有珍珠岩、膨润土、沸石、水泥用大理岩等，其中珍珠岩已探明的资源量占全国总储量的 48%（于春霞，2011）。

图 4.7　信阳上天梯非金属矿

注：图片来源于信阳市上天梯非金属矿管理区 http://stt.xinyang.gov.cn/。

（2）煤炭开采对生态环境的影响

矿产开发是典型的污染行业。开发过程中的主要环境污染是对地表水的污染，其次是对地下水、土壤、植被和大气环境的污染。采矿与加工的粉尘污染极其严重，一遇大风尘土漫天飞扬，严重危害人体健康和农作物生长；尾矿库溢流水、废石堆淋溶水形成的浊流排入地表水体，使河流出现颜色杂乱的污染带，含有的可溶性污染物有害成分使土壤和水质受到影响，对矿区及周边人民群众的身体健康和生态平衡造成危害；生产造成的大量噪声和高大烟囱及车间排出的烟气极大地影响了附近居民的正常生活，对矿区与周边生态环境造成破坏。

上天梯非金属矿区生态环境的破坏是一个长期积累的过程，计划经济时期的粗放式开采，后期市场经济的利益驱动，使矿山开发长期处于滥采乱挖、监管缺失的状态，在矿区内形成大大小小的采坑，原始的地形地貌和当地生态环境被破坏，废弃的采坑没有任何的防护且边坡在自然地质作用下失稳形成坍塌，对周边村民安全和出行造成威胁；采矿剥离的废土、废料随意堆放占用土地，同时采矿废渣堆在长期风化、自重和强降雨的水作用下会造成废渣堆失稳，极易引发泥石流地质灾害，冲毁居民房屋及矿区出行道路，淹埋山间低洼耕地，严重影响矿区居民生命财产安全。

矿区矿山大多通过预留陡边坡扩壶放炮进行采矿作业，采壁上部部分岩体长期在雨水、风蚀作用下已风化破碎，孤立岩体与采壁结合部所产生的裂缝宽度达到 0.5～1 cm。在自然外力作用下，采壁风化破碎带及危岩体极易发生崩塌、滑坡地质灾害。

矿区开采亦导致区内耕地被占用，矿山开采占压、破坏耕地主要有四种形式：第一是矿山开采形成的露天采矿坑，直接破坏耕地；第二是采矿废渣无序排放，以不同形状、不同规模、堆放在丘陵顶部、斜坡以及丘间洼地，直接占用当地居民耕地；第三是矿石粗加工厂房及矿石堆场占压耕地；第四是废矿渣引发滑塌及坡面泥石流占压耕地。耕地占用对人民的物质生活产生了极大的影响（温道军等，2014）。

（3）矿区生态恢复与治理措施

1）完善制度，增强保障

建立和完善矿山环境保护立法，深入开展整顿和规范矿产资源开发秩序工作。按照“谁开发谁保护，谁受益谁补偿”原则，进一步健全和完善矿产资源开发管理和矿山生态环境恢复补偿等配套制度，切实加强对矿业企业的监管，建立监督管理和责任追究制度，抓好矿产资源开发中生态环境保护措施的落实。根据矿产资源采选的特点和矿山环境破坏及污染程度，提高采矿许可的准入门槛，使勘查和开采的门槛和退出机制遵循自然生态规律、社会经济规律和市场准则。充分发挥管理区国土资源与环保部门的职能作用，强化监督管理和执法力度，实行领导责任制，严格执行采矿企业年检制度和矿山开采准入制度。所有新建、改建的矿业企业建设项目，必须依法严格执行环境影响评价制度，环保不达标的项目，一律不予上马。

以平桥区为轴心，以上天梯非金属矿开发区为重点，建立工业小区发展新兴工业，在区域内合理布局，进行生产力的科学配置，组织合理的工业链，建立优化的产业结构体系，提高产品附加值和资源利用率，实现资源、能源和物料的闭路循环。以科技创新为先导，研制、开发、推行先进的开采、加工矿产品的新工艺、新设备、新技术和新的管理方法，同时进一步加强国际合作，学习和引进国内外先进技术和经验，提高矿产资源综合利用率。对矿区内现有的矿业企业进行改造，关停污染严重、资源浪费大的小企业，建立大型的深加工企业，建设非金属加工工业园，走集团化、高科技之路，实现规模开采。因地制宜地在采煤塌陷区发展各种形式的乡镇企业与第三产业，使废弃的土地资源得到再生与循环利用，解决矿区就业与再就业问题。鼓励建立矿山环境防治企业，承接矿山地质灾害防治、环境整治与土地复垦业务，培育矿区环境治理市场，促进矿区环境治理的产业化，实现矿区生态环境综合治理。

严格执行环境影响评价制度，推行清洁生产，消除结构性污染，达到减少资源浪费、保护环境的目的。从控制废水、废气和废渣的排放，提高固体废物利用率入手，逐步淘汰污染严重、效益低下的落后企业，对能源消耗高、原材料浪费大的产品和企业进一步依法治理，从而以最小的资源消耗、最低的环境代价产生最大的经济效益，实现清洁生产和生态采矿。

2）恢复植被

坚持保护优先、有序开发，强化对水源、土地、森林等自然资源的生态保护。依据矿山岩土性质、区域自然与社会经济特点以及区域发展方向等，大力推广矿山复垦技术，开展植树造林，发展生态旅游业。利用采矿塌陷区因地制宜地修建水边凉亭、林荫水廊、休闲娱乐中心，建立各类旅游服务设施；在已报废的矿区开发果园、发展养殖业等，恢复区域自然与人文景观，改善矿区生态环境；在继续扩大原有自然保护区面积的基础上，新建自然保护区，加快信阳市生态建设步伐。

在采坑四周及排水渠渠壁（挡墙）外侧植树绿化，植树绿化树种采用乔木，树种选用成活率高、适宜矿区种植的胸径 5 cm 的雪松，株距 2 m 种植。在治理区西北侧，由原采矿活动形成的废渣堆紧邻上天梯管理区出行主要交通道路，渣堆与道路间相对高差 8 m。为防止采矿废渣堆在汛期发生崩塌、滑坡等地质灾害，对矿区主要交通道路、居民出行造成威胁，对废渣堆进行开挖、清运，清理后的废渣场地进行覆土处理，覆土材料采用黏土，厚度 50 cm。覆土后撒播草籽，草籽采用黑麦草、高羊绒、狗牙根配比 3∶7∶10 混合播撒。临近公路沿线设立绿化带，树种选用当地生长的具有景观绿化作用的乔木树种银杏，树径 5 cm，间距 2 m 种植。

3）开发利民设施

矿区部分采坑较深，周围有居民生产活动。为防止矿区居民、家畜发生意外跌入采坑，同时保证较深采坑的四周平台道路行人安全，设计在采坑北侧道路临采坑一侧、平台道路及踏步外侧修建仿汉白玉防护栏杆。为便于采坑两侧的居民通行，同时打造采坑景观，美化矿区地质环境，为治理区居民提供一休闲娱乐临水、亲水工程设施，设计便民桥。由于矿区原采矿活动的影响，加之年久失修，治理区排水系统已完全破坏，一到汛期，治理区积水、漫水现象严重。为保证治理区降水科学外排，防止治理区内农田遭受雨水浸泡，设计在治理区内沿公路一侧重新修建排水系统，设置排水沟，并入地方排水系统。

4）尾矿的综合利用

尾矿的综合利用是修复中非常重要的环节。包括从废弃物中进一步回收有价值的元素，使得尾矿中多种有价金属和矿物得到回收，既可以回收资源，又可以为企业创造新的效益；作为二次资源制取新形态物质，可以对尾矿中的非金属组分进行回收利用，可生产地砖、空心砖块、建筑装饰材料等建材产品，不仅能变害为利，更能降低有毒有害物质对人体造成的危害，从而获得社会效益、生态效益和经济效益。

4.2　国外矿区生态治理工程案例

矿山是一个具有特殊社会环境以及自然环境要素的场地，具有人类工程活动强烈、对自然环境破坏性大、破坏类型多样、地域分布广、破坏持续时间长等特点。因矿产资源类型、规模、开采方式、生产设施与布局、选矿工艺、废渣和废水中污染物及排放方式等因素的不同，废弃矿山破坏方式与处理关键也不相同。煤矿废弃地的环境问题为采空区、塌陷区、煤矸石堆等，其治理关键是对采空区的治理和对煤矸石堆的处理；有色金属矿山如铜矿、铅锌矿，其治理除了矿坑的治理，还要对废弃渣堆进行化学处理，防治废渣堆等通过雨水的淋漓作用污染附近的土壤和地下水；废弃采石场则主要进行滑坡、泥石流等地质灾害的防治以及植被的恢复。在金属矿山废弃地生态修复过程中，植物修复被认为是应用前景最好的技术。基质改良技术是从根本上改变植物生长的限制因子，是植物修复的先决条件，而微生物修复技术又能提高植物的修复作用。

20 世纪 30 年代，发达国家就已开始重视矿山生态修复研究。经过几十年的发展，矿山生态修复已成为矿山开发中必须开展的内容，并制定严格的开发管理规定，规定矿山在开发设计和环境影响评价中必须有生态修复的内容。在项目实施的同时，必须设立专门的生态修复研究机构，以保证矿山边开采边修复被破坏的自然生态，使矿山的生态环境保持良好状况。

英国作为最早完成工业革命的西方资本主义国家，存在数量众多的采石废弃地，据英国地质调查局（BGS）的 BRITPITS 数据库统计，2014 年英国国土范围内包括正在开采、停止开采和处于休眠的采石场数量共计 3 300 多处，其中 1 800 多处正在开采生产，拥有丰富的修复改造再利用经验。英国立法、执法严格，采矿后必须复垦。1993 年露天矿已复垦 5.4×10^4 hm^2，用于农业、林业，重新创造了一个合理、和谐、风景秀丽的自然环境。露天矿采用内排法，边采边回填再复垦，覆土厚 1.3 m（上表层为 30 cm 耕作层），复垦时注意地形、地貌，形成一个完美的整体。

德国自 1940 年开始，在采矿过程中极其注意最大限度地减少生态环境破坏，开采后进行的复垦不单是种树或整地，而是从宏观上考虑生态变化以及居民对环境的要求。德国鲁尔区是德国的工业重地，集中了采矿、煤炭、钢铁等产业。2018 年 12 月，德国最后一座黑煤矿——北威州鲁尔区哈尼尔煤矿宣告关闭，也代表着德国结束煤矿时代。德国在矿区修复改造领域积累了较丰富的经验，其运作方式包括问题评估与机构安排、法律基础与规划流程、修复技术与自然过程、社会参与和功能转换，原东德地区的褐煤矿区修复以及鲁尔区的工业遗产改造项目成效斐然。

澳大利亚是以矿业为主的国家，将先进技术运用于矿山复垦，所需资金由政府提供，现在复垦已成为开采工艺的一部分。它的特点：一是采用综合模式，实现了土地、环境和生态的综合修复，克服了单项治理带来的弊端；二是多专业联合投入，包括地质、矿冶、测量、物理、化学、环境、生态、农业、经济学，甚至医学、社会学等，另外是高科技指导和支持。卫星遥感提供复垦设计的基础参数并选择各场地位置，计算机完成复垦场地地形地貌的最佳化选择，以及最少工程量的优化选择和最适宜的经济投入产出选择。同时借助各种先进设备，可以进行生态修复过程中的监测。

美国土地复垦后不强调农用，而是强调恢复破坏前的地形地貌，要求农田恢复到农田状态，森林恢复到森林状态，把防止破坏生态、环境保护提到极高的地位或看作唯一的复垦目的。控制水流的侵蚀和有害物质沉积；保持地表原状和地下水位；注重酸性和有害物质的预防和处理；保持表土仍在原位置；防止矸石和其他固体废物堆放后滑坡；恢复植被，成为水生植物、陆地野生动物栖息场所。经过 20 多年的实践，不仅新近采矿破坏的土地能够及时进行复垦，昔日煤炭开采遗留下的工况废弃地也得到修复，被污染的水资源得到了改善，如今土地复垦已成为采矿过程的一部分。

法国由于人口稠密、工业发达，对土地复垦工作要求在不改变农林面积的前提下，防止污染并恢复生态的平衡。法国非常重视在露天排土场进行植草并促进土壤的活化，经过过渡性复垦后变成新农田。为使复垦区风景与周围协调，进行了绿化美化。

以上发达国家的矿山生态修复工作开展得较早且比较成功，其矿区生态治理模式具体见表 4.3。

表 4.3 国际矿区生态治理模式总结

修复模式	国家	矿区名称	矿种及开采方式	破坏特征	主要措施	修复结果
环境修复治理	美国	科珀希尔	铜矿露天开采	水污染	人工湿地净化：水体上游设计模袋毯+分水坝+沉淀池	铜矿湿地治理工程
	美国	阿巴拉契亚区域	露天开采	酸性页岩	酸基计量、植被重建	矿山森林
	澳大利亚	新奥克兰矿	煤矿露天开采	土壤污染	土地修复	植被种植、科学放牧
	德国	鲁尔矿区北杜伊斯堡	钢铁开采	水污染、土壤污染	遗迹保留、污水治理、土壤修复与原生植物保护	工业景观公园
生态修复	英国	伊甸植物园	陶土采石场	地貌景观破坏、遗留巨坑	植物修复	植物景观公园为主的休闲旅游景区

修复模式	国家	矿区名称	矿种及开采方式	破坏特征	主要措施	修复结果
生态修复	法国	Bivile 采石场	采石场	采石坑、地表土壤贫瘠	自然恢复	湖泊休闲区
	加拿大	布查德	石灰石采石场	地表景观破坏、裸露矿坑	植物造景、景观重建	花园
资源再利用	荷兰	海尔伦矿区	井工开采	废弃矿井	地热资源	地热发电站
	德国		井工开采	废弃矿井	瓦斯发电	AMM 发电项目
	加拿大	斯普林希尔煤矿	井工开采	废弃矿井	地热能利用	地源热泵
其他	法国		采石场	废弃矿坑	遗迹保留	艺术品、酒店

4.2.1 环境综合治理

4.2.1.1 美国科珀希尔铜矿湿地治理工程

据美国矿山废弃地项目官方网站统计，美国主要有煤矿、硬岩矿、铀矿三种矿山废弃地。现介绍以水体修复为主的科珀希尔（Copperhill）铜矿湿地治理工程，本项目位于美国田纳西州东南部的波克县和佐治亚州北部的范宁县（Fannin County），受损区域超过 259 hm^2，有超过 150 年的矿业开采活动，曾被认为是全美最大的人工荒漠。2006 年 10 月完成修复。其中建立了一个湿地示范区，位于麦克弗森支流与巴拉巴拉河交汇处。此项目是应用人工湿地净化水体的典型案例。利用连续碱生产系统的多层设计，提升湿地对酸性水的中和能力；再加上弯曲水道的创新利用，减缓水流速度，更进一步净化水质。

该项目的生态修复技术要点是水体上游设计模袋毯+分水坝+沉淀池：在水流进入湿地前进行一些特殊设计，以去除麦克弗森支流含有的大量沉淀物堆积。具体做法是在修建的水坝上游 70 m 处的河流西岸设计模袋毯（fabriform blanket），能最大限度减少麦克弗森支流沿岸的矿业废弃物排向河流。再在麦克弗森支流建一个混凝土分水坝，使水流能在人为控制下转移到湿地。另外，建设一个沉淀池，使来自支流的淤泥在进入湿地前沉淀下来。湿地内部设计黏土衬垫+4 层结构：采用专治矿山酸性废水的连续碱生产系统，最下层设计了一层黏土衬垫（geosynthetic clay liner），在其上分别建立了 4 层结构，从下到上分别是：0.7 m 厚的石灰土层，0.7 m 厚直径约 2.5 cm 的碎石灰石层，0.3 m 厚的干草捆，以及 0.15 m 厚的腐殖质层，形成多层的水体净化设计。水体净化的弯曲水道设计：湿地中多层水体净化设计的关键在于能确保水流缓慢流经石灰石层这一重要过滤层，而不能从石灰岩床上方直接流走或快速经过石灰岩床而达不到净化目的。解决这一问题的措施就是建造弯曲水道（图 4.8）。其中弯曲水道的阻隔部分由混凝土制成，每道阻隔的一端设置较矮的缺口，允许水流通过，相邻两道阻隔的缺口不在同一端，这就使水流只能在两行阻隔中弯曲前行，拉长了水体净化的距离。在弯道之间种植能抵抗高浓度重金属废水污染且生长快、富集能力强的香蒲植物，进一步减缓水流速度，净化水质。

图 4.8　美国科珀希尔铜矿湿地

注：图片来源于 U.S. Environmental Protection Agency，https://frtr.gov/costperformance/pdf/20070522_397.pdf。

4.2.1.2　德国鲁尔区北杜伊斯堡景观公园

北杜伊斯堡景观公园（Landschaftspark Duisburg-Nord）（图 4.9）位于杜伊斯堡市北部，总占地面积 230 hm^2，于 1991 年利用原蒂森公司（August Thyssen）的梅德里希钢铁厂（Meiderich Ironworks）遗迹建成。该钢铁厂 1903 年投产，总产量 3 700 万 t，1987 年关闭，19 世纪中期之前为农业用地。公园设计与其原用途紧密结合，最大限度地保留工业遗迹，部分构筑物被赋予新的使用功能，并在景观美学意义和生态特质上加以强化。工厂中的植被均得以保护，荒草也任其自由生长。水的循环利用采用了科学的雨洪处理方式，达到了保护生态和美化景观的双重效果。

图 4.9　德国鲁尔区北杜伊斯堡景观公园

注：图片来源于 https://duisburg.de/tourismus/stadt_erleben/industriekultur/landschaftspark-duisburg-nord.php。

4.2.1.3　澳大利亚新奥克兰矿土地修复工程

新奥克兰矿是澳大利亚新希望集团下属的一个煤矿。该矿 2002 年开始运行，每年生产 500 万 t 动力煤，每年为昆士兰州贡献 3 亿澳元 GDP。该矿采用了动态修复（progressives rehabilitation）策略。2016 年，新奥克兰矿被授予澳大利亚 ABC100 商务可持续大奖。获奖理由是因为该矿在复垦土地上开展了科学放牧实验、在沿河流缓冲区种植植被来保护考拉和野生动物生境、循环利用水资源，这些活动展示了矿业和农业的兼容性。

在采矿之前，新奥克兰矿就制订了最终土地利用和修复规划。开展了土地适宜性评价，考虑的指标包括水分可利用性、侵蚀敏感性、土地物理指标、盐、土壤养分、砾石量、洪灾、可使用性。制定了土地修复的原则，包括创造稳定地形以利于人畜安全和放牧活动、实施监测土地修复的成功性、全生命周期实施动态修复策略以减轻修复负担、获得采矿用地退出的许可。新奥克兰矿确定了牧场作为最终土地用途，植被覆盖方式是本土和外地牧草，并搭配小块的本土乔、灌物种。

新奥克兰矿的土地修复策略包括：

1）动态修复。排土场高度不超过 30 m，利用水平沟和坡度控制来保持边坡稳定，利用等高犁沟来促进水分入渗减少流失，雨季播种植物，采坑降坡。

2）表土调查、剥离和管理。

3）植被种植。表土覆盖 90 cm、犁沟、施肥、混合播种、用玄武岩稳定边坡、雨季播种。

4）修复管护。实施监测，专业土地运行公司负责植树规划、放牧实验、杂草和害虫控制。

5）放牧实验。

6）矿山关闭。矿山道路复垦或者保留为放牧道路，水坝和建筑物保留或者复垦。

7）复垦可接受指标设定。主要指标包括植被覆盖度、生物多样性、坡度、侵蚀状态、碱化度、电导率、根区盐度。

8）修复报告。开展监测，向环保部门年度报告。

新奥克兰矿通过监测牲畜、土壤和牧草（牲畜监测的主要指标包括每天体重增长率、每公顷牛肉生产力、粪便近红外反射光谱），来测量在采矿迹地上开展牛肉生产的生产力、经济可行性和可持续性。放牧实验是在南昆士兰大学的合作下开展的（图 4.10）。结果表明，采矿迹地上牲畜每天增重 0.7 kg，每公顷土地生产 103 kg 牛肉，这种放牧表现与无采矿土地上相差不多，甚至有所超越。为了保护考拉和野生动物生境，新希望集团在新奥克兰矿区已经植树 13 000 株。新奥克兰矿用 2009 年建成的 47 km 管道从 Toowoomba 输送循环水到矿区使用，而当地的地表水资源仅用于洗浴。

图 4.10　新奥克兰矿土地修复后的牧场

注：图片来源于 https://www.agtrader.com.au/news/livestock-cattle/new-acland-how-mining-and-agriculture-do-coexist。

4.2.1.4　美国阿巴拉契亚区域矿山森林重建工程

森林重建法（Forestry Reclamation Approach）是大面积修复采矿扰动土地的主要方法。特别是在美国东部地区，自 1977 年以来，已经有 60 万 hm^2 土地被采矿扰动。美国《露天采矿控制与复垦法》规定，采矿后必须将土地恢复到近似原地形、减少对水文系统的扰动、及时复垦土地、建立永久植被覆盖。经过 60 多年的实践，森林重建法已经逐渐成熟，得到了广泛使用，相比传统生态恢复方法，能够增加森林生态系统服务，如木材生产、大气碳调节、野生动物生境、流域保护、水质保护等。目前，在美国的西弗吉利亚州、弗吉利亚州、田纳西州，每年有 5 000 hm^2 的采矿区采用了森林重建法来恢复植被（图 4.11）。

图 4.11　美国森林重建法的实施效果（左图为实施 6 年后，右图是实施 40 年后）

注：图片来源于 Restoring Forests and Associated Ecosystem Services on Appalachian Coal Surface Mines, https://link.springer.com/article/10.1007/s00267-011-9670-z。

森林重建法的主要步骤包括：

奠定基础。包括仿照自然系统构建地形、使用和处理覆岩来减少对土壤和植被发育的营销、利用覆岩和表土和木材来创建多尺度的异质性。

土壤重建。替换表土或利用有机材料快速重建营养循环和土壤发育、利用封盖材料来覆盖低质量覆岩。

植被重建。保留残留森林斑块作为种子源，促进自然演替，综合利用地形、覆岩、土壤和植物来创造一个多样性的系统，在多种尺度上种树，利用幼苗培育来优化种树，以混种、加密种植来控制杂草，利用林地材料来加速森林草本演替，优选草本植物来减少对树木的竞争性，选择一年生或者短命且不影响树木的植物来控制水土流失和增加固氮，增加灌木来维持森林演替轨迹。

利用森林是否具有高生产力、自维持力，是否满足了生态、经济和社会目标来评价森林重建法的成功性。

特别地，在森林重建过程，对产酸材料的地基整理是重要的一步。美国采用了酸基计量（acid-base accounting）方法（图 4.12）。该方法的技术核心是：首先测量基岩或者土壤中的反应性硫（最大潜在酸度）和碳酸盐含量（中和潜力），然后利用最大潜在酸度减去中和潜力，当结果为正时，岩石就会产生酸性水，岩石类型、冒泡、颜色和 pH 有利于改善对中和潜力的预测结果。对会产生酸性水的毒性岩石，利用回填方法来处理。回填是将原地貌表层的最佳材料（砂岩）翻倒在最底部，然后将深部煤层上方的页岩（含硫铁矿）倒在最佳材料上面，其次，将一般性的材料（页岩和泥岩）倒在含硫页岩上方，最后在顶部倾倒土壤，设置排水沟，种植植被，从而将酸性页岩包裹在干燥和较高位置来隔绝空气和水。

图 4.12　美国酸性页岩的填埋工艺

注：Toxic Material Placed on top of best material：放置在最佳材料上部的有毒材料。

注：图片来源于 Restoring Forests and Associated Ecosystem Services on Appalachian Coal Surface Mines, https://link.springer.com/article/10.1007/s00267-011-9670-z。

4.2.2 矿山公园生态修复

4.2.2.1 英国伊甸植物园

传承自然：生态文化利用主导的矿山生态修复及旅游开发模式

英国伊甸植物园（图 4.13）位于英国康沃尔郡，在英格兰东南部伸入海中的一个半岛尖角上，总面积达 15 hm^2，所在地原是当地人采掘陶土遗留下的巨坑。该工程投资 1.3 亿英镑，历时两年，于 2000 年完成，2001 年 3 月对外开放，连续多年被英国人评为民众最喜爱的现代建筑和“英国最佳休闲旅游景区”。英国伊甸植物园是世界上最大的单体温室，汇集了几乎全球所有的植物，超过 4 500 种、13.5 万棵花草树木聚于此地，有来自从喜马刺拉雅山到智利的奇花异草，也有来自康沃尔郡的本地植物。除了植物之外，还放养一些鸟类、爬行动物等，帮助消灭害虫、控制生态。

图 4.13 英国伊甸植物园

注：图片来源于 Edengarden 官方网站，https://edengarden.co.nz/photo-gallery/。

伊甸植物园是一个节能环保的典范，实现了在一个已经受到工业污染和破坏的地区重建一个自然生态区。在巨型空间网架结构的温室万博馆里，形成了大自然的生物群落。伊甸植物园是围绕植物文化打造、融合高科技手段建设而成的，以“人与植物共生共融”为主题，以“植物是人类必不可少的朋友”为建造理念，具有极高科研、产业和旅游价值的植物景观性主题公园。由 8 个充满未来主义色彩的巨大蜂巢式穹顶建筑构成，其中每 4 座穹顶状建筑连成一组，分别构成“潮湿热带馆”和“温暖气候馆”，两馆中间形成露天花园“凉爽气候馆”，让游客了解世界各国的珍稀特色植物。除此之外，该项目也为当地带来了 16 亿英镑的收入和数千个就业岗位。据悉，伊甸植物园已在中国青岛、延安、北京等地投资东方伊甸园生态修复项目，揭示水资源、土壤对地球与人类的重要性。

4.2.2.2　法国 Biville 采石场生态恢复

Biville 采石场位于法国 Clairefontain（克莱尔方丹）大峡谷顶部，面积约为 9 hm^2，始建于 1979 年。由于 Biville 采石场坐落于峡谷的顶端，常年受大风和强降雨的影响，于 1989 年停止使用而被关闭。法国 Biville 采石场具有尺度大、高差大、生态退化严重的特点，采石坑是一道 450 m 长、宽度均匀的直线型裂缝，呈 45°的边坡凹凸不平，落差为 20～40 m，地表土壤贫瘠，植被已遭到破坏。设计师将其建成具有 3.5 km^2 湖泊的休闲区（图 4.14）。其理念是不应刻意掩饰石料开采过程遗留的痕迹，而是将其作为场地特征保留，只需确保最佳地点的连贯性以便于生态系统的自然恢复，然后再引入一些植被使废弃采石场恢复到一种自然状态。改造措施包括设计了一系列引导水流的设施和设备，使其汇聚到谷底形成湖泊。为方便游人进入谷底，坑壁修建成阶梯状，每一个平台两旁都有金属网罩固定的石块作为保坎。同时阶梯的形式允许径流从高处的草地流入排水沟，保护地表免受水的冲击和侵蚀。

图 4.14　法国 Biville 采石场

注：图片来源于 Biville quarry park 官方网站，http://www.brueldelmar.fr/en/project/1/biville-quarrypark/。

4.2.2.3　加拿大布查德花园

诗意园林——休闲空间营造主导的矿山生态修复及旅游开发模式

布查德花园（The Butchart Gardens）位于加拿大卑诗省（British Columbia）的维多利亚岛屿，开创了废弃矿山生态修复的经典模式。该花园最初为石灰石采石场，采伐殆尽后被废弃，遗留了裸露的矿坑和遭到破坏的地表景观。在保持矿坑独特地形的基础上，从世界各地采集植物种子，利用花卉美化废弃矿场，于 1904 年初步建成花园，并不断扩大打造为一座世界上最大的私人花园，占地超过 55 英亩*，由日式庭院、下沉花园、玫瑰花园、意大利花园和地中海式花园等 5 个主要园区构成，每年 3—10 月，近 100 万株和 700 多个品种的花坛植物持续盛开（图 4.15）。花园以植物造景为主，在生态恢复的基础上进行景观重建；根据不同的地形特征划分出各具特色的植物园区；利用植物造景手段创造不同层次的景观。其设计特点为具有丰富的植物，并坚持高水平的园艺栽培和养护技术。同时，采用因形就势、因地制宜的手法，充分利用原有地形，减少工程量和运输量，如在低洼地势处布置下沉花园，将巨大深坑处填清水改造为湖泊。

图 4.15 加拿大布查德公园

注：图片来源于 Butchart Gardens 官方网站，https://www.butchartgardens.com/。

4.2.2.4 罗马尼亚盐矿主题公园

讲述故事——主题文化演绎主导的矿山生态修复及旅游开发模式

萨利那·图尔达盐矿（Salina Turda）位于罗马尼亚，是世界上最古老的盐矿，其历史可以追溯到中世纪。盐矿从有文献记载的中世纪 1075 年一直到 1932 年都在持续不断出产盐，历经近 900 年，在 1932 年停产，后在 1948—1992 年用于储存奶酪。直到 1992 年被改建成包含博物馆、运动设施和游乐场的缤纷主题公园，更被《商业内幕》（*Bussiness Insider*）评论为世界上“最酷的地下景观”。

创意设计理念主要是发挥创意思维，彰显鲜明特色。将传统矿业的基础设施与现代的

---

* 1 英亩=0.404 7 hm^2。

游乐园设施、科幻风格的建筑创意结合，使整个主题公园呈现宛如外太空的科技场景，最终奇幻色彩成为该公园最鲜明、特色的吸引点。项目开发模式是保留原有资源，进行多元开发。保留原有矿坑中的走廊形成景观廊道；保留嶙峋的洞窟以及巨大的钟乳石构成园区背景；保留原有盐矿运输通道，作为游客体验通道；保留原有盐湖，形成划船游乐场地等。公园内设有地下摩天轮、迷你高尔夫球场、保龄球场、运动场、游船等运动娱乐场地及设施，丰富的运动型项目布满全区，供游人任意使用；而水疗中心、盐矿疗养处则可供某些特殊疾病患者进行康疗养体（图 4.16）。

地下摩天轮

盐湖和游船

迷你高尔夫球场

内部通道

图 4.16　罗马尼亚盐矿主题公园

注：图片来源于 Salina Turda 官方网站，https://www.salinaturda.eu/en/discover-the-turda-salt-mine/。

整个盐矿深达 112 m、基地宽 67 m。盐洞有新旧两个入口，洞内主要分两层，每层有一个大厅，盐洞内建有电梯沟通上下层，但大部分景点都需步行参观。上层大厅内有包括迷你高尔夫球场在内的运动场和剧院等休闲娱乐场所。下层大厅建立在井底的一个小岛上，并设有摩天轮和码头，也可以坐在船里欣赏美景。曾经用来运输盐矿的竖井会将游客带到矿井的深处，可参观盐矿博物馆。封闭矿井具有独特环境，该盐矿常年维持恒温 11～12℃，并且由于在地下，湿度均在 80%左右。相关专家称，这些特有气候有助于人体健康，特别是由于潮湿引起呼吸问题的人群，花粉症和哮喘患者在此免受过敏原和细菌的侵害。

4.2.3 资源再利用状况

4.2.3.1 荷兰海尔伦废弃矿井开发地热资源工程

海尔伦矿区位于荷兰南部林堡省，19 世纪后期，随着煤炭开采产业的逐渐兴起，海尔伦矿区开采了大量的煤炭资源，地表形成若干塌陷区。受降水影响，塌陷区逐渐变成了水塘。长期静止的水塘不仅影响市容市貌，而且也不利于当地居民的出行。自 20 世纪 70 年代以来，随着荷兰天然气产业逐渐兴起，海尔伦的煤矿业走向衰落，几处大型矿井被关闭废弃。荷兰海尔伦市政府结合废弃矿井施工的埋深 250～700 m 的巷道，于 2008 年建立了一座新型地热发电站（图 4.17）。该新型发电站利用废弃矿井通道从地下 800 m 深处泵出水温约 35℃的热水，产生蒸汽，推动涡轮机转动使发电机产生电能。此外，发电站还用新建管道将热水输往附近 300 多处民宅、商店、图书馆和大型办公楼以调节室温，待水冷却后再输回矿井深处以循环加热。据估算，相比于传统火力发电站，新型地热发电站可减少约 55%的二氧化碳排放量。同时，可使居民享受价格适中的能源供应，以及不必遭受燃煤发电带来的污染，此种能源开发模式朝向绿色环保和可持续方向发展。除了荷兰，德国、法国、英国、加拿大、波兰等国在开发地热资源方面均有所尝试。

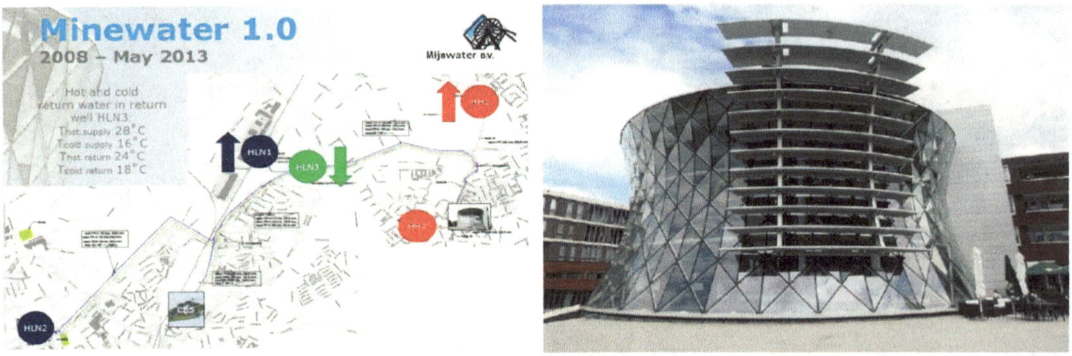

图 4.17 荷兰海尔伦废弃矿井开发地热资源工程

注：图片来源于 Minewater 2.0 Project in Heerlen the Netherlands：Transformation of a Geothermal Mine Water Pilot Project into a Full Scale Hybrid Sustainable Energy Infrastructure for Heating and Cooling, https://doi.org/10.1016/j.egypro.2014.01.158。

4.2.3.2 加拿大废弃矿井地热能利用计划

位于加拿大新斯科舍省的斯普林希尔煤矿在经历了约 100 年的开采之后于 20 世纪 70 年代关闭，矿区位于高寒地区，采空的矿井巷道中充满着温度达 18℃的地下水。原来的煤矿矿区后来被改造成一个新的工业园区，而废弃矿井中的地下热水就被用于地源热泵为园区供暖，大大节省了冬季取暖开销（图 4.18）。

图 4.18　加拿大废弃矿井地热能利用

注：图片来源于 National Archives of Canada。

4.2.3.3　德国报废矿井瓦斯发电计划

可供开采的绿色煤炭资源量有限，在矿山关闭后，德国、美国等国家实施报废矿井瓦斯（AMM）生产项目，即利用抽采瓦斯供暖发电。德国自 1998 年开始对 AMM 进行抽采，2000 年德国《可再生能源》将瓦斯列为可再生能源，补贴达到 0.4 欧元/（kW·h）。2009 年 AMM 发电装机容量达 20 万 kW，抽采量达 25 亿 m^3；2014 年通过热点联产为德国提供超过 175 MW 的电能，目前已采用无人值守的 AMM 发电项目。

部分废弃矿区以艺术品、酒店等形式，如位于法国南部普罗旺斯莱博镇的地下采石场 Carrieres de Lumieres，因其内部环境独特，被营造为一个沉浸式艺术品放映厅。法国采石场光影艺术中心（Carrières de Lumières Les Baux-de-Provence）占地面积超过 5 000 m^2，运用了世界上独一无二的现代多媒体技术，安置了 100 部投影设备，将数千件经典艺术名作通过光影展现在高达 14 m 的石壁上（图 4.19）。同时还采用创新的 AMIEX 理念，将艺术与音乐相结合，让游客拥有视觉与听觉的双重体验。

图 4.19　法国南部普罗旺斯莱博镇的地下采石场

注：图片来源于 Carrieres de Lumieres 官方网站，https://www.carrieres-lumieres.com/。

4.3 本章小结

矿山是一个具有特殊社会环境以及自然环境要素的场地，具有人类工程活动强烈、对自然环境破坏性大、破坏类型多样、地域分布广、破坏持续时间长等特点。大规模的矿山开发会造成严重的生态问题，为了保护环境，国内外都十分重视矿山的生态修复，并取得了较为显著的成效。国内对矿山的生态修复主要有生态恢复类、博物资源利用类、旅游开发类、复垦造田类、引水造湖类、垃圾处理厂类、仓储类七大类型，其中以生态恢复类、旅游开发类为主，约占国内矿山修复工程的一半以上，主要是由于这两类具有较高的经济价值。大多数国家在 20 世纪 30 年代就开始重视矿山生态修复研究，矿山生态修复是矿山开发中必须开展的内容，并制定严格的开发管理规定。在项目实施的同时，必须设立专门的生态修复研究机构，以保证矿山边开采边修复被破坏的自然生态，使矿山的生态环境保持良好状况，主要以环境综合治理、矿山公园生态修复和资源再利用三种方式为主进行修复治理。

参考文献

程岚．2014．工业废弃地的生态恢复与景观再生——以湖北黄石国家矿山公园为例[D]．杨凌：西北农林科技大学．

高怀军．2014．采煤塌陷区综合治理的方法研究——以唐山南湖生态城为例[J]．经济论坛，（11）：147-148.

何琼，安帅，李琦．2018．基于绿色发展理念的采煤塌陷区转型机制研究——以唐山南湖生态城为例[J]．价值工程，37（27）：71-73.

贺震．2018．昔日塌陷区，今日潘安湖[J]．环境教育，（12）：84-87.

李娟．2015．唐山南湖土地复垦、生态保护与文化发展研究[J]．办公室业务，（23）：28-29.

李军，李海凤．2008．基于生态恢复理念的矿山公园景观设计——以黄石国家矿山公园为例[J]．华中建筑，（7）：136-139.

刘秋月，王嵘，刘涛，等．2016．徐州市潘安湖煤炭塌陷区湿地生态治理[J]．江苏科技信息，（27）：52-54.

苏丽萍．2012．采煤塌陷区生态治理途径——以唐山南湖生态园林为例[J]．煤炭技术，31（7）：74-75.

王子强，祁鹿年，周力凡．2019．“城市双修”理念下近郊采煤塌陷区治理研究——以徐州市潘安湖片区为例[J]．江苏城市规划，（3）：25-29.

温道军，李奇，胡丰产．2014．信阳上天梯非金属矿生态环境治理[J]．内江科技，35（3）：57-58.

肖静蕾．2012．矿山公园景观规划设计研究[D]．武汉：湖北工业大学．

叶东疆，占幸梅．2011．采煤塌陷区整治与生态修复初探——以徐州潘安湖湿地公园及周边地区概念规划为例[J]．中国水运（下半月），11（9）：242-243.

于春霞．2011．信阳上天梯非金属矿开发的生态破坏及其恢复治理[J]．化工矿产地质，33（3）：174-176，192.

张宇，王圣殿，王依，等．2019．对加快推进我国矿山生态修复的思考[J]．中国环境管理，11（5）：42-46.

周文琴，王宝玉．2016．徐州潘安湖煤矿塌陷地湿地景观生态修复[J]．江苏建设，（4）：57-61.

第 5 章

矿产行业供应链各环节污染物产排情况的调查识别研究

矿产资源是现代社会发展必不可少的物质资源，在人们的生产和生活中都发挥着不可估量的作用。矿产品是发展和建设社会物质文明的关键和基础。采矿业是许多工业部门的基础，它为许多工业部门提供原材料。然而，在矿产资源的开发过程中，不可避免地会产生环境问题。矿产在生产过程中所产生的废弃物会对环境产生扰动和污染。对于矿业环境问题的研究，有利于可持续发展。本章从能源、金属和非金属三大行业入手，分别从宏观与微观角度分析全供应链各环节污染物的产排状况，从而直观了解我国矿产企业与行业的污染物产生与处理情况。

5.1 宏观层面矿产行业供应链各环节污染物产排状况调研

5.1.1 能源行业供应链各环节污染物产排状况调研

5.1.1.1 背景介绍

我国煤炭资源的种类较多，原煤就包含三大类即烟煤、无烟煤、褐煤。在现有探明储量中，烟煤占 75%，无烟煤占 12%，褐煤占 13%。其中部分烟煤和褐煤直接用于发电，一部分烟煤深度加工成洗精煤。秦容军（2019）研究发现年产 120 万 t 的大型煤矿企业产量占全国总产量的 78%；年产 30 万～120 万 t 的中型煤矿企业产量占全国总产量的 12%；年产 30 万 t 以下的小型煤矿企业产量占全国的总产量的 10%。同时我国煤炭开采的机械化、自动化程度大幅提升，矿井机械化程度由 2005 年的 45%提升至 2019 年的 78%，故对于井工开采的工艺以机采为基准进行计算。宋子岭等（2016）指出，煤炭开采总量中约有 14%来自露天开采，则粗略计算 86%来自机采。从国家统计局、中商研究院以及各个省份统计局可以收集到全国原煤产量等数据，以此得到 2016—2019 年原煤产量，如表 5.1、表 5.2、表 5.3 所示。

表 5.1 2016—2019 年原煤、烟煤和无烟煤及褐煤产量

单位：万 t

	2016 年	2017 年	2018 年	2019 年
原煤	336 399	344 546	354 591	374 552
烟煤和无烟煤	292 667	299 755	308 494	325 860
褐煤	43 732	44 791	46 097	48 692

数据来源：2016—2019 年《中国统计年鉴》。

表 5.2　2016—2019 年不同原煤开采区域产量

单位：万 t

	2016 年	2017 年	2018 年	2019 年
一类地区	298 221	262 692	278 907	292 156
二类地区	27 893	28 779	252 65	29 964
三类地区	10 285	53 075	50 419	52 432

数据来源：各省份统计局数据整理加总。

表 5.3　2016—2019 年三类地区不同原煤产量

单位：万 t

		2016 年		2017 年		2018 年		2019 年	
		烟煤和无烟煤	褐煤	烟煤和无烟煤	褐煤	烟煤和无烟煤	褐煤	烟煤和无烟煤	褐煤
一类地区	大型企业	202 373	30 240	178 263	26 637	189 266	28 281	198 257	29 625
	中型企业	31 134	4 652	27 425	4 098	29 118	4 351	30 501	4 558
	小型企业	25 945	3 877	22 854	3 415	24 265	3 626	25 418	3 798
二类地区	大型企业	18 928	2 828	19 530	2 918	17 145	2 562	20 334	3 038
	中型企业	2 912	4 35	3 005	449	2 638	394	3 128	467
	小型企业	2 427	3 63	2 504	374	2 198	328	2 606	389
三类地区	大型企业	6 979	1 043	36 017	5 382	3 4215	5 112	35 580	5 317
	中型企业	1 074	160	5 541	828	5 264	786	5 473	817
	小型企业	895	134	4 618	690	4 387	655	4 561	682

数据来源：2016—2019 年《中国统计年鉴》。

5.1.1.2　开采阶段

开采阶段主要是整条煤炭供应链的上游环节，该环节工艺主要包含原煤开采和初选洗。该阶段产生的污染物主要有工业废水、化学需氧量、石油类和工业固体废物（煤矸石），原煤开采方法分为井工开采和露天开采，井工开采中以机采为基准，不同开采方式的产排污系数也有所不同，具体产排污系数参考《第一次全国污染源普查工业污染源产排污系数手册》中“0610 烟煤和无烟煤的开采洗选业”产排污系数表，计算得到 2016—2019 年的原煤开采产排污系数和产排污总量，如表 5.4、表 5.5 所示。

（1）无烟煤和烟煤

详见表 5.4。

（2）褐煤

详见表 5.5。

表 5.4　2016—2019 年开采阶段产排污情况

地区	规模等级	开采方式	污染物指标	单位	产污系数	排污系数	2016 年		2017 年		2018 年		2019 年	
							产污量/万 t	排污量/万 t	产污量/万 t	排污量/万 t	产污量/万 t	排污量/万 t	产污量/万 t	排污量/万 t
一类地区	大型	机采	工业废水量	t/t-产品	0.8	0.12	139 232.62	20 884.89	122 644.94	18 396.74	130 215.01	19 532.25	136 400.82	20 460.12
			化学需氧量	g/t-产品	138	7.6	24.02	1.32	21.15	1.16	22.46	1.23	23.52	1.29
			石油类	g/t-产品	6.18	0.59	1.07	0.11	0.94	0.09	1.01	0.09	1.05	1.01
			工业固体废物（煤矸石）	t/t-产品	0.10	—	17 404.08	—	15 330.62	—	16 276.88	—	17 050.10	—
		露天开采	工业废水量	t/t-产品	1.05	0.16	29 748.83	4 533.16	26 204.66	3 993.09	27 822.10	4 239.56	29 143.78	4 440.96
			化学需氧量	g/t-产品	167	9	4.73	0.25	4.167	0.22	4.42	0.24	4.64	0.25
			石油类	g/t-产品	3.33	0.453	0.09	0.01	0.08	0.01	0.08	0.01	0.09	0.01
			工业固体废物（煤矸石）	t/t-产品	0.11	—	3 116.54	—	2 745.25	—	2 914.70	—	3 053.16	—
	中型	机采	工业废水量	t/t-产品	0.8	0.12	21 420.19	3 213.03	18 868.40	2 830.26	20 033.18	3 004.98	20 984.69	3 147.70
			化学需氧量	g/t-产品	146	8.8	3.91	0.23	3.44	0.21	3.65	0.22	3.83	0.23
			石油类	g/t-产品	6.2	0.61	0.17	0.02	0.14	0.02	0.15	0.015	0.16	0.016
			工业固体废物（煤矸石）	t/t-产品	0.10	—	2 677.52	—	2 358.55	—	2 504.15	—	2 623.09	—
		露天开采	工业废水量	t/t-产品	1.0	0.15	4 358.76	653.81	3 839.50	575.93	4 076.52	611.48	4 270.14	640.52
			化学需氧量	g/t-产品	184	11	0.80	0.04	0.71	0.04	0.75	0.04	0.79	0.04
			石油类	g/t-产品	4.45	0.504	0.02	0.002	0.017	0.001	0.018	0.002	0.019	0.002
			工业固体废物（煤矸石）	t/t-产品	0.10	—	435.88	—	383.95	—	407.65	—	427.01	—

地区	规模等级	开采方式	污染物指标	单位	产污系数	排污系数	2016 年		2017 年		2018 年		2019 年	
							产污量/万 t	排污量/万 t	产污量/万 t	排污量/万 t	产污量/万 t	排污量/万 t	产污量/万 t	排污量/万 t
一类地区	小型	机采	工业废水量	t/t-产品	0.7	0.08	15 618.89	1 785.02	13 758.11	1 572.36	14 607.53	1 669.43	1 5 301.64	1 748.76
			化学需氧量	g/t-产品	127	6	2.83	0.13	2.49	0.12	2.65	0.12	2.78	0.13
			石油类	g/t-产品	6.0	0.53	0.133	0.11	0.12	0.01	0.125	0.01	0.131	0.01
			工业固体废物（煤矸石）	t/t-产品	0.09	—	2 008.14	—	1 768.90	—	1 878.11	—	1 967.35	—
		露天开采	工业废水量	t/t-产品	1.0	0.15	3 632.30	544.85	3 199.56	479.93	3 397.10	509.57	3 558.52	533.78
			化学需氧量	g/t-产品	184	11	0.67	0.03	0.58	0.03	0.62	0.03	0.65	0.03
			石油类	g/t-产品	4.45	0.504	0.016	0.001 83	0.014	0.000 9	0.015	0.001	0.016	0.001
			工业固体废物（煤矸石）	t/t-产品	0.10	—	363.23	—	319.96	—	339.71	—	355.85	—
二类地区	大型	机采	工业废水量	t/t-产品	2.0	1.05	32 556.16	17 091.98	33 591.60	17 635.59	29 489.40	15 481.94	34 974.48	18 361.60
			化学需氧量	g/t-产品	274	54	4.46	0.88	4.60	0.906	4.040	0.796	4.792	0.944
			石油类	g/t-产品	6.3	2.25	0.102	0.03	0.105	0.037	0.092	0.033	0.110	0.039
			工业固体废物（煤矸石）	t/t-产品	0.10	—	1 627.81	—	1 679.58	—	1 474.47	—	1 748.72	—
		露天开采	工业废水量	t/t-产品	2.2	0.95	5 829.82	2 517.42	6 015.24	2 597.49	5 280.66	2 280.29	6 262.87	2 704.42
			化学需氧量	g/t-产品	250	45	0.66	0.119	0.68	0.123	0.600	0.108	0.712	0.128
			石油类	g/t-产品	6.22	2.38	0.016	0.006	0.017	0.006	0.014	0.005	0.017	0.006
			工业固体废物（煤矸石）	t/t-产品	0.11	—	291.49	—	300.76	—	264.03	—	313.14	—

地区	规模等级	开采方式	污染物指标	单位	产污系数	排污系数	2016 年		2017 年		2018 年		2019 年	
							产污量/万 t	排污量/万 t	产污量/万 t	排污量/万 t	产污量/万 t	排污量/万 t	产污量/万 t	排污量/万 t
二类地区	中型	机采	工业废水量	t/t-产品	2.15	0.86	5 384.29	2 153.72	5 556.25	2 222.50	4 877.66	1 951.06	5 783.67	2 313.47
			化学需氧量	g/t-产品	320	55	0.80	0.137	0.826	0.142	0.725	0.124	0.861	0.148
			石油类	g/t-产品	6.4	1.34	0.016	0.003	0.016	0.003	0.014	0.003	0.017	0.003
			工业固体废物（煤矸石）	t/t-产品	0.10	—	250.43	—	258.43	—	226.87	—	269.01	—
		露天开采	工业废水量	t/t-产品	2.2	0.82	896.90	334.30	925.54	344.97	812.50	302.84	963.42	359.09
			化学需氧量	g/t-产品	255	49	0.103	0.019	0.107	0.02	0.094	0.018	0.111	0.021
			石油类	g/t-产品	6.33	2.0	0.002	0.000 81	0.002	0.000 84	0.002	0.000 73	0.002	0.000 88
			工业固体废物（煤矸石）	t/t-产品	0.10	—	40.77	—	42.07	—	36.93	—	43.79	—
	小型	机采	工业废水量	t/t-产品	1.5	0.62	3 130.83	1 294.08	3 230.16	1 335.13	2 835.42	1 171.97	3 361.74	1 389.52
			化学需氧量	g/t-产品	220	39	0.459	0.081	0.473	0.083	0.415	0.073	0.493	0.087
			石油类	g/t-产品	6.2	2.0	0.013	0.004	0.014	0.004	0.012	0.003	0.014	0.004
			工业固体废物（煤矸石）	t/t-产品	0.09	—	187.85	—	193.81	—	170.13	—	201.70	—
		露天开采	工业废水量	t/t-产品	2.2	0.82	747.52	278.62	771.23	287.46	676.98	252.33	802.65	299.17
			化学需氧量	g/t-产品	255	49	0.086	0.016	0.089	0.017	0.078	0.015	0.093	0.018
			石油类	g/t-产品	6.33	2.0	0.002	0.000 11	0.002	0.000 11	0.001	0.000 09	0.002	0.000 12
			工业固体废物（煤矸石）	t/t-产品	0.10	—	33.98	—	35.06	—	30.77	—	36.48	—

地区	规模等级	开采方式	污染物指标	单位	产污系数	排污系数	2016 年		2017 年		2018 年		2019 年	
							产污量/万 t	排污量/万 t	产污量/万 t	排污量/万 t	产污量/万 t	排污量/万 t	产污量/万 t	排污量/万 t
三类地区	大型	机采	工业废水量	t/t-产品	5.0	2.5	30 009.70	15 004.85	154 873.10	77 436.55	147 124.50	73 562.25	1 529 940	76 497
			化学需氧量	g/t-产品	460	105	0.012	0.006	0.014	0.003	0.013	0.003	0.014	0.003
			石油类	g/t-产品	6.4	2.53	0.138	0.075 8	0.198 3	0.078	0.188	0.074	0.196	0.077
			工业固体废物（煤矸石）	t/t-产品	0.10	—	600.19	—	3 097.46	—	2 942.49	—	3 059.88	—
		露天开采	工业废水量	t/t-产品	3.4	2.6	3 322.00	2 540.36	17 144.09	13 110.19	16 286.34	12 454.26	16 936.08	12 951.12
			化学需氧量	g/t-产品	272	115	0.265	0.112	1.371	0.579	1.302	0.551	1.354	0.573
			石油类	g/t-产品	6.42	3.91	0.006	0.003	0.032	0.019	0.03	0.018	0.03	0.019
			工业固体废物（煤矸石）	t/t-产品	0.11	—	107.48	—	554.66	—	526.91	—	547.93	—
	中型	机采	工业废水量	t/t-产品	4.0	2.4	3 694.56	2 216.74	1 9 061.04	11 436.62	18 108.16	10 864.90	18 827.12	11 296.27
			化学需氧量	g/t-产品	475	151	0.438	0.139	2.263	0.719	2.150	0.683	2.235	0.711
			石油类	g/t-产品	6.6	3.1	0.09	0.002	0.031	0.014	0.029	0.014	0.031	0.015
			工业固体废物（煤矸石）	t/t-产品	0.10	—	92.36	—	476.53	—	452.70	—	470.67	—
		露天开采	工业废水量	t/t-产品	3.8	2.85	571.37	428.53	2 947.81	2 210.86	2 800.46	2 100.34	2 911.64	2 183.72
			化学需氧量	g/t-产品	280	155	42.10	0.023	0.217	0.12	0.206	0.114	0.214	0.119
			石油类	g/t-产品	6.41	4.105	0.000 9	0.000 6	0.004	0.003	0.004	0.003	0.005	0.003
			工业固体废物（煤矸石）	t/t-产品	0.10	—	15.04	—	77.57	—	73.70	—	76.62	—

地区	规模等级	开采方式	污染物指标	单位	产污系数	排污系数	2016 年		2017 年		2018 年		2019 年	
							产污量/万 t	排污量/万 t	产污量/万 t	排污量/万 t	产污量/万 t	排污量/万 t	产污量/万 t	排污量/万 t
三类地区	小型	机采	工业废水量	t/t-产品	3.0	1.8	2 309.10	1 385.46	11 914.44	7 148.66	11 318.46	6 791.08	117 667.38	7 060.43
			化学需氧量	g/t-产品	302	108	0.232	0.083	1.199	0.428	1.139	0.407	1.184	0.424
			石油类	g/t-产品	9.8	3.80	0.007	0.002	0.038	0.015	0.036	0.014	0.038	0.015
			工业固体废物（煤矸石）	t/t-产品	0.09	—	69.27	—	357.43	—	339.55	—	353.02	—
		露天开采	工业废水量	t/t-产品	2.2	0.82	275.66	102.75	1 422.34	530.15	1 351.20	503.63	1 404.78	523.60
			化学需氧量	g/t-产品	255	49	31.95	6.14	164.86	31.67	156.61	30.09	162.87	31.28
			石油类	g/t-产品	6.33	2.0	0.79	0.25	4.09	1.29	3.88	1.23	4.04	1.27
			工业固体废物（煤矸石）	t/t-产品	0.10	—	12.53	—	64.65	—	61.42	—	63.85	—

数据来源：产污系数和排污系数来自《第一次全国污染源普查工业污染源产排污系数手册》（0610 烟煤和无烟煤的开采洗选业）。

表 5.5　2016—2019 年开采阶段具体产排状况

地区	规模等级	开采方式	污染物指标	单位	产污系数	排污系数	2016 年		2017 年		2018 年		2019 年	
							产污量/万 t	排污量/万 t	产污量/万 t	排污量/万 t	产污量/万 t	排污量/万 t	产污量/万 t	排污量/万 t
一类地区	大型	机采	工业废水量	t/t-产品	0.9	0.135	23 405.76	3 510.86	20 617.04	3 092.56	21 889.49	3 283.42	22 929.75	3 439.46
			化学需氧量	g/t-产品	203	9	5.279	0.234	4.650	0.206	4.937	0.218	5.171	0.229
			石油类	g/t-产品	6.81	0.66	0.177	0.017	0.156	0.015	0.165	0.016	0.173	0.017
			工业固体废物（煤矸石）	t/t-产品	0.10	—	2 600.64	—	2 290.78	—	2 432.17	—	2 547.75	—

地区	规模等级	开采方式	污染物指标	单位	产污系数	排污系数	2016 年		2017 年		2018 年		2019 年	
							产污量/万 t	排污量/万 t	产污量/万 t	排污量/万 t	产污量/万 t	排污量/万 t	产污量/万 t	排污量/万 t
一类地区	大型	露天开采	工业废水量	t/t-产品	1.05	0.16	4 445.28	677.38	3 915.64	596.67	4 157.31	633.49	4 354.87	663.6
			化学需氧量	g/t-产品	152	9	0.643	0.038	0.566	0.033	0.601	0.035	0.630	0.037
			石油类	g/t-产品	4.49	0.46	0.019	0.001	0.016	0.001	0.017	0.001	0.019	0.001
			工业固体废物（煤矸石）	t/t-产品	0.10	—	423.36	—	372.92	—	395.93	—	414.75	—
	中型	机采	工业废水量	t/t-产品	0.95	0.1	3 800.68	400.07	3 348.07	352.43	3 554.77	374.19	3 723.88	391.98
			化学需氧量	g/t-产品	173	8	0.692	0.032	0.609	0.028	0.647 4	0.029	0.678 1	0.031
			石油类	g/t-产品	7.80	0.711	0.031	0.002	0.027	0.002	0.029	0.002	0.031	0.002
			工业固体废物（煤矸石）	t/t-产品	0.10	—	400.07	—	352.43	—	374.19	—	391.98	—
		露天开采	工业废水量	t/t-产品	1.0	0.15	651.28	97.69	573.72	86.06	609.14	91.37	638.12	95.71
			化学需氧量	g/t-产品	180	10.7	0.117	0.006	0.103	0.006	0.109	0.006	0.114	0.006
			石油类	g/t-产品	4.21	0.536	0.002	0.000 3	0.002	0.003 1	0.002	0.000 3	0.002	0.000 3
			工业固体废物（煤矸石）	t/t-产品	0.10	—	65.13	—	57.37	—	60.91	—	63.81	—
	小型	机采	工业废水量	t/t-产品	0.75	0.15	3 167.51	333.42	2 790.06	293.69	2 962.44	311.84	2 449.71	489.94
			化学需氧量	g/t-产品	152	12	0.576	0.026	0.508	0.023	0.539	0.024	0.496	0.039
			石油类	g/t-产品	6.35	1.150	0.026	0.002	0.022	0.002	0.024	0.002	0.020	0.002
			工业固体废物（煤矸石）	t/t-产品	0.09	—	333.42	—	293.69	—	311.84	—	293.96	—

地区	规模等级	开采方式	污染物指标	单位	产污系数	排污系数	2016年		2017年		2018年		2019年	
							产污量/万t	排污量/万t	产污量/万t	排污量/万t	产污量/万t	排污量/万t	产污量/万t	排污量/万t
一类地区	小型	露天开采	工业废水量	t/t-产品	1.0	0.15	542.78	81.42	478.10	71.72	507.64	76.15	531.72	79.75
			化学需氧量	g/t-产品	180	10.7	0.097	0.005	0.086	0.005	0.091	0.005	0.095	0.005
			石油类	g/t-产品	4.21	0.536	0.002	0.000 29	0.002	0.000 25	0.002	0.000 27	0.002	0.000 28
			工业固体废物（煤矸石）	t/t-产品	0.10	—	54.28	—	47.81	—	50.76	—	53.17	—
二类地区	大型	机采	工业废水量	t/t-产品	2.1	0.85	5 105.27	2 066.42	5 269.91	2 133.06	4 626.97	1 872.82	5 486.63	2 220.78
			化学需氧量	g/t-产品	340	52	0.826	0.126	0.853	0.130	0.749	0.114	0.888	0.135
			石油类	g/t-产品	9.47	2.48	0.023	0.006	0.023	0.006	0.021	0.005	0.047	0.006
			工业固体废物（煤矸石）	t/t-产品	0.10	—	243.11	—	250.95	—	220.33	—	261.27	—
		露天开采	工业废水量	t/t-产品	2.2	0.95	871.02	376.12	898.74	388.09	789.10	340.75	935.70	404.05
			化学需氧量	g/t-产品	270	43	0.106	0.017	0.11	0.017	0.096	0.015	0.114	0.018
			石油类	g/t-产品	6.19	1.29	0.002	0.000 51	0.002	0.000 52	0.002	0.000 46	0.002	0.000 54
			工业固体废物（煤矸石）	t/t-产品	0.10	—	39.59	—	40.85	—	35.87	—	42.53	—
	中型	机采	工业废水量	t/t-产品	1.9	0.71	710.79	265.61	733.67	274.16	643.80	240.58	763.07	285.15
			化学需氧量	g/t-产品	256	44	0.095	0.016	0.098	0.016	0.086	0.014	0.102	0.017
			石油类	g/t-产品	8.59	2.186	0.003	0.000 82	0.003	0.000 84	0.002 91	0.000 74	0.003 44	0.000 87
			工业固体废物（煤矸石）	t/t-产品	0.10	—	37.41	—	38.61	—	33.88	—	40.16	—
		露天开采	工业废水量	t/t-产品	2.2	0.88	133.98	53.59	138.29	55.32	121.35	48.54	143.83	57.53
			化学需氧量	g/t-产品	350	59	0.021	0.003	0.022	0.003	0.019	0.003	0.023	0.004

地区	规模等级	开采方式	污染物指标	单位	产污系数	排污系数	2016 年		2017 年		2018 年		2019 年	
							产污量/万 t	排污量/万 t	产污量/万 t	排污量/万 t	产污量/万 t	排污量/万 t	产污量/万 t	排污量/万 t
二类地区	中型	露天开采	石油类	g/t-产品	5.68	1.428	0.000 35	0.000 09	0.000 36	0.000 09	0.000 31	0.000 08	0.000 37	0.000 09
			工业固体废物（煤矸石）	t/t-产品	0.10	—	6.09	—	6.29	—	5.52	—	6.53	—
	小型	机采	工业废水量	t/t-产品	1.8	0.72	561.92	224.77	578.95	231.58	507.74	203.10	602.17	240.86
			化学需氧量	g/t-产品	271	49	0.084	0.015	0.087	0.015	0.076	0.013	0.091	0.016
			石油类	g/t-产品	8.030	2.264	0.002	0.000 07	0.002	0.000 73	0.002	0.000 64	0.002	0.000 75
			工业固体废物（煤矸石）	t/t-产品	0.09	—	28.10	—	28.95	—	25.39	—	30.11	—
		露天开采	工业废水量	t/t-产品	2.2	0.88	111.80	44.72	115.19	46.08	101.02	40.41	119.81	47.92
			化学需氧量	g/t-产品	350	59	17.78	2.99	18.33	3.09	16.07	2.71	19.06	3.21
			石油类	g/t-产品	5.68	1.428	0.000 28	0.000 7	0.000 29	0.000 7	0.000 26	0.000 06	0.000 31	0.000 07
			工业固体废物（煤矸石）	t/t-产品	0.10	—	5.08	—	5.24	—	4.59	—	5.44	—
三类地区	大型	机采	工业废水量	t/t-产品	4.6	3.6	4 126.11	3 229.13	21 291.19	16 662.67	20 223.07	15 826.75	21 034.05	16 461.43
			化学需氧量	g/t-产品	350	187	0.313	0.167	1.619	0.865	1.538	0.822	1.600	0.855
			石油类	g/t-产品	9.78	3.75	0.008	0.003	0.045	0.017	0.042	0.016	0.045	0.017
			工业固体废物（煤矸石）	t/t-产品	0.10	—	89.70	—	462.85	—	439.63	—	457.26	—
		露天开采	工业废水量	t/t-产品	3.55	2.85	518.37	416.16	2 674.85	2 147.42	2 540.66	2 039.69	2 642.55	2 121.48
			化学需氧量	g/t-产品	330	128	0.048	0.018	0.248	0.096	0.236	0.091	0.245	0.095
			石油类	g/t-产品	6.21	2.88	0.009 1	0.004 2	0.004	0.002	0.004	0.002	0.004	0.002
			工业固体废物（煤矸石）	t/t-产品	0.10	—	14.60	—	75.35	—	71.57	—	74.44	—

地区	规模等级	开采方式	污染物指标	单位	产污系数	排污系数	2016年		2017年		2018年		2019年	
							产污量/万 t	排污量/万 t	产污量/万 t	排污量/万 t	产污量/万 t	排污量/万 t	产污量/万 t	排污量/万 t
三类地区	中型	机采	工业废水量	t/t-产品	3.6	2.75	495.36	378.40	2 563.49	1 958.22	2 433.46	1 858.89	2 529.43	1 932.21
			化学需氧量	g/t-产品	420	159	0.057	0.021	0.299	0.113	0.283	0.107	0.295	0.118
			石油类	g/t-产品	8.70	3.526	0.001 19	0.000 49	0.006	0.002	0.005	0.002	0.006	0.002
			工业固体废物（煤矸石）	t/t-产品	0.10	—	13.76	—	71.21	—	67.60	—	70.26	—
		露天开采	工业废水量	t/t-产品	3.8	2.85	85.12	63.84	440.50	330.37	418.15	313.61	434.64	325.98
			化学需氧量	g/t-产品	360	154	0.008	0.003	0.041	0.017	0.039	0.016	0.041	0.017
			石油类	g/t-产品	5.80	3.150	0.000 13	0.000 07	0.000 67	0.000 36	0.000 63	0.000 35	0.000 66	0.000 36
			工业固体废物（煤矸石）	t/t-产品	0.10	—	2.24	—	11.59	—	11.00	—	11.43	—
	小型	机采	工业废水量	t/t-产品	3.6	2.72	414.86	313.45	2 136.24	1 614.05	2 027.88	1 532.18	2 111.47	1 595.33
			化学需氧量	g/t-产品	478	167	0.055	0.019	0.283	0.099	0.269	0.094	0.280	0.097
			石油类	g/t-产品	10.88	5.470	0.001 25	0.000 63	0.006	0.003	0.006	0.003	0.006	0.003
			工业固体废物（煤矸石）	t/t-产品	0.09	—	10.37	—	53.41	—	50.70	—	52.78	—
		露天开采	工业废水量	t/t-产品	3.8	2.85	71.29	53.47	367.08	275.31	348.46	261.35	362.82	272.12
			化学需氧量	g/t-产品	360	154	0.006	0.002	0.034	0.014	0.033	0.014	0.034	0.014
			石油类	g/t-产品	5.80	3.150	0.000 11	0.000 06	0.000 56	0.000 31	0.000 53	0.000 29	0.000 55	0.000 30
			工业固体废物（煤矸石）	t/t-产品	0.10	—	1.88	—	9.66	—	9.17	—	9.55	—

数据来源：产污系数和排污系数来自《第一次全国污染源普查工业污染源产排污系数手册》（0610 烟煤和无烟煤的开采洗选业）。

如表所示，煤开采阶段对工业废水的减排效率高于 60%，对化学需氧量的减排效率高于 80%，对石油类污染物的减排效率高于 70%，2016—2019 年各污染物的减排效率略微有所降低。

5.1.1.3　生产制造阶段

生产制造阶段是整条煤炭供应链的中游环节，该环节工艺主要是将部分原煤进行再洗选得到精煤，其余部分原煤则直接使用。我国煤炭资源的特点是高硫、高灰煤，大部分原煤的灰分含量在 25%左右，张苑（2005）总结了原煤灰分和精煤回收率的关系，原煤灰分 25%，对应的精煤回收率为 65%，即洗 1 t 精煤需要 1.54 t 烟煤；从《中国能源统计年鉴》中可知 2016—2019 年洗精煤的产量分别为 54 701 万 t、51 510 万 t、87 136 万 t 和 92 041 万 t，需要的烟煤则分别为 84 240 万 t、79 325 万 t、134 189 万 t 和 141 743 万 t。该环节产生的污染物有工业废水、化学需氧量、石油类、工业固体废物（煤矸石）和工业固体废物（浮选矿尾）。根据 1999 年国家颁布的《选煤厂洗水闭路循环等级》得知选煤厂洗水闭路循环划分为 3 个等级，即一级、二级和三级，不同级别产排污系数不同，鉴于大型企业资金充足、检测严格，本节计算将大型企业以洗水一级循环为基准，中小型企业分别以二三级循环为基准，具体产排污系数参考《第一次全国污染源普查工业污染源产排污系数手册》中“烟煤和无烟煤开采洗选业”产排污系数表，计算结果见表 5.6。

表 5.6　2016—2019 年生产制造阶段的具体产排状况

规模等级	污染物指标	单位	产污系数	排污系数	2016 年		2017 年		2018 年		2019 年	
					产污量/万 t	排污量/万 t	产污量/万 t	排污量/万 t	产污量/万 t	排污量/万 t	产污量/万 t	排污量/万 t
大型	工业废水量	t/t-原料	0.2	0.0	13 141.44	0	12 374.7	0	20 933.48	0	22 111.91	0
	化学需氧量	g/t-原料	38	0.0	2 496.87	0	2 351.19	0	3 977.36	0	4 201.26	0
	石油类	g/t-原料	1.60	0.0	105.131	0	98.99	0	167.46	0	176.89	0
	工业固体废物(煤矸石)	t/t-原料	0.20	—	13 141.44	—	12 374.7	—	20 933.48	—	22 111.91	—
中型	工业废水量	t/t-原料	0.20	0.0	2 021.76	0	1 903.8	0	3 220.536	0	3 401.83	0
	化学需氧量	g/t-原料	38	0.0	384.13	0	361.72	0	611.90	0	646.35	0
	石油类	g/t-原料	1.65	0.0	16.67	0	15.71	0	26.57	0	28.06	0
	工业固体废物(煤矸石)	t/t-原料	0.20	—	2 021.76	—	1 903.8	—	3 220.54	—	3 401.83	—

规模等级	污染物指标	单位	产污系数	排污系数	2016 年		2017 年		2018 年		2019 年	
					产污量/万 t	排污量/万 t	产污量/万 t	排污量/万 t	产污量/万 t	排污量/万 t	产污量/万 t	排污量/万 t
小型	工业废水量	t/t-原料	0.30	0.05	2 527.2	421.2	2 379.6	396.6	4 025.67	670.945	4 252.29	708.715
	化学需氧量	g/t-原料	44	4.2	370.65	35.38	349.01	33.31	590.43	56.36	623.66	59.53
	石油类	g/t-原料	2.25	0.32	18.95	2.69	17.84	2.54	30.19	4.29	31.89	4.53
	工业固体废物（煤矸石）	t/t-原料	0.18	—	1 516.32	—	1 427.76	—	2 415.402	—	2 551.374	—

数据来源：产污系数和排污系数来自《第一次全国污染源普查工业污染源产排污系数手册》（0610 烟煤和无烟煤的开采洗选业）。

如表 5.6 所示，煤生产制造阶段对污染物工业废水、化学需氧量和石油类的减排效率均高于 97%，基本实现零排放，2016—2019 年各污染物的减排效率基本无变化。

5.1.1.4 销售使用阶段

开采和初洗选得到的褐煤和部分烟煤作为动力煤，狭义上就是指用于火力发电的煤；还有一部分烟煤对其进行精炼和再洗选，用于焦化的原料。本节以动力煤销售使用于火力发电为参考对下游产排状况进行计算；假设洗精煤的下游以焦化为基准进行参考计算。

查询动力煤的平均收到基灰分为 6.5%、平均收到基硫分为 0.8%，动力煤的干燥无灰基挥发分为 20%～35%，行业工业废水以“利用+直排”为标准处理，烟尘以“静电除尘法+石灰石石膏法”为标准处理，以石灰石-石膏法为标准工艺处理废气二氧化硫，根据“4411 火力发电行业”产排污系数表和所示计算方法，结合其他关键指标数据，经过计算后的产排污结果如表 5.7 所示（樊金璐，周鹏程，2019）。

按照《焦化行业准入条件（2008 年修订）》规定，新建顶装焦炉炭化室高度必须大于等于 6 m，常规焦炉中顶装焦炉炭化室高度大于等于 6 m。彭勇（2014）发现 20 世纪 90 年代以来，炭化室高 6 m 焦炉炉型逐步成为我国炼焦行业的基本炉型，并逐步在我国焦化行业占据主导地位；故本节以顶装焦炉炭化室大于等于 6 m 为基准来计算。潘登（2013）指出我国焦化行业在淘汰落后产能的同时也在不断新增先进水平的产能，其中捣固炼焦的产能占比超过 30%，本节以捣固炼焦的产能占比 30%为基准来计算产排污状况，计算结果见表 5.7 和表 5.8。

表 5.7　2016—2019 年动力煤火力发电产排污状况

污染物指标	单位	产污系数	排污系数	2016 年		2017 年		2018 年		2019 年	
				产污量/万 t	排污量/万 t	产污量/万 t	排污量/万 t	产污量/万 t	排污量/万 t	产污量/万 t	排污量/万 t
工业废水量	t/t-原料	0.392	0.196	98 846.328	49 423.164	123 566.632	61 783.316	86 397.584	43 198.792	91 261.128	45 630.564
化学需氧量	g/t-原料	17.6	0.0	4.437 998	0.0	5.547 889	0.0	3.879 075	0.0	4.097 438	0.0
烟尘	kg/t-原料	68.755	0.142	17 337.192	35.806	21 673.019	44.761	15 153.739	31.297	16 006.811	33.058
二氧化硫	kg/t-原料	13.8	1.288	3 479.794	324.780	4 350.049	406.004	3 041.547	283.877	3 212.746	299.857
氮氧化物	kg/t-原料	6.09	2.13	1 535.648	537.098	1 919.695	671.420	1 342.248	469.456	1 417.806	495.883
工业固体废物（粉煤灰）	kg/t-原料	68.51	—	17 275.413	—	21 595.790	—	15 099.741	—	15 949.744	—
工业固体废物（炉渣）	kg/t-原料	5.245	—	1 322.573	—	1 653.334	—	1 156.008	—	1 221.083	—
工业固体废物（脱硫石膏）	kg/t-原料	33.780 4	—	8 518.031	—	10 648.291	—	7 445.267	—	7 864.381	—

数据来源：产污系数和排污系数来自《第一次全国污染源普查工业污染源产排污系数手册》（4411 火力发电行业产排污系数表）。

表 5.8　2016—2019 年焦化行业产排污状况

工艺	污染物指标	单位	产污系数	排污系数	2016 年		2017 年		2018 年		2019 年	
					产污量/万 t	排污量/万 t	产污量/万 t	排污量/万 t	产污量/万 t	排污量/万 t	产污量/万 t	排污量/万 t
顶装	工业废水量	t/t-产品	0.48	0.79	18 379.536	30 249.653	17 307.36	28 485.03	29 277.69	48 186.208	30 925.776	50 898.673
	化学需氧量	g/t-产品	730.2	78.236	27.959	2.995 7	26.328 821	2.820 955	44.538 69	4.772 020	47.045 83	4.704 583
	五日生化需氧量	g/t-产品	256.8	18.625	9.833 0	0.713 164	9.259 437	0.671 561	15.663 56	1.136 035	16.545 29	1.199 984

工艺	污染物指标	单位	产污系数	排污系数	2016 年		2017 年		2018 年		2019 年	
					产污量/万 t	排污量/万 t	产污量/万 t	排污量/万 t	产污量/万 t	排污量/万 t	产污量/万 t	排污量/万 t
顶装	氨氮	g/t-产品	93.5	7.753	3.580 18	0.296 867	3.371 329	0.279 549	5.703 051	0.472 895	6.024 083	0.499 515
	石油类	g/t-产品	93.1	2.385	3.564 864	0.091 323	3.356 906	0.085 995	5.678 653	0.145 473	5.998 311	0.153 662
	挥发酚	g/t-产品	186.7	0.184	7.148 873	0.007 045	6.731 841	0.006 634	11.387 80	0.011 223	12.028 83	0.011 854
	氰化物	g/t-产品	3.9	0.257	0.149 333	0.009 840	0.140 622	0.009 266	0.237 881	0.015 675	0.251 271	0.016 558
	工业粉尘	kg/t-产品	0.003 2	0.003 2	0.122	0.122	0.115	0.115	0.195	0.195	0.206	0.206
	二氧化硫	kg/t-产品	0.058	0.058	2.220	2.220	2.091	2.091	3.537	3.537	3.736	3.736
	氮氧化物	kg/t-产品	0.319	0.319	12.214	12.214	11.502	11.502	19.457	19.457	20.552	20.552
捣固	工业废水量	t/t-产品	0.58	0.95	9 517.974	15 589.785	8 962.74	14 680.35	15 161.664	24 833.76	16 015.134	26 231.68
	化学需氧量	g/t-产品	1 017.3	93.792	16.694 198	1.539 154	15.720 336	1.449 367	26.593 035	2.451 797	28.089 99	2.589 812
	五日生化需氧量	g/t-产品	326.8	24.59	5.362 886	0.403 529	5.050 040	0.379 989	8.542 813	0.642 802	9.023 699 6	0.678 986
	氨氮	g/t-产品	115.8	9.219	1.900 312	0.151 286	1.789 457	0.142 461	3.027 104	0.240 992	3.197 504	0.254 557
	石油类	g/t-产品	117.3	3.496	1.924 928	0.057 37	1.812 636	0.054 023	3.066 315	0.091 388	3.238 922	0.096 532
	挥发酚	g/t-产品	263.3	0.209	4.320 831	0.003 429	4.068 774	0.003 229	6.882 872	0.005 463	7.270 318	0.005 770
	氰化物	g/t-产品	5.6	0.325	0.091 897	0.005 333	0.086 536	0.005 022	0.146 388	0.008 495	0.154 628	0.008 973
	工业粉尘	kg/t-产品	0.003 5	0.003 5	0.057	0.057	0.054	0.054	0.091	0.091	0.096	0.096
	二氧化硫	kg/t-产品	0.07	0.07	1.148	1.148	1.081	1.081	1.829	1.829	1.932	1.932
	氮氧化物	kg/t-产品	0.379	0.379	6.219	6.219	5.856	5.856	9.907	9.907	1.046	1.046

数据来源：产污系数和排污系数来自《第一次全国污染源普查工业污染源产排污系数手册》（2520 焦化行业产排污系数表）。

如表 5.7、表 5.8 所示，煤销售利用阶段对工业废水的减排效率最高仅有 30%，对工业废气和工业粉尘未能进行有效处理，对氮氧化物的处理效果一般仅有 63%左右，对化学需氧量、二氧化硫、五日生化需氧量、氨氮和氰化物的减排效率基本高于 90%，对污染物烟尘、石油类和挥发酚的处理基本实现零排放，2016—2019 年工业废水的减排效率波动较大，化学需氧量 2018 年的减排效率明显低于前两年。

由此可以得出以下初步结论：

1）在动力煤生产和使用的全供应链环节对污染物化学需氧量、石油类、氮氧化物和烟尘的处理效果较好，对工业废水的处理效果一般，对工业废气未进行处理。

2）2016—2019 年平均每吨动力煤对工业废水的需求最大，且 4 年工业废水和化学需氧量的用量逐年递增，而大气污染物如工业固体废物和二氧化硫等波动较小，说明大气污染物的处理较难控制，水污染物如石油类的可控度高且较易处理。综合来看，2018 年的产污量和排污量相比于其他几年略高。

3）在焦化煤生产和使用的全供应链环节中对污染物化学需氧量、石油类、五日生化需氧量、氨氮和挥发酚的处理效果较好，对工业废水的处理效果一般，对氰化物、工业废气、工业粉尘、二氧化硫和氮氧化物未进行处理。

4）2016—2019 年平均每吨焦化煤对工业废水的需求最大，且在水污染物如化学需氧量和石油类等的产排污量有一定的波动，而大气污染物如工业固体废物和二氧化硫等并没有波动，说明大气污染物的处理较难控制，水污染物可控度高且较易处理。综合来看，2017 年的产污量和排污量相比于其他三年略高。

5）对各类工业固体废物一般都将其转移至专门的处理部门进行回收利用。

5.1.2　金属行业供应链各环节污染物产排状况调研

5.1.2.1　背景介绍

随着我国基础设施建设高速发展，以及投资拉动型的经济增长方式使得我国钢铁产品需求持续增长，钢铁产业投资一直保持增长趋势，需求的增长直接造成了我国钢铁产量逐年增加。2005 年是我国钢铁产业发展划时代的一年，这一年我国钢铁主要产品产量的增长率都达到了两位数以上，生铁的产量达到 33 040 万 t，增长率为 31%，粗钢的产量达到 34 936 万 t，增长率为 28%；钢材的产量为 37 117 万 t，增长率约 25%，除 2008 年受全球金融危机影响，钢铁主要产品产量增长率有所下降，2005—2009 年，钢材、生铁、粗钢的产量年增长率都达到 10%以上，2010—2016 年，由于产能过剩，加一系列措施和规范也达到了一定的成效，产量增长率有所下降，特别是 2015 年，基于市场需求的不足和政策的作用，生铁、粗钢、钢材等主要钢铁产品产量首次下降。从粗钢产能来看，2008—2015 年，我国粗钢产能持续增加，由 2008 年的 6.6 亿 t 上升到 2015 年的 12 亿 t，而粗钢产能利用率呈下降趋势，特别是 2012 年以后，精钢产能利用率持续低于合理的水平线，2015 年我国粗钢产能利用率不足70%，需求和产量的下降，说明我国消费达到最大，钢铁产业进入严冬状态。为化解钢铁产能过剩、提高产能利用率，近年来，我国相继出台了一系列政策，特别是供给侧结构性改革，以加快产能的化解进程、优化产业结构、提高钢铁产品质量和高端产品的供应能力，进而提高企业经营效益。

对于钢铁制造企业而言各类钢铁产品的成分均为碳钢，因从碳钢生产型板、棒材等钢铁产品过程中的损耗未知，本节计算不考虑损耗，从国家统计局统计资料中可以找到2016—2019年铁原矿和铁精矿的产量分别为12.8亿t、12.3亿t、7.6亿t和8.44亿t及2.31亿t、2.58亿t、2.33亿t、2.69亿t。生产1t烧结矿或球团矿需要至少0.9t铁精矿，则2016—2019年需要的烧结矿和球团矿总量分别为2.08亿t、2.32亿t、2.10亿t、2.42亿t；生产1t炼钢生铁需要约1.6t各类矿石，铁料来源与日本大多数高炉相似，其炉料结构也与日本大多数高炉相似，烧结矿74.5%、球团矿8.5%、块矿17%，其中块矿为铁原矿，则2016—2019年烧结矿分别为1.55亿t、1.73亿t、1.56亿t和1.80亿t；球团矿分别为0.18亿t、0.19亿t、0.17亿t和0.21亿t；生铁则分别为7.01亿t、7.11亿t、7.71亿t和8.09亿t。碳钢是铁和碳的合金，一般认为其含碳量为0.04%～2%，而大多数又在1.4%以下。钢中含有铁、碳、硅、锰、硫、磷，没有其他合金元素，而且硅含量不超过0.4%，锰含量不超过0.8%，因此可以粗略计算出生产1t碳钢至少需要1.03t生铁，则碳钢分别为7.22亿t、7.32亿t、7.94亿t和8.33亿t（易可，2008）。

5.1.2.2 开采初加工阶段

开采阶段的污染物产排主要集中在铁矿石开采和磁选铁精矿两个过程，具体产排污状况如表5.9所示。

表5.9 2016—2019年铁矿石开采过程中的产排污状况

污染物指标	单位	产污系数	排污系数	2016年		2017年		2018年		2019年	
				产污量/万t	排污量/万t	产污量/万t	排污量/万t	产污量/万t	排污量/万t	产污量/万t	排污量/万t
工业废水量	t/t-铁原矿	0.322	0.322	41 216	41 216	39 606	39 606	24 472	24 472	27 176.8	27 176.8
化学需氧量	g/t-铁原矿	2.15	1.075	0.275 2	0.137 6	0.264 45	0.132 23	0.163 4	0.081 7	0.181 5	0.090 7
工业粉尘	kg/万t-铁原矿	60.13	60.13	7 696.64	7 696.64	7 395.99	7 395.99	4 569.88	4 569.88	5 074.972	5 074.972
氮氧化物	kg/万t-铁原矿	9.06	9.06	1 159.68	1 159.68	1 114.38	1 114.38	688.56	688.56	764.664	764.664
工业固体废物（废石）	t/t-铁原矿	2.62	—	335 360	—	322 260	—	199 120	—	221 128	—

数据来源：产污系数和排污系数来自《第一次全国污染源普查工业污染源产排污系数手册》(0810铁矿采选业产排污系数表)。
注：绝大多数的铁矿石是进口国外高品位铁矿石，国外铁矿石品位高且易于开采，大多采用露天开采的方式，此计算以露天最大规模开采为参考。

如表 5.9 所示，铁矿石开采阶段对工业废水、工业粉尘和氮氧化物未能进行有效的处理，而对污染物化学需氧量实现了 50%的减排。

5.1.2.3　烧结阶段

烧结阶段主要是将铁原矿进行磁选初加工制成铁精矿，随后进行初步混合烧制成烧结矿和球团矿，最后将烧结矿、球团矿、块矿（原矿）和煤粉等混合加入高炉进行生铁冶炼，该环节的产排状况如表 5.10 至表 5.14 所示。

表 5.10　2016—2019 年铁精矿生产过程中的产排污状况

污染物指标	单位	产污系数	排污系数	2016 年		2017 年		2018 年		2019 年	
				产污量/万 t	排污量/万 t	产污量/万 t	排污量/万 t	产污量/万 t	排污量/万 t	产污量/万 t	排污量/万 t
工业废水量	t/t-铁精矿	5.002	5.002	115 546.2	115 546.2	129 051.6	129 051.6	116 546.6	116 546.6	134 553.8	134 553.8
化学需氧量	g/t-铁精矿	70.1	35	1.619 3	0.808 5	1.808 6	0.903 0	1.633 3	0.815 5	1.885 67	0.941 5
石油类	g/t-铁精矿	55	16	1.270 5	0.369 6	1.419 0	0.412 8	1.281 5	0.372 8	1.479 5	0.430 4
工业粉尘	kg/t-铁精矿	0.803	0.137	18.549 3	3.164 7	20.717 4	3.534 6	18.709 9	3.192 1	21.600 7	3.685 3
工业固体废物（尾矿）	t/t-铁精矿	1.736	—	40 101.6	—	44 788.8	—	40 448.8	—	46 698.4	—

数据来源：产污系数和排污系数来自《第一次全国污染源普查工业污染源产排污系数手册》(3220 炼钢行业产排污系数表)。
注：因数据缺失，铁精矿的生产工艺以一段磁选为参考。

表 5.11　2016—2019 年烧结矿生产过程中的产排污状况

污染物指标	单位	产污系数	排污系数	2016 年		2017 年		2018 年		2019 年	
				产污量/t	排污量/t	产污量/t	排污量/t	产污量/t	排污量/t	产污量/t	排污量/t
烟尘	kg/t-烧结矿	8.19	0.244	1 269 450	37 820	1 416 870	42 212	1 277 640	38 064	1 474 200	43 920
工业粉尘	kg/t-烧结矿	16.65	0.192	2 580 750	29 760	2 880 450	33 216	2 597 400	29 952	2 997 000	34 560
二氧化硫	kg/t-烧结矿	0.22	0.088	34 100	13 640	38 060	15 224	34 320	13 728	39 600	15 840
氮氧化物	kg/t-烧结矿	0.522	0.522	80 910	80 910	90 306	90 306	81 432	81 432	93 960	93 960

数据来源：产污系数和排污系数来自《第一次全国污染源普查工业污染源产排污系数手册》(3210 炼铁行业产排污系数表)。
注：因数据缺失，脱硫设施投运率以 75%计；因铁矿石绝大多数是从国外进口，故进口铁矿的含硫量可估取为 0.02%。

表 5.12 2016—2019 年球团矿生产过程中的产排污状况

污染物指标	单位	产污系数	排污系数	2016 年		2017 年		2018 年		2019 年	
				产污量/t	排污量/t	产污量/t	排污量/t	产污量/t	排污量/t	产污量/t	排污量/t
烟尘	kg/t-球团矿	6.27	0.32	112 860	5 760	119 130	6 080	106 590	5 440	131 670	6 720
工业粉尘	kg/t-球团矿	2.65	0.123	47 700	2 214	50 350	2 337	45 050	2 091	55 650	2 583
二氧化硫	kg/t-球团矿	5.14	2.44	92 520	43 920	97 660	46 360	87 380	41 480	107 940	51 240
氮氧化物	kg/t-球团矿	0.5	0.5	9 000	9 000	9 500	9 500	8 500	8 500	10 500	10 500

数据来源：产污系数和排污系数来自《第一次全国污染源普查工业污染源产排污系数手册》（3210 炼铁行业产排污系数表）。

注：因数据缺失，球团矿的生产工艺以带式焙烧法为参考；脱硫设施运转效率以 75%为参考。

表 5.13 2016—2019 年炼钢生铁生产过程中的产排污状况

污染物指标	单位	产污系数	排污系数	2016 年		2017 年		2018 年		2019 年	
				产污量/万 t	排污量/万 t	产污量/万 t	排污量/万 t	产污量/万 t	排污量/万 t	产污量/万 t	排污量/万 t
工业废水量	t/t-铁	14.62	11.372	1 024 862	797 177.72	1 039 482	808 549.2	1 127 202	876.781.2	1 182 758	919 994.8
化学需氧量	g/t-铁	1 355	195	94.985 5	13.669 5	96.340 5	13.864 5	104.470 5	15.034 5	190.619 5	15.775 5
挥发酚	g/t-铁	33.5	8.04	2.348 4	0.563 6	2.381 9	0.571 6	2.582 9	0.619 9	2.710 2	0.650 4
氰化物	g/t-铁	10.6	2.52	0.743 1	0.176 7	0.753 7	0.179 2	8.172 6	0.194 3	0.857 5	0.203 9
烟尘	kg/t-铁	25.175	0.12	1 7 647.675	0.008 4	1 789.942 5	8.532	1 940.992 5	9.252	2 036.657 5	9.708
工业粉尘	kg/t-铁	12.5	0.23	0.876 3	0.161 2	888.75	16.353	963.75	17.733	1 011.25	18.607
二氧化硫	kg/t-铁	0.109	0.109	0.007 6	0.007 6	7.749 9	7.749 9	8.403 9	8.403 9	8.818 1	8.818 1
氮氧化物	kg/t-铁	0.15	0.15	0.010 5	0.010 5	10.665	10.665	11.565	11.565	12.135	12.135
工业固体废物（冶炼废渣）	t/t-铁	0.296	—	18 856.9	—	20 145.6	—	22 821.6	—	23 946.4	—

数据来源：产污系数和排污系数来自《第一次全国污染源普查工业污染源产排污系数手册》（3 210 炼铁行业产排污系数表）。

注：因数据缺失，煤气洗涤废水处理以化学混凝沉淀法为标准。

表 5.14 2016—2019 年碳钢生产过程中的产排污状况

污染物指标	单位	产污系数	排污系数	2016 年		2017 年		2018 年		2019 年	
				产污量/万 t	排污量/万 t	产污量/万 t	排污量/万 t	产污量/万 t	排污量/万 t	产污量/万 t	排污量/万 t
工业废水量	t/t-钢	7	4.9	505 400	353 780	512 400	358 680	555 800	389 060	583 100	408 170
化学需氧量	g/t-钢	363	145.2	26.208 6	10.483 4	26.571 6	10.628 6	28.822 2	11.528 9	30.237 9	12.095 2
石油类	g/t-钢	38.5	4.4	2.779 7	0.317 7	2.818 2	0.322 1	3.056 9	0.349 4	3.207 1	0.366 5
工业粉尘	kg/t-钢	27.8	0.159	2 007.16	11.479 8	2 034.96	11.638 8	2 207.32	12.624 6	2 315.74	13.244 7
工业固体废物（冶炼废渣）	t/t-钢	0.105	—	7 581	—	7 686	—	8 337	—	8 746.5	—

数据来源：产污系数和排污系数来自《第一次全国污染源普查工业污染源产排污系数手册》（3210 炼铁行业产排污系数表）。

注：因数据缺失，煤气洗涤废水处理以化学混凝沉淀法为标准。

如表 5.10～表 5.14 所示，钢铁加工制造阶段对工业废水的减排效率最高仅有 23%左右，对工业废气的减排效率不足 15%，对二氧化硫的减排效率不足 25%，对氮氧化物未能进行有效处理，对化学需氧量、石油类、挥发酚和氰化物的减排效率基本维持在 80%左右，对污染物工业粉尘和烟尘的处理基本实现零排放，近几年来工业废水的减排效率波动不大。

由此可以得出以下初步结论：

1）在碳钢生产的全供应链环节中对污染物化学需氧量、石油类、挥发酚、氰化物和烟尘的处理效果较好，对工业废水、工业废气、工业粉尘和二氧化硫的处理效果一般，对氮氧化物未进行处理。

2）近年来平均每吨碳钢生产过程中污染物工业废水、化学需氧量、石油类、工业废气、烟尘和二氧化硫的产污量和排污量略有增加；污染物工业粉尘的产污量和排污量略有下降；污染物挥发酚、氰化物和氮氧化物产排污量没有变化。

3）对各类工业固体废物一般都将其转移至专门的处理部门进行回收利用。

5.1.3 非金属行业供应链各环节污染物产排状况调研

5.1.3.1 背景介绍

在经济复苏大背景下，全球水泥需求增速总体呈上涨态势，2006 年以来我国水泥行业发展迅速，新型干法熟料产能持续扩张，供给增速持续攀升，并于 2010 年达到高点至 31%；2010 年以来，水泥供给增速逐年下降，并于 2017 年达到历史低点至 1.1%，低于同期需求增速（约 3.1%）。2017 年，我国 3 465 家水泥企业中具有熟料生产能力的企业仅 1 280 家（从熟料到水泥生产完整企业 1 234 家，纯熟料生产企业 46 家），全国范围内大量存在大中小型水泥粉磨站企业。目前，我国的水泥产品主要有通用水泥、专用水泥以及特性水泥。水泥行业的产业链，包括材料供应商、设备供应商、产品以及应用领域。水泥行业的上游产业主要是石灰石、泥灰岩、黏土、石膏等材料；下游应用主要在基础设施建设、建筑工程、水利、装修等领域。从中国水泥协会资料及相关文献中显示 2016—2019 年的水泥熟料产能，分别为 18.27 亿 t、18.24 亿 t、18.24 亿 t 和 18.27 亿 t，均以最大规模考虑。在粗略计算后生产 1 t 水泥熟料通常需要 1.5 t 水泥生料，从而可得水泥生料分别为 27.41 亿 t、27.36 亿 t、27.36 亿 t 和 27.41 亿 t。

5.1.3.2 供应阶段

对于水泥制造业而言，其整条产业链上游环节的产排主要集中在水泥用石灰石开采的过程中；石灰石通常选择露天开采。查找相关文献可知生产 1 t 水泥生料大约需要消耗 1.2 t 石灰石，从生料到熟料的过程中会损失部分材料，在粗略计算后假设生产 1 t 水泥熟料需要的石灰石以 1.31 t 为基准。因此可以计算出大约分别需要 32.89 亿 t、32.83 亿 t、32.83 亿 t 和 32.89 亿 t 石灰石原料（曹世璞，2008），从而进一步计算出上游石灰石开采的产排污量，如表 5.15 所示。

表 5.15 2016—2019 年水泥用石灰石的开采阶段产排污状况

污染物指标	单位	产污系数	排污系数	2016 年		2017 年		2018 年		2019 年	
				产污量/万 t	排污量/万 t	产污量/万 t	排污量/万 t	产污量/万 t	排污量/万 t	产污量/万 t	排污量/万 t
工业固体废物	t/t-产品	0.05	—	16 445	—	16 415	—	16 415	—	16 445	—

数据来源：产污系数和排污系数来自《第一次全国污染源普查工业污染源产排污系数手册》（1011 石灰石石膏开采业）。
注：本节计算以高品位石灰石为基准。

5.1.3.3 生产制造阶段

《水泥工业大气污染物排放标准》（GB 4915—2013）实施后，水泥企业的粉尘排放受到更为严格的控制。目前，我国水泥企业主要使用袋式除尘和电式除尘两种除尘技术，虽然目前部分水泥企业都在使用电式除尘，但随着政策规定的发布，袋式除尘将不断应用于水泥企业中，我国水泥生产袋式除尘技术还不够成熟，故本节的计算以普通过滤式除尘法为基准。除此之外在一般的水泥用煤中，硫分含量基本都控制在 1%以内，因为成本、运输、资源等原因，部分水泥厂用煤硫分在 1.5%左右，对于高发热量、高硫分的水泥用煤，在水泥行业应用较少，故本节计算以 1%低硫煤为基准。对于粉尘难以管控、难以勘测，故本节产污系数以平均值 0.2 为基准计算（于洋，2013）。水泥生产阶段的污染物产排如表 5.16 所示。

表 5.16　2016—2019 年水泥熟料制造阶段产排污状况

污染物指标	单位	产污系数	排污系数	2016 年		2017 年		2018 年		2019 年	
				产污量/万 t	排污量/万 t	产污量/万 t	排污量/万 t	产污量/万 t	排污量/万 t	产污量/万 t	排污量/万 t
工业废水量	t/t-产品	0.05	0.002	9 135	365.4	9 120	364.8	9 120	364.8	9 135	365.4
化学需氧量	g/t-产品	1.50	0.06	0.274 1	0.011	0.273 6	0.010 9	0.273 6	0.010 9	0.274 1	0.011
烟尘	kg/t-产品	147.765	0.189	26 996.67	34.530 3	26 952.34	34.473 6	26 952.34	34.473 6	26.996.67	34.530 3
工业粉尘	kg/t-产品	34.706	0.059	6 340.79	10.779 3	6 330.37	10.761 6	6 330.37	10.761 6	6 340.79	10.779 3
二氧化硫	kg/t-产品	0.132	0.132	24.116 4	24.116 4	24.076 8	24.076 8	24.076 8	24.076 8	24.116 4	24.116 4
氮氧化物	kg/t-产品	1.584	1.584	289.396 8	289.396 8	288.921 6	288.921 6	288.921 6	288.921 6	289.396 8	289.396 8
氟化物	g/t-产品	2.551	2.551	0.466 1	0.466 1	0.465 3	0.465 3	0.465 3	0.465 3	0.466 1	0.466 1
粉尘无组织排放	kg/t-产品	0.2	—	36.54	—	36.48	—	36.48	—	36.54	—

数据来源：产污系数和排污系数来自《第一次全国污染源普查工业污染源产排污系数手册》（3111 水泥制造业产排污系数表）。

如表 5.16 所示，水泥加工制造阶段对污染物工业废水、化学需氧量、烟尘和工业粉尘的处理基本实现零排放，对工业废气、二氧化硫、氮氧化物和氟化物未能进行有效的处理，四年来各污染物的减排效率波动不大。

5.1.3.4　销售利用阶段

水泥熟料在下游使用过程中的产排污集中在物料运输、储存搅拌和成型养护环节，从国家统计局资料公布的 2016—2019 年水泥产量分别为 220 771 万 t、233 084 万 t、241 031 万 t 和 233 035 万 t，计算使用阶段的产排污状况如表 5.17 所示。

表 5.17　2016—2019 年水泥制品制造阶段产排污状况

污染物指标	单位	产污系数	排污系数	2016 年		2017 年		2018 年		2019 年	
				产污量/万 t	排污量/万 t	产污量/万 t	排污量/万 t	产污量/万 t	排污量/万 t	产污量/万 t	排污量/万 t
工业粉尘	kg/t-水泥	7.84	0.093	173.083 7	20.531 7.	1 827.378 5	21.676 8	1 889.683	22.415 8	1 826.994 4	21.672 3
工业固体废物	t/t-水泥	0.05	—	11 038.55	—	11 654.2	—	12 051.55	—	11 651.75	—
HW13 危险废物	t/t-水泥	0.000 4	—	88.308 4	—	93.233 6	—	96.412 4	—	93.214	—

数据来源：产污系数和排污系数来自《第一次全国污染源普查工业污染源产排污系数手册》（3111 水泥制造业产排污系数表）。

如表5.17所示，水泥销售使用阶段对污染物工业粉尘基本实现零排放，而对工业废气未能进行有效的处理。

由此可以得出以下初步结论：

1）在水泥制品生产的全供应链环节中对污染物工业废水、化学需氧量、烟尘和工业粉尘的处理效果较好，对污染物工业废气、二氧化硫和氮氧化物未进行处理。

2）2016—2019年平均每吨水泥制品生产的过程中污染物工业废水、化学需氧量、工业废气、烟尘、二氧化硫、氮氧化物和固体废物的产污量和排污量略有下降；污染物工业粉尘的产排污量变化尚需进一步验证。

3）对各类工业固体废物一般都将其转移至专门的处理部门进行回收利用。

5.1.4 小结

在宏观层面对能源行业、金属行业和非金属行业全供应链各环节污染物产排污状况进行分析对比并结合2016—2019年的产排污数据可以看出，煤炭行业对化学需氧量和石油类等水污染物的减排高于80%，对工业废水的处理效果一般未能达到50%，对除二氧化硫之外的各类大气污染物的处理效果较好，基本能够实现近零排放，而对二氧化硫未能进行有效处理。钢铁行业对工业废水的处理效果较差，只有20%左右，对其他水污染物的处理效果较好，减排基本为75%～90%，对工业粉尘基本能够减排一半，且对除氮氧化物之外的大气污染物基本能够实现零排放，对氮氧化物未能进行有效的处理。非金属行业对工业废水和化学需氧量等水污染物以及大气污染物烟尘和工业粉尘基本实现全处理零排放，对有毒有害大气污染物二氧化硫和氮氧化物未能进行减排处理。此外比较2016—2019年的减排数据，可以看出减排效率略微降低，可能是由于行业产业转型或是其他多方面因素所导致。

5.2 微观层面矿产行业供应链各环节污染物产排状况调研

5.2.1 典型能源企业供应链各环节污染物产排状况调研

5.2.1.1 企业背景介绍

国家能源集团全称国家能源投资集团有限责任公司，经党中央、国务院批准，由中国国电集团公司和神华集团有限责任公司两家世界500强企业合并重组而成，于2017年11月28日正式挂牌成立，是中央直管国有重要骨干企业、国有资本投资公司改革试点企业，2020年世界500强排名第108位。

国家能源集团是中华人民共和国成立以来中央企业规模最大的一次重组，是党的十九大后改革重组的第一家中央企业。拥有煤炭、火电、新能源、水电、运输、化工、科技环保、金融等 8 个产业板块，是全球最大的煤炭生产公司、火力发电公司、风力发电公司和煤制油煤化工公司。

国家能源集团资产规模超过 1.8 万亿元，职工总数 35 万人。2019 年，国家能源集团煤炭产量 5.1 亿 t，煤炭销量 6.7 亿 t，发电量 9 690 亿 kW·h，铁路运量 4.6 亿 t，两港装船量 2.5 亿 t，航运量 1.7 亿 t，化工产品产量 1 593 万 t。

按销售量计算，国家能源集团是中国乃至全球第一大煤炭上市公司，2019 年集团煤炭销售量 4.471 亿 t，商品煤产量 2.827 亿 t。公司拥有神东矿区、准格尔矿区、胜利矿区及宝日希勒矿区等优质煤炭资源，截至 2019 年 12 月 31 日，中国标准下集团的煤炭保有资源量为 299.9 亿 t，比 2018 年年底减少 3.1 亿 t；煤炭保有可采储量为 146.8 亿 t，比 2018 年年底减少 2.7 亿 t；澳大利亚矿业联合会（JORC）标准下集团的煤炭可售储量为 80.2 亿 t，比 2018 年年底减少 2.4 亿 t。集团控制并运营大规模高容量的清洁燃煤机组，截至 2019 年年底控制并运营的发电总装机容量为 31 029 MW，2019 年总售电量为 $1.440\,4\times10^{11}$ kW·h。

截至 2019 年 12 月 31 日，集团总资产 55 848 400 万元，比上年末下降 4.9%；归属于集团股东的净资产 35 192 800 万元，比上年末增长 7.4%。集团于境外（含中国香港、澳门、台湾）的资产总额为 2 847 900 万元，占总资产的比例为 5.1%。

5.2.1.2 全供应链各环节污染物产排状况分析

（1）开采加工阶段

开采加工阶段是整条煤炭供应链的上游和中游环节，该环节工艺主要是原煤开采和选洗，原煤主要有三大类：褐煤、烟煤和无烟煤，企业原煤供给来源主要是自产加收购的模式。原煤开采方法分为井工开采和露天开采，井工开采又包含综采、机采和炮采三种开采工艺，供应商阶段主要的污染源集中在原煤开采和初步洗选阶段，因开采方式的不同使得其产排污系数也有所不同，此外国家能源集团开采洗选的煤为动力煤，因此不需要第二步的洗精煤操作。在《第一次全国污染源普查工业污染源产排污系数手册》中可以查询到原煤开采阶段各污染物指标的产污系数与排污系数，根据手册中“0610 烟煤和无烟煤的开采洗选业”产排污系数表和所示的计算方法，结合国家能源集团原煤产量与开采工艺进行综合计算便可得到供应商阶段的污染物产排状况。

1）国家能源集团煤炭开采区域分类

在“0610 烟煤和无烟煤的开采洗选业”计算方法中明确说明不同地区煤炭开采的产污系数和排污系数不尽相同，国家能源集团的矿区分布广泛，本节计算以集团本部所在的北京地区为基准。此外在国家能源集团，2019 年度集团商品煤产量达 2.827 亿 t。因具体煤种的开采数据缺失，本节计算以各矿区的煤矿储量比来推断煤种的大概产量，此外宋子岭等（2016）指出国家能源集团的煤炭开采总量中约有 26.4%来自露天开采，同时我国煤炭开采的机械化、自动化程度大幅提升，矿井机械化程度由 2005 年的 45%提升至 2017 年的

78%，故对于井工开采的工艺以机采为基准进行计算，具体数据如表 5.18 所示。

表 5.18 国家能源集团主要矿区分布、煤种、产量及开采工艺

地区	矿区	煤种	产量/10^6 t	
			井工机采	露天开采
一类	神东矿区	烟煤	173.97	62.401
	准格尔矿区			
	包头矿区			
	宝日希勒矿区	褐煤	34.10	12.229
	胜利矿区			

数据来源：国家能源集团 2019 年度报告。

2）确立不同煤种开采产排污情况

因国家能源集团主要矿区分布在一类地区，故结合手册中烟煤和无烟煤的开采洗选业产排污系数表，计算得到一类地区的原煤开采产排污系数和产排污总量如表 5.19 所示。

表 5.19 集团动力煤开采环节产排污状况

煤种	污染物指标	单位	开采工艺	产污系数	排污系数	产污量/t	排污量/t
烟煤	工业废水量	t/t-产品	井工机采	0.8	0.12	139 176 000	20 876 400
			露天开采	1.05	0.16	65 521 050	9 984 160
	化学需氧量	g/t-产品	井工机采	138	7.6	24 007.86	1 322.172
			露天开采	167	9	10 420.97	558.936
	石油类	g/t-产品	井工机采	6.18	0.59	1 075.13	102.64
			露天开采	3.33	0.453	207.80	28.27
	工业固体废物（煤矸石）	t/t-产品	井工机采	0.10	—	17 397 000	—
			露天开采	0.11	—	6 240 100	—
褐煤	工业废水量	t/t-产品	井工机采	0.9	0.135	30 690 000	4 603 500
			露天开采	1.05	0.16	12 840 450	1 956 640
	化学需氧量	g/t-产品	井工机采	203	9	6 922.3	306.9
			露天开采	152	9	1 858.81	110.1
	石油类	g/t-产品	井工机采	6.81	0.66	232.22	22.51
			露天开采	4.49	0.46	54.9	5.63
	工业固体废物（煤矸石）	t/t-产品	井工机采	0.10	—	3 410 000	—
			露天开采	0.10	—	1 222 900	—

数据来源：产污系数和排污系数来自《第一次全国污染源普查工业污染源产排污系数手册》（06 煤炭开采和洗选业）。

由表 5.19 可以看出，国家能源集团在开采洗选阶段对于工业废水、污染物化学需氧量和石油类的处理效果较好，对工业固体废物转运至专门的处理机构达到零排放标准。

（2）销售使用阶段

因集团生产的煤炭主要是用作动力煤，狭义上就是指用于火力发电的煤，因此不需要对其进行精炼和再洗选，通常在开采和初洗选之后便销售到各大能源厂商。本节以动力煤销售下游最普遍的火力发电为参考对下游产排污状况进行计算。

查询动力煤的平均收到基灰分为 6.5%、平均收到基硫分为 0.8%，动力煤的干燥无灰基挥发分为 20%～35%，行业工业废水处理以“利用+直排”为标准方法，烟尘处理以“静电除尘法+石灰石石膏法”为标准方法，以石灰石石膏法为标准工艺处理废气二氧化硫，根据“4411 火力发电行业”产排污系数表和所示计算方法，结合其他关键指标数据，经过计算后的产排污结果如表 5.20 所示。

表 5.20 动力煤火力发电产排污状况

污染物指标	单位	产污系数	排污系数	产污量/t	排污量/t
工业废水量	t/t-原料	0.392	0.196	110 818 400	55 409 200
化学需氧量	g/t-原料	17.6	0	4 975.5	0
烟尘	kg/t-原料	68.755	0.142	19 437 038	40 143.4
二氧化硫	kg/t-原料	13.8	1.288	3 901 260	364 117.6
氮氧化物	kg/t-原料	6.09	2.13	1 721 643	602 151
工业固体废物（粉煤灰）	kg/t-原料	68.51	—	19 367 777	—
工业固体废物（炉渣）	kg/t-原料	5.245	—	1 482 761.5	—
工业固体废物（脱硫石膏）	kg/t-原料	33.780 4	—	9 549 719.1	—

数据来源：产污系数和排污系数来自《第一次全国污染源普查工业污染源产排污系数手册》（4411 火力发电行业产排污系数表）。

由表 5.20 可以看出，动力煤在使用阶段对于污染物化学需氧量、烟尘和二氧化硫的处理效果较好，对工业废水和氮氧化物的处理有一定效果，对工业固体废物转运至专门的处理机构达到零排放标准。

5.2.1.3 平均吨煤综合产排污状况分析

根据以上数据将污染物产排污总量进行加总并除以动力煤总量便可计算出平均吨煤的综合产排污状况，如表 5.21 所示。

表 5.21 平均吨煤综合产排污状况

污染物指标	单位	产污系数	排污系数	产污总量/t	排污总量/t
工业废水量	t/t-原料	1.27	0.33	359 045 900	92 829 900
化学需氧量	g/t-原料	170.45	8.13	48 185.44	2 298.11
石油类	g/t-原料	5.55	0.56	1 570.05	159.05
烟尘	kg/t-原料	68.75	0.14	19 437 038	40 143.4
二氧化硫	kg/t-原料	13.8	1.29	3 901 260	364 117.6
氮氧化物	kg/t-原料	6.09	2.13	1 721 643	602 151
各种工业固体废物	kg/t-原料	133.93	—	37 863 257.6	—

数据来源：产污系数和排污系数来自《第一次全国污染源普查工业污染源产排污系数手册》。

由表 5.21 可以看出，平均吨煤的全供应链环节中对工业废水、化学需氧量、石油类、烟尘和二氧化硫的处理较好，能达到至少 75%的效果，对氮氧化物的处理效率约为 65%，各类工业固体废物转运至专门的处理机构达到零排放标准。

5.2.2 典型金属矿业企业供应链各环节污染物产排状况调研

5.2.2.1 企业背景介绍

宝山钢铁是全球领先的特大型钢铁联合企业，是《财富》世界 500 强中国宝武钢铁集团有限公司的核心企业。公司钢铁主业专业生产高技术含量、高附加值的碳钢薄板、厚板与钢管等钢铁精品，主要产品被广泛应用于汽车、家电、石油化工、机械制造、能源交通等行业。聚焦核心战略产品群，从制造、研发、营销、服务四大维度，形成汽车用钢、电工钢、能源与管线用钢、高等级薄板、镀锡板、高等级厚板产品等六大战略产品。

公司坚持绿色精品智慧发展，持续强化差异化竞争优势，市场竞争地位进一步得到巩固。2019 年公司实现利润总额 149.9 亿元，克服汽车市场低迷、矿石价格大幅上升及多基地资源协同难度加大等复杂形势，经营业绩保持国内行业最优。公司硅钢产品销售规模已位居全球第一，汽车板销售规模也进入了全球前三，冷轧汽车板持续保持 50%以上的国内市场份额，湛江钢铁、梅钢、武钢等主要钢铁子公司盈利均大幅增长。

5.2.2.2 全供应链各环节污染物产排状况分析

钢铁制造企业并不开采铁矿石，铁矿石都是由专门的矿业开采公司开采之后销售给钢铁制造企业。宝山钢铁主要钢铁产品类别及产量如表 5.22 所示，根据各产品类别和产量可计算出各产品生产过程中的产排污状况，详见表 5.23 至表 5.27。因数据缺失，本节根据最终钢铁产品来对中游、上游的开采加工进行推算。各类钢铁产品的成分均为碳钢，因从碳钢生产型板棒材等钢铁产品过程中的损耗未知，本节计算不考虑损耗，故以总量 46 880 000 t 来计算生产碳钢阶段的产排污状况，见表 5.28。碳钢是铁和碳的合金，一般认为其含碳量为 0.04%～2%，而大多数又在 1.4%以下。钢中含有铁、碳、硅、锰、硫、磷，没有其他合金元素，而且硅含量不超过 0.4%，锰含量不超过 0.8%，因此可以计算出生产 1 t 碳钢至少需要 1.03 t 生铁，则 46 880 000 t 碳钢至少需要 48 286 400 t 生铁，由此可以计算出炼钢生铁生产过程中的产排污状况，如表 5.27 所示。生产 1 t 炼钢生铁需要大概 1.6 t 各类矿石，宝钢高炉的铁料来源与日本大多数高炉相似，其炉料结构也与日本大多数高炉相似，烧结矿 74.5%，球团矿 8.5%，块矿 17%，因此可以计算出生产 48 286 400 t 生铁所需各类铁矿石 77 258 240 t，其中烧结矿 57 557 388.8 t、球团矿 6 566 950.4 t、块矿 13 133 900.8 t，其中块矿为铁原矿，其余两种铁矿石生产过程的污染物产排状况如表 5.25 和表 5.26 所示。生产 1 t 烧结矿或球团矿需要至少 0.9 t 铁精矿，则需要铁精矿的总量为 57 711 905.3 t，铁精矿生产过程的产排污状况如表 5.24 所示。企业全年进口铁矿石 74 104 497 t，于是可以计算出铁矿石开采阶段的产排污状况如表 5.23 所示。

表 5.22　宝山钢铁 2019 年产品产量信息

主要产品	类别	产量/万 t
冷轧碳钢板卷	冷硬板卷	1 776
热轧碳钢板卷	热轧带钢	2 082
钢管产品	热轧无缝管	218
长材产品	热轧棒材	198
其他钢铁产品	热轧高线材	414

数据来源：宝山钢铁 2019 年年报。

注：因部分数据缺失，本节以冷硬板卷制造过程的产排数据来对冷轧碳钢板卷进行计算；其他钢铁产品以热轧高线材为标准进行计算。

（1）开采初加工阶段

开采阶段的污染物产排主要集中在铁矿石开采和磁选铁精矿两个过程，具体产排污状况如表 5.23 所示。

表 5.23　铁矿石开采过程中的产排污状况

污染物指标	单位	产污系数	排污系数	产污量/t	排污量/t
工业废水量	t/t-铁原矿	0.322	0.322	23 861 648	23 861 648
化学需氧量	g/t-铁原矿	2.15	1.075	159.3	79.7
工业粉尘	kg/万 t-铁原矿	60.13	60.13	4 455 903.4	4 455 903.4
氮氧化物	kg/万 t-铁原矿	9.06	9.06	671 386.7	671 386.7
工业固体废物（废石）	t/t-铁原矿	2.62	—	194 153 782.1	—

数据来源：产污系数和排污系数来自《第一次全国污染源普查工业污染源产排污系数手册》（0810 铁矿采选业产排污系数表）。

注：绝大多数的铁矿石是进口国外高品位铁矿石，国外铁矿石品位高且易于开采，大多采用露天开采的方式，本节计算以露天最大规模开采为参考。

（2）烧结阶段

烧结阶段主要是将铁原矿进行磁选初加工制成铁精矿，随后进行初步混合烧制成烧结矿和球团矿，最后将烧结矿、球团矿、块矿（原矿）和煤粉等混合加入高炉进行生铁冶炼，该环节的产排污状况如表 5.24 至表 5.27 所示。

表 5.24 铁精矿生产过程中的产排污状况

污染物指标	单位	产污系数	排污系数	产污量/t	排污量/t
工业废水量	t/t-铁精矿	5.002	5.002	288 674 950.3	288 674 950.3
化学需氧量	g/t-铁精矿	70.1	35	4 045.6	2 019.9
石油类	g/t-铁精矿	55	16	3 174.2	923.4
工业粉尘	kg/t-铁精矿	0.803	0.137	46 342.7	7 906.5
工业固体废物（尾矿）	t/t-铁精矿	1.736	—	100 187 867.6	—

数据来源：产污系数和排污系数来自《第一次全国污染源普查工业污染源产排污系数手册》（3220 炼钢行业产排污系数表）。

注：因数据缺失，铁精矿的生产工艺以一段磁选为参考。

表 5.25 烧结矿生产过程中的产排污状况

污染物指标	单位	产污系数	排污系数	产污量/t	排污量/t
烟尘	kg/t-烧结矿	8.19	0.244	471 395	14 044
工业粉尘	kg/t-烧结矿	16.65	0.192	958 331	11 051
二氧化硫	kg/t-烧结矿	0.22	0.088	12 662.6	5 065
氮氧化物	kg/t-烧结矿	0.522	0.522	30 045	30 045

数据来源：产污系数和排污系数来自《第一次全国污染源普查工业污染源产排污系数手册》（3210 炼铁行业产排污系数表）。

注：因数据缺失，公司脱硫设施投运率以 75%进行参考；因公司铁矿石绝大多数是从国外进口，故进口铁矿的含硫量可估取为 0.02%；脱硫设施运转效率以 75%为参考。

表 5.26 球团矿生产过程中的产排污状况

污染物指标	单位	产污系数	排污系数	产污量/t	排污量/t
烟尘	kg/t-球团矿	6.27	0.32	41 174.8	2 101.4
工业粉尘	kg/t-球团矿	2.65	0.123	17 402.4	807.7
二氧化硫	kg/t-球团矿	5.14	2.44	33 754.1	16 023.4
氮氧化物	kg/t-球团矿	0.5	0.5	3 283.5	3 283.5

数据来源：产污系数和排污系数来自《第一次全国污染源普查工业污染源产排污系数手册》（3210 炼铁行业产排污系数表）。

注：因数据缺失，球团矿的生产工艺以带式焙烧法为参考；脱硫设施运转效率以 75%为参考。

表 5.27　炼钢生铁生产过程中的产排污状况

污染物指标	单位	产污系数	排污系数	产污量/t	排污量/t
工业废水量	t/t-铁	14.62	11.372	705 947 168	549 112 940.8
化学需氧量	g/t-铁	1 355	195	65 428.1	9 415.8
挥发酚	g/t-铁	33.5	8.04	1 617.6	388.2
氰化物	g/t-铁	10.6	2.52	511.8	121.7
烟尘	kg/t-铁	25.175	0.12	1 215 610.1	5 794.4
工业粉尘	kg/t-铁	12.5	0.23	603 580	10 645.9
二氧化硫	kg/t-铁	0.109	0.109	5 263.2	5 263.2
氮氧化物	kg/t-铁	0.15	0.15	7 243	7 243
工业固体废物（冶炼废渣）	t/t-铁	0.296	—	14 292 774.4	—

数据来源：产污系数和排污系数来自《第一次全国污染源普查工业污染源产排污系数手册》(3210 炼铁行业产排污系数表)。
注：因数据缺失，煤气洗涤废水处理以化学混凝沉淀法为标准。

（3）加工制造阶段

加工制造阶段主要是将烧结得到的炼钢生铁加入部分碳和其他金属后再次烧制成高强度的碳钢，随后将碳钢进行热轧、冷轧等一系列再加工后制成钢铁型板棒线材成品，该环节的产排污状况如表 5.28 至表 5.33 所示。

表 5.28　碳钢生产过程中的产排污状况

污染物指标	单位	产污系数	排污系数	产污量/t	排污量/t
工业废水量	t/t-钢	7	4.9	328 160 000	229 712 000
化学需氧量	g/t-钢	363	145.2	17 017.4	6 807
石油类	g/t-钢	38.5	4.4	1 804.9	206.3
工业粉尘	kg/t-钢	27.8	0.159	1 303 264	7 454
工业固体废物（冶炼废渣）	t/t-钢	0.105	—	4 922 400	—

数据来源：产污系数和排污系数来自《第一次全国污染源普查工业污染源产排污系数手册》(3220 炼钢行业产排污系数表)。
注：因数据缺失，热轧废水末端处理技术以过滤法为标准；废弃末端处理以湿法除尘为标准。

表 5.29　冷轧碳钢板卷生产的产排污状况

污染物指标	单位	产污系数	排污系数	产污量/t	排污量/t
工业废水量	t/t-钢	0.007	0.007	124 320	124 320
化学需氧量	g/t-钢	381.9	1.5	6 782.5	26.6
石油类	g/t-钢	55.264	0.697	981.5	12.4

数据来源：产污系数和排污系数来自《第一次全国污染源普查工业污染源产排污系数手册》(3230 钢压延加工业产排污系数表)。
注：化学需氧量和石油类末端处理以最普遍的化学混凝沉淀技术为标准。

表 5.30　热轧碳钢板卷生产的产排污状况

污染物指标	单位	产污系数	排污系数	产污量/t	排污量/t
工业废水量	t/t-钢	19	6.65	395 580 000	138 453 000
化学需氧量	g/t-钢	1 500	143.5	31 230	2 987.7
石油类	g/t-钢	119.6	12.25	2 490.1	255
烟尘	kg/t-钢	0.034	0.034	707.9	707.9
二氧化硫	kg/t-钢	0.253	0.253	5 267.5	5 267.5
氮氧化物	kg/t-钢	0.18	0.18	3 747.6	3 747.6

数据来源：产污系数和排污系数来自《第一次全国污染源普查工业污染源产排污系数手册》(3230 钢压延加工业产排污系数表)。

注：因数据缺失，热轧废水末端处理技术以过滤法为标准；废气污染物受加热炉燃料种类影响，手册中用区间进行表示，本节计算以区间均值为标准。

表 5.31　钢管生产的产排污状况

污染物指标	单位	产污系数	排污系数	产污量/t	排污量/t
工业废水量	t/t-钢	20	7	43 600 000	15 260 000
化学需氧量	g/t-钢	1 675	158.935	3 651.5	346.5
石油类	g/t-钢	177.5	15.82	387	34.5
烟尘	kg/t-钢	0.04	0.04	87.2	87.2
二氧化硫	kg/t-钢	0.290 5	0.290 5	633.3	633.3
氮氧化物	kg/t-钢	0.206 5	0.206 5	450.2	450.2

数据来源：产污系数和排污系数来自《第一次全国污染源普查工业污染源产排污系数手册》(3230 钢压延加工业产排污系数表)。

注：因数据缺失，热轧废水末端处理技术以过滤法为标准；废气污染物受加热炉燃料种类影响，手册中用区间进行表示，本节计算以区间均值为标准。

表 5.32　长材生产的产排污状况

污染物指标	单位	产污系数	排污系数	产污量/t	排污量/t
工业废水量	t/t-钢	17.6	6.16	34 848 000	12 196 800
化学需氧量	g/t-钢	1610	147.245	3 187.8	291.5
石油类	g/t-钢	161	14.175	318.8	28.1
烟尘	kg/t-钢	0.028 8	0.028	57	55.4
二氧化硫	kg/t-钢	0.211 2	0.211 2	418.2	418.2
氮氧化物	kg/t-钢	0.15	0.15	297	297

数据来源：产污系数和排污系数来自《第一次全国污染源普查工业污染源产排污系数手册》(3 230 钢压延加工业产排污系数表)。

注：因数据缺失，热轧废水末端处理技术以过滤法为标准；废气污染物受加热炉燃料种类影响，手册中用区间进行表示，本节计算以区间均值为标准。

表 5.33　其他钢铁产品生产的产排污状况

污染物指标	单位	产污系数	排污系数	产污量/t	排污量/t
工业废水量	t/t-钢	13.3	4.655	55 062 000	19 271 700
化学需氧量	g/t-钢	1 162.5	132.545	4 812.8	548.7
石油类	g/t-钢	121.2	11.76	501.8	48.7
烟尘	kg/t-钢	0.026	0.026	107.6	107.6
二氧化硫	kg/t-钢	0.159	0.159	658.3	658.3
氮氧化物	kg/t-钢	0.131 5	0.131 5	544.4	544.4

数据来源：产污系数和排污系数来自《第一次全国污染源普查工业污染源产排污系数手册》(3230 钢压延加工业产排污系数表)。

注：因数据缺失，热轧废水末端处理技术以过滤法为标准；废气污染物受加热炉燃料种类影响，手册中用区间进行表示，本节计算以区间均值为标准。

5.2.2.3　平均每吨钢铁产品综合产排污状况分析

按照以上计算结果得出生产每吨钢铁产品的大概产排污状况，如表 5.34 所示。

表 5.34　平均每吨钢铁产品综合产排污状况

污染物指标	单位	产污系数	排污系数	产污量/t	排污量/t
工业废水量	t/t-产品	40.01	27.23	1 875 858 086	1 276 667 359
化学需氧量	g/t-产品	2 907.74	234.81	136 315	11 008
石油类	g/t-产品	206.022	27.781	9 658.3	1 302.37
挥发酚	g/t-产品	34.505	8.28	1 617.6	388.2
氰化物	g/t-产品	10.918	2.595	511.8	121.7
工业粉尘	kg/t-产品	144.65	95.94	6 781 243.5	4 497 758.8
烟尘	kg/t-产品	36.884	0.096	1 729 139.6	4 500.53
二氧化硫	kg/t-产品	1.251	0.711	58 657.2	33 337.55
氮氧化物	kg/t-产品	15.294	15.294	716 997.4	716 997.4
各类固体废物	t/t-产品	6.583	—	308 634 424.1	—

数据来源：产污系数和排污系数来自《第一次全国污染源普查工业污染源产排污系数手册》(3230 钢压延加工业产排污系数表)。

注：因数据缺失，热轧废水末端处理技术以过滤法为标准；废气污染物受加热炉燃料种类影响，手册中用区间进行表示，本节计算以区间均值为标准。

由表 5.34 可以看出，在生产每吨钢铁产品的全供应链中对化学需氧量、石油类、挥发酚、氰化物、工业粉尘和烟尘的处理效果较好，均能达到至少减排 75%的水平，对工业废水和二氧化硫的处理效果未能达到 50%，对氮氧化物未进行处理，对各类固体废物转运至专门的处理机构达到零排放标准。

5.2.3 典型非金属矿业企业供应链各环节污染物产排状况调研

5.2.3.1 企业背景介绍

中国建材股份有限公司由两家H股上市公司——原中国建材股份有限公司与原中国中材股份有限公司于 2018 年 5 月重组而成，是大型建材央企中国建材集团有限公司最核心的产业平台和旗舰上市公司。公司总资产 4 600 亿元，水泥产能 5.21 亿 t、商混产能 4.6 亿 m^3、石膏板产能 24.7 亿 m^2、风电叶片产能 16 GW、玻璃纤维产能 250 万 t，水泥和玻璃工程服务占全球市场份额 60%，这七项业务均居世界第一，旗下拥有 7 家 A 股上市公司，员工总数超过 15 万。2005—2019 年年底，公司资产规模、营业收入、利润总额（合并数据）分别从 135 亿元、62 亿元、6.9 亿元增长到 4 627 亿元、2 916 亿元、149.9 亿元，年均复合增长率分别为 31%、30%、23%，累计实现利润 1 369 亿元，上缴税金 1 552 亿元，股东分红 86 亿元，创造了良好的经济效益和社会效益。

5.2.3.2 全供应链各环节污染物产排状况分析

（1）供应商阶段

对于水泥制造业而言，其整条产业链上游环节的产排污主要集中在水泥用石灰石开采的过程中。石灰石开采方式通常为露天开采，因公司具有水泥熟料 5.21 亿 t 的产能，故计算以最大规模为准。生产 1 t 水泥生料大约需要消耗 1.2 t 石灰石，从生料生产熟料的过程中会损失部分材料，在粗略计算后假设生产 1 t 水泥熟料需要石灰石 1.31 t。公司水泥分部 2019 年水泥熟料总产量约为 2.75 亿 t，由此可以计算出大约需要 3.6 亿 t 石灰石原料，从而进一步计算出上游石灰石开采的产排污状况，如表 5.35 所示。

表 5.35 水泥用石灰石的开采过程产排污状况

污染物指标	单位	产污系数	排污系数	产污量/t	排污量/t
工业固体废物	t/t-产品	0.05	—	18 000 000	—

数据来源：《第一次全国污染源普查工业污染源产排污系数手册》（1 011 石灰石石膏开采业）。
注：本节计算以高品位石灰石为基准。

（2）生产制造阶段

《水泥工业大气污染物排放标准》（GB 4915—2013）实施后，水泥企业的粉尘排放将受到更为严格的控制。目前，我国水泥企业主要使用袋式除尘和电式除尘两种除尘技术，虽然目前部分水泥生产厂家仍在使用电式除尘，但随着政策规定的不断下达，袋式除尘将全面应用于水泥制造业，我国水泥生产袋式除尘技术还不够成熟，故本节的计算以普通过滤式除尘法为基准。此外在一般的水泥用煤中，硫分含量基本都控制在 1%以内，但因为成本、运输、资源等原因，部分水泥厂用煤硫分在 1.5%左右，对于高发热量、高硫分的水泥用煤，在水泥行业应用较少，故本节计算以 1%低硫煤为基准，水泥生产阶段的污染物产排状况如表 5.36 所示。

表 5.36 水泥熟料制造阶段产排污状况

污染物指标	单位	产污系数	排污系数	产污量/t	排污量/t
工业废水量	t/t-产品	0.05	0.002	13 750 000	550 000
化学需氧量	g/t-产品	1.50	0.06	412.5	16.5
烟尘	kg/t-产品	147.765	0.189	40 635 375	51 975
工业粉尘	kg/t-产品	34.706	0.059	9 544 150	16 225
二氧化硫	kg/t-产品	0.132	0.132	36 300	36 300
氮氧化物	kg/t-产品	1.584	1.584	435 600	435 600
氟化物	g/t-产品	2.551	2.551	701.53	701.53
粉尘无组织排放	kg/t-产品	0.2	—	55 000	—

数据来源：产污系数和排污系数来自《第一次全国污染源普查工业污染源产排污系数手册》(3111 水泥制造业产排污系数表)。

(3) 销售利用阶段

水泥熟料在下游使用过程中的产排污集中在物料运输、储存搅拌和成型养护环节，若以行业中使用最普遍的普通硅酸盐水泥为参考，平均生产 1 t 普通硅酸盐水泥需要熟料 0.8 t，则熟料能制成的普通硅酸盐水泥总量为 3.44 亿 t，计算使用阶段的产排污状况如表 5.37 所示。

表 5.37 水泥制品制造阶段产排污状况

污染物指标	单位	产污系数	排污系数	产污量/t	排污量/t
工业粉尘	kg/t-水泥	7.84	0.093	2 696 960	31 992
工业固体废物	t/t-水泥	0.05	—	17 200 000	—
HW13 危险废物	t/t-水泥	0.000 4	—	137 600	—

数据来源：产污系数和排污系数来自《第一次全国污染源普查工业污染源产排污系数手册》(3111 水泥制造业产排污系数表)。

5.2.3.3 全供应链综合产排污状况分析

按照以上计算结果得出生产每吨普通硅酸盐水泥的大概产排污状况如表 5.38 所示。

表 5.38 水泥全供应链综合产排污状况

污染物指标	单位	产污系数	排污系数	产污量/t	排污量/t
工业废水量	t/t-产品	0.04	0.001 6	13 750 000	550 000
化学需氧量	g/t-产品	1.2	0.048	412.5	16.5

污染物指标	单位	产污系数	排污系数	产污量/t	排污量/t
烟尘	kg/t-产品	118.2	0.151	40 635 375	51 975
工业粉尘	kg/t-产品	35.6	0.14	12 241 110	48 217
二氧化硫	kg/t-产品	0.106	0.106	36 300	36 300
氮氧化物	kg/t-产品	1.267	1.267	435 600	435 600
氟化物	g/t-产品	2.04	2.04	701.53	701.53
粉尘无组织排放	kg/t-产品	0.2	—	55 000	—
各类固体废物	t/t-产品	0.103	—	35 432 000	—

数据来源：产污系数和排污系数来自《第一次全国污染源普查工业污染源产排污系数手册》。

由表 5.38 可以看出，在每吨水泥产品的全供应链中对工业废水、化学需氧量、烟尘和工业粉尘的处理效果较好，且基本能够实现零排放，对二氧化硫、氮氧化物和氟化物未进行处理，对各类固体废物转运至专门的处理机构达到零排放标准。

5.2.4 小结

按照《第一次全国污染源普查工业污染源产排污系数手册》相关产排污系数计算，在微观层面对三家典型企业全供应链各环节污染物产排状况进行分析对比，可以看出，中国建材对工业废水的处理效率高于 95%，神华和宝钢居于其后分别约为 73%和 32%；三家企业对化学需氧量和石油类等其他有毒有害水污染物的处理效率均能保持在 75%以上，减排效果较好。三家企业中只有宝钢对工业废气进行了减排处理，但减排效果不好，未能达到 10%的效率，对于烟尘三家企业均能近乎实现零排放的标准；国家能源集团对二氧化硫和氮氧化物等其他有毒有害大气污染物的处理效率能保持在 65%以上，而宝钢未能达到 45%且对氮氧化物未能实现有效的管控，此外中国建材对有毒有害大气污染物没有进行有效的减排控制。

5.3 本章小结

在宏观层面对能源行业、金属行业和非金属行业全供应链各环节污染物产排状况进行分析对比，并结合 2016—2019 年的产排污数据可以看出，煤炭行业对化学需氧量和石油类等水污染物的减排能高于 80%，对工业废水的处理效果一般未能达到 50%，对除二氧化硫之外的各类大气污染物的处理效果较好，基本能够实现近零排放，而对二氧化硫未能进行有效处理。钢铁行业对工业废水的处理效果较差，只有 20%左右，对其他水污染物的处理效果较好，减排基本达 75%～90%，对工业粉尘基本能够减排一半，且对除氮氧化物之外的大气污染物基本能够实现零排放，对氮氧化物未能进行有效的处理。非金属行业对工业废水和化学需氧量等水污染物以及大气污染物烟尘和工业粉尘基本可实现全处理零排放，对有毒有害大气污染物二氧化硫和氮氧化物未能进行减排处理。此外同比 2017—2019 年的减排数据，可以看出减排效率略微有所降低，可能是由行业产业转型或是其他多方面因素所导致。

在微观层面对三家典型企业全供应链各环节污染物产排状况进行分析对比之后可以看出，中国建材对工业废水的处理效率高于 95%，国家能源和宝钢居于其后分别约为 73% 和 32%；三家企业对化学需氧量和石油类等其他有毒有害水污染物的处理效率均能保持在 75%以上，减排效果较好。三家企业中只有宝钢对工业废气进行了减排处理，但减排效果不好，未能达到 10%的效率，对于烟尘三家企业均能近乎实现零排放；国家能源集团对二氧化硫和氮氧化物等其他有毒有害大气污染物的处理效率能保持在 65%以上，而宝钢未能达到 45%且对氮氧化物未能实现有效的管控，此外中国建材对有毒有害大气污染物没有进行有效的减排控制。

参考文献

曹世璞．2008．节约水泥善待有限的石灰石资源[J]．砖瓦世界，（7）：10.

樊金璐，周鹏程．2019．我国煤焦化产业供给侧改革政策分析[J]．煤炭经济研究，39（8）：30-34.

潘登．2013．我国捣固炼焦技术的进步与发展方向[J]．燃料与化工，44（2）：1-7.

彭勇．2014．现代炼焦工艺趋势探讨[J]．工艺管理，（8）：244-245.

宋子岭，范军富，王来贵，等．2016．露天煤矿开采现状及生态环境影响分析[J]．露天采矿技术，31（9）：1-4.

新排污标准使水泥除尘电袋之争再升级[J]．辽宁建材，2009（10）：35-36.

易可．2008．国内外高炉球团矿使用比例[J]．烧结球团，（4）：53.

于洋．2013．高硫分水泥用煤的开发及应用[A]//四川省煤炭学会．川、渝、滇、黔、桂煤炭学会 2013 年度学术年会（重庆部分）论文集[C]．四川省煤炭学会：重庆市煤炭学会，3.

张苑．2005．简析原煤灰分增减对精煤回收率的影响[J]．煤质技术，1：69-70.

中国水泥协会．2017．中国水泥协会公布 2017 年水泥熟料产能 50 强名单[J]．中国水泥，（3）：7.

中国水泥协会．2018．中国水泥协会公布 2018 年水泥熟料产能 50 强名单[J]．中国水泥，（3）：7.

中国水泥协会．2019．中国水泥协会公布 2019 年水泥熟料产能 50 强名单[J]．中国水泥，（3）：7.

第 6 章

典型矿产企业绿色供应链运营状况和绩效评价

绿色战略涉及整个供应链中所有企业的各项活动，需要充分考虑在制造和流通过程中所选择的方案会对周围环境和人员产生的影响。矿产资源行业作为国民经济的基础性行业，其绿色供应链管理同样包括从产品设计、原材料采购、产品开采加工、产品流通、产品使用到最终回收的全过程。本章从能源矿产和金属矿产两大类矿产资源行业中各挑选 1 家典型企业，系统全面调研企业供应链各环节原材料和产品流通状况，通过构建评价体系，对企业开展绿色供应链管理的环境效益和潜力进行评价分析。

6.1 典型矿产企业供应链上下游各环节原材料和产品流通状况

6.1.1 国家能源集团供应链运营状况

6.1.1.1 国家能源集团供应链产品流通情况

（1）国家能源集团简介

按销售量计算，国家能源集团是中国乃至全球第一大煤炭上市公司，2019 年集团煤炭销售量 447.1×10^6 t，商品煤产量 282.7×10^6 t。集团拥有神东矿区、准格尔矿区、胜利矿区及宝日希勒矿区等优质煤炭资源，截至 2019 年 12 月 31 日，中国标准下集团的煤炭保有资源量为 299.9 亿 t、煤炭保有可采储量为 146.8 亿 t，JORC 标准下煤炭可售储量 80.2 亿 t。控制并运营大规模高容量的清洁燃煤发电机组，截至 2019 年年底集团控制并运营的发电机组装机容量达 31 029 MW。2019 年总售电量 144.04×10^9 kW·h。控制并运营的铁路营业里程约 2 155 km，综合港口和码头总装船能力约 2.7 亿 t/a，拥有约 2.18×10^6 载重吨自有船舶的航运船队，以及运营生产能力约 60 万 t/a 的煤制烯烃项目。公司的煤炭开采、安全生产技术处于国际先进水平，清洁燃煤发电、重载铁路运输等技术处于国内领先水平。在印度尼西亚、澳大利亚等国家和地区拥有或运营燃煤电厂、煤矿等项目（张涛、丁郡瑜，2020）。

（2）国家能源集团煤炭经营情况

2017 年，供给侧结构性改革效果显现，全国煤炭市场供需平衡，价格随供需关系和季节变化高位波动。国家能源集团抓住有利时机，精心组织煤炭生产，努力增加外购煤量，加强产、运、销协调，积极做好电力市场营销，实现煤炭、电力、运输业务量的协同增长；紧抓提质增效，优化成本管控，经营业绩大幅提升。集团全年实现营业利润 71 102×10^6 元（2016 年：39 028×10^6 元），同比增长 82.2%。

2018 年，集团推进一体化模式，利用自有运输和销售网络，获取产业链上每一环节的经营利润，经营业绩持续稳定。全年实现营业利润 73 146×10^6 元（2017 年：71 102×10^6 元），同比增长 2.9%。

2019 年，集团坚持稳中求进的工作总基调，深化产业整合，优化组织协调，加强市场营销，努力克服部分煤矿停减产等因素影响，提升一体化协同发展质量，实现经营业绩基本稳定。集团全年实现营业利润 66 629×10^6 元（2018 年：73 146×10^6 元），同比下降 8.9%。2017—2019 年国家能源集团煤炭经营情况如表 6.1 所示。

表 6.1　2017—2019 年国家能源集团煤炭经营情况

项目	单位	2017 年	同上年变化/%	2018 年	同上年变化/%	2019 年	同上年变化/%
商品煤产量	亿 t	2.954	1.9	2.966	0.4	2.827	–4.7
煤炭销售量	亿 t	4.438	12.4	4.609	3.9	4.471	–3.0
总售电量	10^9 kW·h	246.25	11.6	267.59	8.7	144.04	–46.2
营业收入	亿元	2 487.46	35.8	2 641.01	6.2	241 871	–8.4
营业成本	亿元	1 438.42	29.9	1 555.02	8.1	1 433.94	–7.8
销售、管理、财务费用	亿元	234.63	–0.6	251.44	7.2	225.74	–10.2
自产煤单位生产成本变动幅度	—	同比下降 0.4%	—	同比增长 4.8%	—	同比增长 4.5%	—

数据来源：2017—2019 年国家能源集团财务报表。

分部收入和费用是指各个分部产生的收入、发生费用以及归属于各分部的资产发生的折旧和摊销费用。分部资产包括归属于各分部的所有的有形资产、无形资产、其他长期资产及应收款项等流动资产。为研究煤炭以及相关产业，对国家能源集团煤炭分部、发电分部和煤化工分部的资金状况进行调查，国家能源集团煤炭及相关产业资金状况如表 6.2 所示。

表 6.2　国家能源集团煤炭及相关产业资金状况

单位：×10^6 元

项目	煤炭			发电			煤化工		
	2017 年	2018 年	2019 年	2017 年	2018 年	2019 年	2017 年	2018 年	2019 年
对外交易收入	155 370	160 845	—	79 246	88 176	—	5 681	5 840	—
分部间交易收入	40 548	44 346	—	265	276	—	—	—	—
分部营业收入	195 918	205 191	197 396	79 511	88 452	52 626	5 681	5 840	5 327
分部营业成本	135 814	147 313	143 878	64 522	68 491	37 881	4 518	4 392	4 150
分部经营收益	43 282	41 385	35 069	7 399	12 720	9 779	561	754	314
分部利润总额	43 294	39 605	—	5 585	10 145	—	482	712	—

数据来源：2017—2019 年国家能源集团财务报表。

（3）国家能源集团煤炭业务运营模式

国家能源集团煤炭业务的主要运营模式为煤炭生产→煤炭运输（铁路、港口、航运）→煤炭转化（发电及煤化工）的一体化产业链，各分部之间存在业务往来。国家能源集团煤炭业务运营模式如图 6.1 所示。

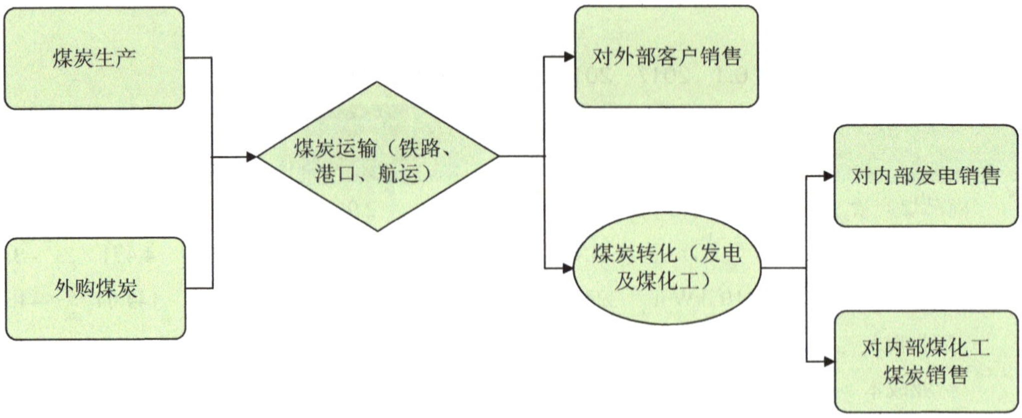

图 6.1　国家能源集团煤炭分部运营模式图

1）煤炭生产

国家能源集团生产煤炭品种主要为动力煤。国家能源集团主要有神东矿区、神宝矿区两大主要矿区，以及哈尔乌素露天矿、宝日希勒露天矿采掘场、北电胜利露天矿、新街矿区台格庙北区 4 个试用矿区，并在不断进行矿区的审批和开发。2019 年集团完成掘进总进尺 35.6 万 m。国家能源集团主要矿区产煤情况如表 6.3 所示。

表 6.3　国家能源集团煤矿矿区产煤情况

矿区	主要煤种	主要商品煤的发热量/（kcal/kg）	硫分/%	灰分（平均值）/%
神东矿区	长焰煤/不黏煤	4 800～6 000	0.2～1.0	5～25
准格尔矿区	长焰煤	4 300～5 200	0.3～0.8	10～25
胜利矿区	褐煤	2 900～3 400	0.4～0.8	20～25
宝日希勒矿区	褐煤	3 400～3 700	0.2～0.5	12～16
包头矿区	贫瘦煤	3 000～3 300	0.3～0.6	50～55

数据来源：国家能源集团官方网站。

此外，2019 年集团对前五大供应商的采购额合计为 21 382×10^6 元，占年度总采购额的 17.1%。其中对关联方的采购额为 11 603×10^6 元，占年度总采购额的 9.3%。国家能源集团制定统一的供应商管理标准和准入、选择、评估、退选标准，实现供应商精细化管理，采购过程 100%电子化。截至 2019 年年底，拥有合规供应商 93 232 家，其中海外供应商 556 家。

2）煤炭资源储备

截至 2019 年 12 月 31 日，中国标准下集团的煤炭保有资源量为 299.9 亿 t，比 2018 年年底减少 3.1 亿 t；煤炭保有可采储量为 146.8 亿 t，比 2018 年年底减少 2.7 亿 t；JORC 标准下集团的煤炭可售储量为 80.2 亿 t，比 2018 年年底减少 2.4 亿 t。2012—2019 年国家能源集团煤炭资源储备情况如表 6.4 所示。

表 6.4　2012—2019 年国家能源集团煤炭资源储备情况

单位：10^6t

年份	煤炭可售量	煤炭可采储量	保有资源量
2012	9 042	15 123	24 981
2013	8 725	14 838	24 971
2014	8 420	15 979	24 656
2015	8 140	15 740	24 310
2016	8 850	15 430	24 010
2017	8 550	15 190	23 700
2018	8 260	14 950	30 300
2019	8 020	14 680	29 990

数据来源：国家能源集团官方网站煤炭储备部分。

3）煤炭销售

国家能源集团销售的煤炭主要为自产煤。为了满足客户需求、充分利用铁路运力，在自有矿区周边、铁路沿线从外部采购煤炭，用以掺配出不同种类、等级的煤炭产品后统一对外销售。国家能源集团实行专业化分工管理，煤炭生产由各生产企业负责，煤炭销售主要由国家能源销售集团统一负责，用户遍及电力、冶金、化工、建材等多个行业。

2019 年在煤炭供需两弱的形势下，集团以“稳增长、拓市场、调结构、创效益”为主线，充分发挥长协合同占比较高的优势，积极组织外购煤源，优化销售结构，确保一体化高效平稳运行。集团全年实现煤炭销售量 447.1×10^6 t（2018 年：460.9×10^6 t），同比下降 3.0%。其中，按年度长协合同销售的煤炭量为 215.8×10^6 t，占集团国内煤炭销售量的 48.8%；国内下水销售的煤炭量为 268.0×10^6 t，占全国重点港口煤炭运量 7.82 亿 t 的 34.3%；特殊煤种销量为 49.6×10^6 t，同比增加 6.4×10^6 t；对非电行业客户销售量占比继续提升。国家能源集团 2017—2019 年煤炭销量如表 6.5 所示。中国国家能源集团不同煤炭销售情况如表 6.6 所示。

表 6.5　国家能源集团 2017—2019 年煤炭销量

单位：10^6 t

项目	2017 年	2018 年	2019 年
对外部客户销售	344.7	353.6	389.9
对内部客户销售	94.7	103.2	53.0
对内部煤化工分部销售	4.4	4.1	4.2
销售合计	443.8	460.9	447.1

数据来源：2017—2019 年国家能源集团财务报表。

表 6.6　中国国家能源集团煤炭分类销售表

主要运营指标		单位	2016 年	2017 年	2018 年	2019 年
煤炭	商品煤产量	$\times10^6$ t	295.4	296.6	282.7	289.8
	自产煤炭销售量	$\times10^6$ t	301	300.7	284.8	285.5
	外购煤炭销售量	$\times10^6$ t	142.8	160.2	162.3	109.4
运输	港口下水煤产量	$\times10^6$ t	258.2	270	268.0	226.4
煤化工	聚乙烯销售量	kt	324.6	315.4	319.0	292.6
	聚丙烯销售量	kt	308.8	297.7	302.3	282.1

数据来源：国家能源集团官方网站煤炭业务。

2019 年 2 月 1 日起，集团组建合资公司所出资的内部电厂由内部客户转为外部客户。2019 年集团对前五大国内煤炭客户销售量为 143.6×10^6 t，占国内销售量 32.5%。前五大国内煤炭客户主要为电力及煤炭销售公司等。

从表 6.6 可以看出，外购煤炭销售量占煤炭销售总量的 2/5，国家能源集团对于外购煤的数量占有很大比例。2019 年国家能源集团营业成本同比下降 7.8%。其中：①外购煤成本同比下降的主要原因是外购煤单位采购成本下降；②原材料、燃料及动力成本同比下降的主要原因是组建合资公司标的资产交割后，集团售电量较上年下降。

6.1.1.2　国家能源集团环境治理模式

（1）国家能源集团环境治理

国家能源集团积极推行 ISO 14001 环境管理、HSE、节能环保等标准化管理体系。各子公司设置环保管理委员会，将环保工作纳入日常工作计划，强化各级领导及员工的环保责任，将环保考核落实到生产管理、技术管理等各环节，实现闭环管理（潘涛等，2020）。

完善环境风险预控体系，实行环保实施指标的“日监控、周分析、月通报”制度、内部第三方环保评价和专项检查制度。

1）污染防治

以“源头预防、过程控制、末端治理”为原则，推进粉尘防治和锅炉技术改造。

在烟气排放方面，国华电力分公司提出“燃煤发电优于天然气发电大气污染排放限值”

的“近零排放概念”，对超低排放技术改造。图 6.2 是国华三河电厂“近零排放”湿式除尘设备。

图 6.2　国华三河电厂“近零排放”湿式除尘设备

2）固体废物处理

国家能源集团开展固体废物的回收再利用，对煤矸石等固体无害废弃物进行价值再挖掘，由资质厂家对废矿物油进行统一处理。国家能源集团创新井下无岩巷布置技术，从源头减少煤矸石产量，通过填充废气巷道、填沟造田、发电、制砖等方式，进行全面化资源利用实现采煤不见煤。

在煤港粉尘方面，创新性研发全流程分产处理系统，通过皮带机洗带装置、堆料机洒水、除尘改造、翻车机封堵等措施，实现粉尘长效治理。将回收的煤粉与水混合，压制成煤块，利用回收的船舶压舱水、煤污水、雨水，创立“两湖两湿地”生态水系统。粉尘处理系统实施对比效果如图 6.3 所示。

图 6.3　粉尘处理系统实施对比效果

3）水污染处理

国家能源集团建设废水处理厂和深度水处理厂，推进分布式地下水库技术创新研发。建设采空区地下水库，解决矿井的供排水、污水处理、水灾防治等问题，形成了“神东方案”。水资源循环示意如图 6.4 所示。

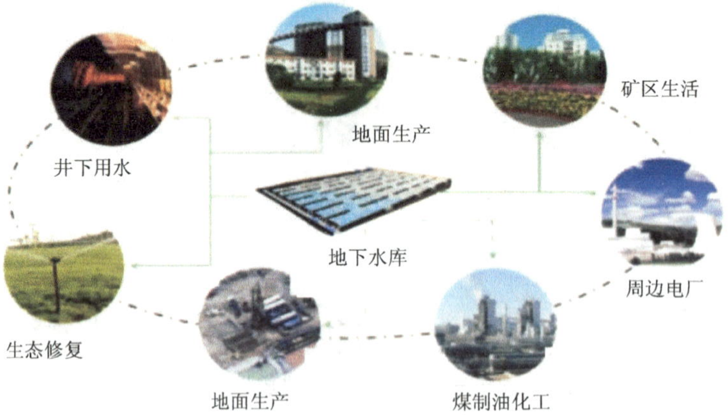

图 6.4　水资源循环示意图

（2）国家能源集团生态建设

国家能源集团致力于生产运营给生态带来的影响，全面排查整改环境污染。通过水土保持、防风固沙、塌陷区治理、复垦绿化、生态园建设等措施，有效恢复井工矿区、露天矿区、铁路等作业区域生态环境（王彦波、孙天舒，2020）。并制定生态生产一体化模式，如图 6.5 所示。

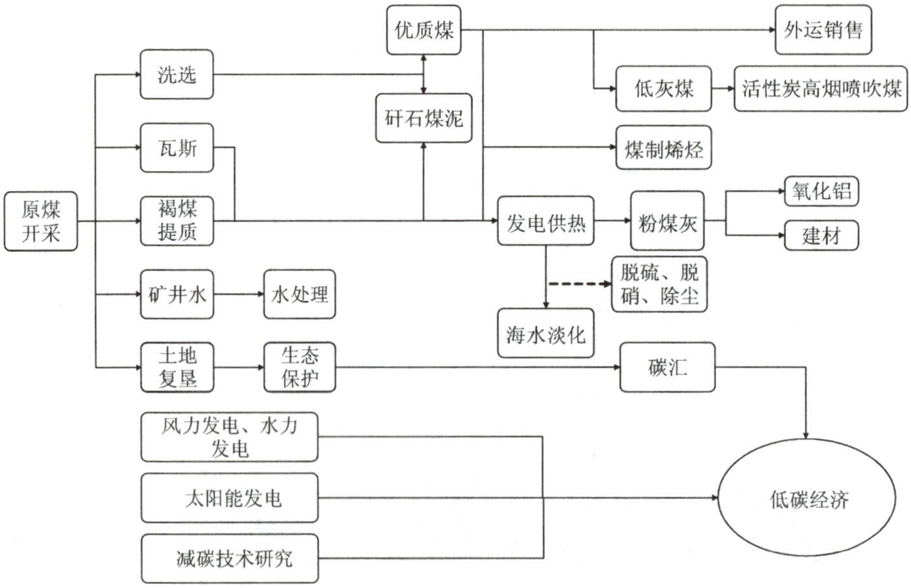

图 6.5　生态生产一体化模式

1）绿色开采

国家能源集团以绿色理念开采黑色煤矿，有效治理废气、废渣、废液，形成了“三期三圈”生态环境治理模式。“三期三圈”生态环境治理模式如图 6.6 所示。

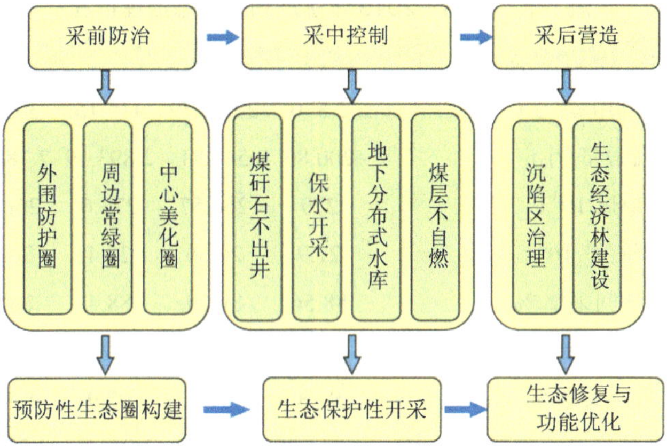

图 6.6　“三期三圈”生态环境治理模式

2）绿色生产加工

国家能源集团以高品质绿色发电计划建立绿色生产流程。通过烟气脱硝、脱硫、除尘和锅炉技术改造等方式，截至 2018 年年底，国家能源集团超低排放燃煤机组容量共 53 960 W。烟气排放比 2013 年降低 86%，二氧化硫降低 69%，氮氧化物降低 87%。2018 年排放有害废气物 1 477.94 t，无害废弃物 21.86×10^6 t。煤矸石产生量 1 908 万 t，利用量 104 万 t。总耗水量 252×10^6 t，废水综合利用率 79.43%。绿色生产流程图如图 6.7 所示。

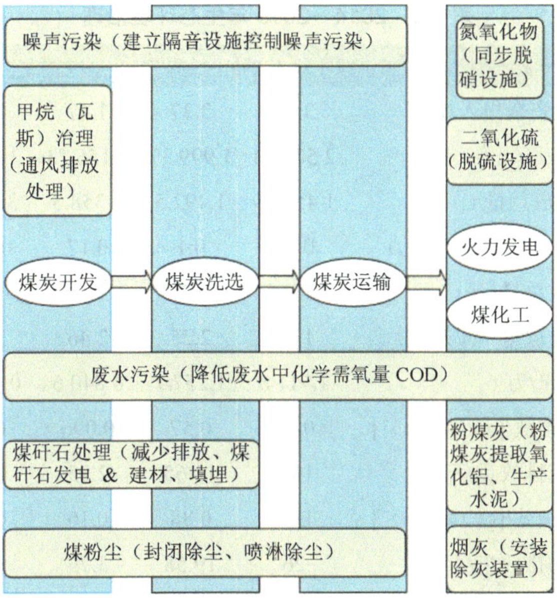

图 6.7　绿色生产流程

煤炭加工过程中所产生的煤矸石数量，以及通过绿色生产加工流程再利用煤矸石及其他可利用材料数量，如表 6.7 所示。

表 6.7　2014—2019 年生产加工生态治理情况

指标	2014 年	2015 年	2016 年	2017 年	2018 年	2019 年
煤矸石综合利用量/万 t	2 870	2 694.79	415.15	353.91	1 163.02	1 564.07
煤矸石总排放量/万 t	200.86	542.81	2 893.19	2 780.91	2 242.29	2 021.53
洗选加工原煤/10^6 t	279	266.57	273.6	268.74	267.1	—
洗选去除矸石量/10^6 t	27.9	26.66	27.4	26.87	33.46	—
煤炭采区平均回采率/%	88.56	89.19	88.4	88.22	87.76	—
井区矿采取回采率/%	83.81	84.64	83.95	84.15	82.96	—
露天矿采取回采率/%	97.8	97.81	97.9	97.82	98.15	—
粉煤灰、炉渣及脱硫石膏产生量/万 t	1 911.99	1 941.98	1 956.77	2 244.89	1 887.06	—
粉煤灰、炉渣及脱硫石膏综合利用量/万 t	1 392.1	1 358.54	1 329.64	1 568.78	1 444.47	—

数据来源：国家能源集团 2014—2019 年社会责任报告。

注：由于国家能源集团 2019 年危险固体废物范围按照废催化剂、废树脂、废机油、石棉废物四项统计，因统计口径不同，故 2019 年度数据与往年相比有较大差异。

国家能源集团在生态治理建设方面，2014—2019 六年的投资金额和建立的生态绿化面积，以及在生产过程中的废弃物排放量、烟尘排放量、废水排放量和相应生态治理量如表 6.8 所示。

表 6.8　2014—2019 年生态环境治理

指标	2014 年	2015 年	2016 年	2017 年	2018 年	2019 年
水土保持与生态建设资金投入/亿元	3.29	2.37	1.47	3.32	4.7	5.01
新增绿化面积/万 m^2	2 507.34	1 999.37	1 156.73	3 612.5	3 133	1 472
有害废弃物排放总量/t	1 459.29	1 492.5	2 358.5	304.52	1 477.94	5 483.49
万元产值有害废弃物排放量/（kg/万元）	0.08	0.1	0.17	0.019	0.081	0.332 4
无害废弃物排放总量/万 t	3 233.34	3 207.38	3 506.52	3 449.91	2 185.84	2 176.16
万元产值无害废弃物排放量/（t/万元）	1.71	2.25	2.46	2.17	1.2	1.5
烟尘排放总量/万 t	1.711 8	1.257 7	0.840 6	0.689 9	0.703 4	—
火力发电二氧化硫排放绩效/[g/（kW·h）]	0.68	0.57	0.096	0.08	0.07	0.07
火力发电二氧化硫排放量/万 t	14.3	12.65	2.25	2.05	1.85	1.04
火力发电氮氧化物排放绩效/[g/（kW·h）]	1.23	0.88	0.16	0.15	0.14	0.14
火力发电氮氧化物排放量/万 t	26	19.58	3.73	3.94	3.82	2.02
火力发电烟尘排放绩效/[g/（kW·h）]	0.08	0.06	0.021	0.014 8	0.010 4	0.012 1

指标	2014 年	2015 年	2016 年	2017 年	2018 年	2019 年
火力发电烟尘排放总量/万 t	—	—	0.497	0.387	0.289	0.179
总耗水量/10^6 t	194.03	220.1	227.7	247.55	252.3	179.68
万元产值耗水量/（t/万元）	9.997	14.31	14.87	15.57	13.84	11.49
新水耗用量/10^6 t	161.44	191.34	197.49	182.92	169.31	132.3
废水产生量/10^6 t	167.27	167.38	168.68	180.93	170.85	154.48
废水综合利用量/10^6 t	107.55	116.99	115.67	129.2	135.7	128.52
矿井水利用率/%	55.24	67.52	68.64	70.86	83.22	85.11
工业废水利用率/%	69.11	87.61	80.83	85.76	85.56	82.58
废水综合利用率/%	66.45	—	68.57	71.4	79.43	83.19

数据来源：国家能源集团 2014—2019 年社会责任报告。

6.1.2　中国宝武钢铁集团供应链产品流通情况

6.1.2.1　宝武钢铁集团概况

中国宝武钢铁集团有限公司（简称中国宝武、宝武钢铁集团或宝武集团）由原宝钢集团有限公司和武汉钢铁（集团）公司联合重组而成，于 2016 年 12 月 1 日揭牌成立。2019 年 9 月 19 日，中国宝武对马钢集团实施联合重组。中国宝武注册资本 527.9 亿元，资产规模超 8 300 亿元，是国有资本投资公司试点企业。2019 年，中国宝武继续保持行业领先地位，实现钢产量 9 546 万 t，营业总收入 5 522 亿元，利润总额 345.3 亿元，经营规模和经营业绩位居全球第一。未来，中国宝武将构建在钢铁生产、绿色发展、智能制造、服务转型、效益优异等五方面的引领优势，打造以绿色精品智慧的钢铁制造业为基础，新材料产业、贸易物流业、工业服务业、城市服务业、产业金融业等相关产业协同发展的格局。“一基五元”产业板块形成若干个千亿级营收、百亿级利润的支柱产业和一批百亿级营收、十亿级利润的优秀企业，2025 年钢铁板块实现“亿吨宝武”，2035 年集团公司实现“万亿营收”。

宝武集团 2016—2019 年经营情况如表 6.9 所示。

表 6.9　宝武集团 2016—2019 年经营情况表

项目	2016 年	2017 年	2018 年	2019 年
营业总收入/亿元	3 096.2	4 004.8	4 386.2	5 522.1
营业总成本/亿元	3 174.6	3 983.1	4 145.6	5 437.3
利润总额/亿元	70.3	142.7	338.4	348.6
资产总额/亿元	7 416.8	7 456.1	7 118.1	8 622.0
所有者权益/亿元	3 371.6	3 434.9	3 608.6	41 813.2
粗钢产量/万 t	5 849	6 539	6 725	9 546

数据来源：2016—2019 年各年的宝武集团社会责任报告。

6.1.2.2 宝武集团绿色供应链管理状况

宝武集团制订并实施供应商绿色审核标准，关注供应商可持续发展、安全环保职业健康管理、绿色供应、有害物质管理等内容。通过制订供应商绿色审核标准，提升供应商审核广度和深度，确保审核科学性与有效性，促进供应商管理水平提升，降低采购成本和风险。从审核标准开始实施到2019年年底，共审核了上百家供应商，有效提升了关键物品、重点供应商的体系能力（李健、刘帅，2019）。

1）做好供应商管理，与供应商携手成长

共建共享采购平台。中国宝武高度重视智慧采购工作，积极倡导和推进采购平台共建共享，要求集团内各子公司围绕智慧制造和智慧服务，加快推进交易环节的阳光化、线上化，做到所有业务上线化的“应上尽上、能上快上”，为建设高质量钢铁生态圈构建基础支撑。2019年在国资委组织开展的央企第八小组采购管理提升评价中，中国宝武综合排名第二，采购管理体制、采购管理机制、集中采购、招标规范采购等六项分项指标均排名前列。

阳光采购。为营造更公平、公正的采购竞争环境，中国宝武全面、深化推进阳光采购，利用欧冶采购平台（欧冶云商旗下提供专业的第三方工业品采购的电商平台），实现采购资源信息的公开提前展示、参与供应商资格的一致性保证以及采购信息的数据化记录和跟踪，保障采购活动中每一个环节的阳光、透明、规范；同时引入信息化手段，监督权力行使，有效规避交易中的道德风险。中国宝武动态跟踪相关行业的环保要求，维护采购物品绿色属性，大力构建绿色采购管理体系，优先采购绿色产品和材料，同时积极引导供应商进行环境管理体系认证，实现供需双方环境绩效的全面提升。2019年，宝钢股份宝山、东山、梅山三基地资材备件绿色采购比例为6.2%。

2）推进绿色发展，共建美丽中国

中国宝武深入贯彻绿色发展理念，致力于推动生产经营环节的节能减排，通过技术革新，打造环境友好型产品，推动节能绿色产业发展，共建美丽中国。

①绿色制造。宝武集团以驱动绿色钢铁产业生态圈发展为愿景，以创建具有竞争力的企业绿色品牌为目标，强化环境管理，推动绿色生产。在组织体系上，中国宝武设立生态环境保护归口管理部门——能源环保部，履行集团公司环境经营与产业发展委员会下设环境经营办公室职责，对集团公司环境保护督察行使日常归口管理职责，下设能源处、环保处以及碳减排办公室，积极做好环境认证，通过建立健全集团公司环保督察体系与机制，持续加强环保合法合规性管理与环保风险管控。中国宝武所有钢铁生产单元和多元产业中的重点工业企业均通过环境管理体系认证和能源管理体系认证。通过产学研合作，加强新能源开发、完成碳排放权交易履约工作、开展碳排放分配方案研究、加强碳减排技术的交流合作。并积极建设绿色矿山。中国宝武以“三治四化”为抓手，坚持“节约高效、环境友好、矿地和谐”的绿色矿业发展模式。马钢旗下安徽皖宝通过优化陆路发运系统、覆绿

采场创面、改造水管网系统，大力开展绿色矿山建设；武钢资源下发专项行动方案，提高矿业绿化率，大冶铁矿、金山店矿业入选国家首批“绿色矿山”名录。2019 年宝武集团煤炭消费总量 4 518 万 t，较上年减少用煤约 143 万 t，吨钢耗新水量下降率 5.3%。

②基于全生命周期理念推动绿色产品研发和应用。绿色产品（即环境友好产品）是以符合环保法规为基本要求，在钢铁产品设计和制造环节中，采用节能减排、降低消耗的生产工艺，同时促使下游行业产品在设计、制造、运输、使用、回收、再利用和废弃等全生命周期内节省资源，降低消耗，减少污染物排放，减少对环境质量和人体健康的负面影响。中国宝武提出基于产品生命周期评价的“绿色产品”概念，采用产品生命周期研究对绿色产品进行系统评估，科学有效地推动绿色产品研发和应用。中国宝武积极推动绿色产品的研发与应用，致力于降低产品生产过程中对环境的负面影响，同时为客户提供绿色产品解决方案，构建负责任的供应链。2019 年，宝钢股份 BETTER（优良）型和 BEST（尖端）型的绿色产品销售量共 1 041.16 万 t。

③创新发展绿色产业。绿色产业是指整合节能环保技术、发展节能环保的产业，对节能环保技术进行系统的商业化开发，形成为行业内外提供节能环保解决方案的能力，在为社会提供有价值的产品和服务的同时，实现企业经济和社会的双重收益。中国宝武设立资源环境产业发展中心，加强资源、环境产业推进力度，依托城市钢厂的装备、技术和资源优势，以产城融合、城市矿山开发和资源综合利用为方向，形成专业化的行业和产城融合的环保产业。中国宝武积极开展废钢回收与再利用，并通过布局拆解行业业务提升全社会废钢及其他资源回收利用水平。2019 年，由宝钢工程自主研发、设计集成的国内首条报废汽车拆解生产线在八一钢铁金业报废汽车拆解公司实施运行。项目测试数据显示，各项指标尤其在环保、作业效能等方面均达到或超过国家新颁发的《报废汽车拆解技术规范》要求，每年可回收废钢 5 万多 t、橡胶 3.2 万 t、汽车零部件 4 800 套、氟利昂 4.8 t、机油 16 t，以及塑料、玻璃等 200 多 t，成为国家汽车拆解示范性工厂。2019 年，中国宝武绿色产业共实现销售收入 250.09 亿元。

3）共建高质量钢铁生态圈，实现绿色智慧转型

面对新的发展愿景和历史机遇，中国宝武倡导借助智慧制造、智慧服务体系双轮驱动，协同共建蓬勃发展的高质量钢铁生态圈，使各方受益、共同发展。中国宝武以“共建高质量钢铁生态圈”为使命，秉持“生态”理念，坚持绿色发展，以智能制造推动绿色生产，通过“绿色智能工厂—绿色智慧企业—绿色智慧产业”的渐进式发展路径，影响和辐射整个钢铁生态圈，推动生态圈各圈层绿色智慧转型，致力于实现城市与钢厂的并存。2019 年，欧冶云商旗下欧冶物流大力推进产成品智慧物流服务平台建设，推进钢厂互联互通，全面提升平台运输服务能力及规模，并为用户实现降本增效。由宝钢资源发起筹建的上海矿石国际交易中心积极打造“原燃料智慧供应链”智慧服务平台项目，通过 5G、人工智能等通信技术手段，对现有线下的交易和物流模式进行可视化升级，实现全流程物流可视化、

库存可视化、价值可视化，对全国港口到港量预测、全球铁矿石海运跟踪等功能，协助重庆钢铁、鄂城钢铁等对百万吨量级的铁矿石进行全流程实时跟踪，为钢厂全面推进智慧制造、转型升级提供了新的智慧服务维度。

4）做好用户服务，提升用户满意

宝武集团完善三级技术服务体系，开展售前、售中、售后服务，通过建立集管理、执行、支撑三位一体的技术服务组织架构，实现服务资源的优化配置，提升服务效率；构建技术询单系统，同步策划用户端需求抱怨分层分级管理机制，实现客户端需求到制造端的快速落地；统筹协调各区域技术服务资源，通过公司客户代表前置，加强零级响应，向用户提供贴身服务，进一步优化宝钢的用户服务体系。此外，宝钢股份还主动开展售后服务，积极应对消费者投诉，2019 年，客户投诉解决率达 87.6%。2019 年，宝钢股份结合业务整合，以客户为中心、以市场为导向，紧紧围绕满足用户需求，以持续提升“成本变革、技术领先、服务先行、智慧制造、城市钢厂”五大能力为宗旨，持续优化公司产销研一体化推进机制，更快响应客户需求，确保用户满意。表 6.10 为宝武集团 2017—2019 年度环境绩效。

表 6.10 宝武集团环境绩效

指标	单位	2017 年	2018 年	2019 年
万元产值综合耗能（可比价，以标准煤计）	t	1.32	1.46	1.44
万元产值综合能耗下降率	%	6.69	−11.15	1.65
吨钢综合能耗（以标准煤计）	kg	593	586	583
吨钢综合能耗下降率	%	1.8	2.3	0.5
二氧化硫排放量	t	30 983	29 889	23 667
二氧化硫排放下降率	%	8.7	3.5	20.8
氮氧化物排放量	t	71 000	63 894	55 881
氮氧化物排放下降率	%	10.8	10	12.5
化学需氧量排放量	t	2 112	2 051	1 504
化学需氧量排放下降率	%	1.1	2.9	26.7
吨钢耗新水量	t	3.41	3.41	3.23
吨钢耗新水量下降率	%	16.83	0	5.28
副产资源利用率（工业固体废物综合利用率）	%	99.19	99.3	99.41
返生产利用率	%	25.58	26.07	26.29
社会大宗废弃物利用量（协同处置城市危险废物）	t	10 098	8 811	10 713
BETTER（优良）型产品销量	万 t	709.48	824.29	816.82
BEST（尖端）型产品销量	万 t	174.54	218.83	224.34
BETTER（优良）型+BEST（尖端）型绿色产品销售量	万 t	884.02	1 043.12	1 041.16

指标	单位	2017 年	2018 年	2019 年
绿色产业销售收入	亿元	56.4	50.41	250.09
欧冶采购平台上获得 ISO 14001 体系认证证书的供应商数量	家	1 842	2 256	5 694
宝钢股份宝山、东山、梅山三基地资材备件绿色采购比例	%	8.1	8.3	6.2
宝钢股份宝山、东山、梅山三基地资材备件绿色采购金额	亿元	12.3	14.1	9.6

注：2018 年，受宝武炭材煤精产线划转及钢铁市场影响，集团公司产值大幅减少，使得万元产值综合能耗上升。
数据来源：宝武集团 2019 年社会责任报告。

6.2　典型矿产企业绿色供应链管理的环境绩效和潜力评价分析

6.2.1　典型矿产企业绿色供应链管理的环境绩效评价模型构建

环境绩效是对公司生产活动及其生产行为的制约、控制和调整，促进污染防治水平的提高、资源利用率的提高和生态环境影响的降低。矿产企业绿色供应链管理的环境绩效评价是对矿产企业绿色供应链的运作状况的公正准确的综合评判，为矿产企业绿色供应链有效运作提供支持。通过进行有效的绩效评价，可以促进矿产企业的可持续发展（李钢、刘鹏，2015）。

（1）环境绩效评价指标体系的构建

运用全生命周期评价和平衡记分卡框架，构建矿产企业绿色供应链管理绩效评价体系。基于供应链全生命周期视角，绿色供应链体系应包括“绿色设计+绿色采购+绿色生产+绿色物流（包装）+绿色消费+绿色回收+再生资源（废弃物处理）”等七个维度和一个“绿色信息管理（披露展示）平台”（图 6.8）。

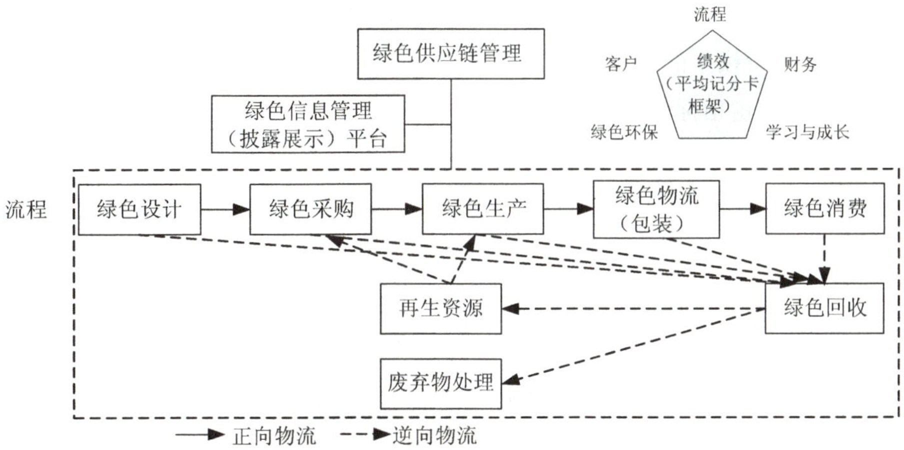

图 6.8　矿业绿色供应链管理体系

平衡记分卡基于利益相关者理论，认为组织应从四个维度审视自身业绩：企业内部业务流程、财务、学习与成长以及客户。结合上述绿色供应链管理体系全生命周期视角中涉及的各环节内容，将与供应商相关的环境绩效指标归为供应商管理维度，从供应商管理、财务、内部业务流程、学习与成长、顾客等五个维度，依据重要性、全面性、易实施性等原则，构建矿产企业绿色供应链环境绩效评价指标体系（表 6.11）。

表 6.11　矿产企业绿色供应链管理的环境绩效评价指标体系

目标层	准则层	指标层	指标定义（单位）
矿产企业绿色供应链管理的环境绩效	财务价值	净资产收益率	净利润/年度末股东权益（%）
		销售利润率	利润总额/销售收入（%）
	客户维度	市场占有率	企业当年的销售额/全行业总销售额（%）
	业务流程	安全生产投入率	当年安全生产资金投入/全年收入（%）
	绿色环保	万元产值综合能耗	综合能耗消费量（以标准煤计）/工业总产值（t/万元）
		煤矿采区回采率	煤矿所开采出来的原煤量/可采储量（%）
		煤矸石利用率	利用的煤矸石质量/当期采、选产出的煤矸石总质量（%）
		废水综合利用率	当年产生的废水的利用百分率（%）
	学习与成长	技术开发与引用	技术开发与引用费用/全年收入（%）

（2）环境绩效评价方法的选择

运用熵权法和 TOPSIS 相结合的评价方法，构建矿产企业绿色供应链环境绩效评价模型。将熵权法应用于评价指标的客观赋权，能够避免主观法带来的诸多缺点。TOPSIS 是 Hwang 在 1981 年提出的一种逼近理想解的排序方法。其基本原理在于，通过检测评价单元靠近“负理想解”和“正理想解”的程度，根据评价方案“负理想解”与“正理想解”的贴近度与远离度来对方案的优劣进行排序。熵权 TOPSIS 法是一种改进的 TOPSIS 模型，是一种科学、可靠的综合评价方法。将熵权法和 TOPSIS 法结合使用，建立矿产企业绿色供应链环境绩效评价模型的步骤如下。

1）用熵权法确定指标权重

①建立原始数据矩阵。根据矿产企业绿色供应链环境绩效评价指标体系，构建原始评价矩阵 $X=(X_{ij})_{m\times n}$。其中，X_{ij} 表示第 i 个被评价对象的第 j 项指标的值。

②对原始指标进行量纲一化处理

对于正向指标：$$z_{ij}=\frac{x_{ij}-\min(x_{1j},\ x_{2j},\cdots,\ x_{mj})}{\max(x_{1j},\ x_{2j},\cdots,\ x_{mj})-\min(x_{1j},\ x_{2j},\cdots,\ x_{mj})}$$

即 x 减去这一列最小值除去这一列的最大值减最小值。

对于负向指标：$$z_{ij}=\frac{\min(x_{1j},\ x_{2j},\cdots,\ x_{mj})-x_{ij}}{\max(x_{1j},\ x_{2j},\cdots,\ x_{mj})-\min(x_{1j},\ x_{2j},\cdots,\ x_{mj})}$$

即最大值减去 x 除去这一列的最大值减最小值。

③将原始指标同度量化

$$P_{ij}=\frac{z_{ij}}{\sum_{i=1}^{m}z_{ij}}$$

即计算第 j 项指标下第 i 个样本的比重，将其看作相对熵计算中的概率。

④计算各评估指标的信息熵 e_j

$$e_j=-k\ln P_{ij}\sum_{i=1}^{m}(P_{ij}\ln P_{ij})\ ,\ k=-\frac{1}{\ln m}$$

当 e_j 越大，j 指标的信息熵越大，那么第 j 个指标所包含的信息越少。

⑤求各项指标的差异性系数 g_j

$$g_j=1-e_j$$

当信息效用值越大，对应的信息越多。

⑥计算各指标的权重 w_j

$$w_j=\frac{g_j}{\sum_{j=1}^{m}g_j}$$

将信息效用值进行归一化，就能得到每个指标的熵权，即各指标权重。

2）基于 TOPSIS 的环境绩效评价模型

①建立加权评价矩阵

矿产企业绿色供应链环境绩效评价指标体系准则层包括财务价值、客户维度、业务流程、绿色环保、学习与成长，记作集合 $S=\{S1, S2, S3, S4, S5\}$，评价指标体系集为 $C=\{C1, C2, \cdots, C10\}$；$X_{ij}$ 为参与主体 $i=1, 2, 3$ 对指标 $C_j=\{j=1, 2, \cdots, 10\}$ 的评价值，则有评价矩阵

$$X=\left[X_{ij}\right]_{3\times10}$$

$$V=\left[w_{ij}\times X_{ij}\right]_{3\times10}$$

②对原始指标进行量纲一化处理

对于正向指标：$z_{ij}=\dfrac{x_{ij}-\min(x_{1j}, x_{2j},\cdots, x_{mj})}{\max(x_{1j}, x_{2j},\cdots, x_{mj})-\min(x_{1j}, x_{2j},\cdots, x_{mj})}$

即 x 减去这一列最小值除去这一列的最大值减最小值。

对于负向指标：$z_{ij}=\dfrac{\min(x_{1j},\ x_{2j},\cdots,\ x_{mj})-x_{ij}}{\max(x_{1j},\ x_{2j},\cdots,\ x_{mj})-\min(x_{1j},\ x_{2j},\cdots,\ x_{mj})}$

即最大值减去 x 除去这一列的最大值减最小值。

③确定正负理想点

评价指标 j 的正理想点为 Z_i^+，负理想点为 Z_i^-，则有

$$Z^+=\left\{\left(\max Z_{ij}\,|\,i\in I\right),\ i=1,2,3\right\}=\left\{Z_1^+,\ Z_2^+,\cdots,\ Z_{10}^+\right\}$$

$$Z^-=\left\{\left(\min Z_{ij}\,|\,i\in I\right),\ i=1,2,3\right\}=\left\{Z_1^-,\ Z_2^-,\cdots,\ Z_{10}^-\right\}$$

④计算 i 与正负理想点的距离

$$D_i^+=\sqrt{\sum_{j=1}^{10}w_j(Z_{ij}-Z_j^+)},\quad (i=1,\ 2,\ 3)$$

$$D_i^-=\sqrt{\sum_{j=1}^{10}w_j(Z_{ij}-Z_j^-)},\quad (i=1,\ 2,\ 3)$$

⑤计算参与主体 i 与理想点的贴近度

$$C_i=D_i^-/\left(D_i^++D_i^-\right)$$

⑥结果排序

根据贴近度 C_i 的大小可以对参与主体的评价值进行排序，C_i 处于 0 和 1 之间，其值越大表明绩效水平越高。

6.2.2 典型矿产企业绿色供应链环境绩效评价与潜力分析

（1）绩效评价

2015—2019 年典型矿产企业绿色供应链环境绩效各维度原始数据见表 6.12 至表 6.14。

表 6.12　2015—2019 年国家能源绿色供应链环境绩效各维度原始数据

目标层	准则层	指标层	2015 年	2016 年	2017 年	2018 年	2019 年
矿产企业绿色供应链管理的环境绩效	财务价值	净资产收益率/%	5.48	7.72	14.67	13.94	12.73
		销售利润率/%	18.68	21.24	28.28	26.53	27.59
	客户维度	市场占有率/%	7.38	8.89	9.79	9.79	9.75
	业务流程	安全生产投入率/%	2.68	2.16	1.59	1.59	1.77

目标层	准则层	指标层	2015 年	2016 年	2017 年	2018 年	2019 年
矿产企业绿色供应链管理的环境绩效	绿色环保	万元产值综合能耗（以标准煤计）/（t/万元）	3.14	3.28	3.18	2.72	2.96
		煤矿采区回采率/%	89.19	88.40	88.22	87.76	88.21
		煤矸石利用率/%	20	14.35	12.73	51.87	77.37
		废水综合利用率/%	69.90	68.57	71.41	79.43	83.20
		烟尘减排率/%	25.30	65	29.52	25.32	38.06
	学习与成长	技术开发与引用/%	0.48	0.36	0.35	0.33	0.51

数据来源：2015—2019 年国家能源原始数据。

表 6.13　2015—2019 年中煤绿色供应链环境绩效各维度原始数据

目标层	准则层	指标层	2015 年	2016 年	2017 年	2018 年	2019 年
矿产企业绿色供应链管理的环境绩效	财务价值	净资产收益率/%	–2.97	2.40	2.76	3.78	5.93
		销售利润率/%	–4.26	4.34	7.54	8.36	9.39
	客户维度	市场占有率/%	2.47	3.77	3.21	4.5	5.21
	业务流程	安全生产投入率/%	2.77	1.84	1.96	1.32	1.21
	绿色环保	万元产值综合能耗（以标准煤计）/（t/万元）	0.44	1.211	1.352	1.357	1.371
		煤矿采区回采率/%	86.70	88.50	91.50	90.90	90.60
		煤矸石利用率/%	81.60	79.90	86.80	83.80	89.20
		废水综合利用率/%	75.00	73.00	77	79.80	89.90
		烟尘减排率/%	0.19	1.96	31.49	27.86	41.19
	学习与成长	技术开发与引用/%	2.78	1.88	2.52	2.07	1.90

数据来源：2015—2019 年中煤原始数据。

表 6.14　2015—2019 年陕西煤业化工绿色供应链环境绩效各维度原始数据

目标层	准则层	指标层	2015 年	2016 年	2017 年	2018 年	2019 年
矿产企业绿色供应链管理的环境绩效	财务价值	净资产收益率/%	–10.22	8.35	26.59	22.91	21.52
		销售利润率/%	–4.92	15.47	35.77	32.76	26.42
	客户维度	市场占有率/%	1.35	1.61	2.01	2.52	2.96
	业务流程	安全生产投入率/%	6.06	5.12	4.48	2.56	2.88
	绿色环保	万元产值综合能耗（以标准煤计）/（t/万元）	0.1	0.13	0.079	0.079	0.053
		煤矿采区回采率/%	82.70	80.00	80.70	75.50	82.00
		煤矸石利用率/%	38	34.30	59.70	61.68	73.56
		废水综合利用率/%	76.90	83.42	90.00	91.22	94.65
		烟尘减排率/%	32.00	30.70	27.70	29.35	31.00
	学习与成长	技术开发与引用/%	0.90	0.82	0.60	4.96	1.99

数据来源：2015—2019 年陕煤原始数据。

根据熵权法，对国家能源集团、中煤和陕煤进行环境绩效评价的信息熵指标计算，得出三家企业 2015—2019 年的信息熵权重，如表 6.15 所示。

表 6.15 2015—2019 年三家企业的信息熵权重

	2015 年	2016 年	2017 年	2018 年	2019 年
净资产收益率	0.125 0	0.120 6	0.127 8	0.138 4	0.149 8
销售利润率	0.025 0	0.067 2	0.054 4	0.057 4	0.027 1
市场占有率	0.087 0	0.105 6	0.083 4	0.106 2	0.120 7
安全生产投入率	0.024 1	0.005 5	0.005 2	0.005 6	0.006 2
万元产值综合能耗	0.138 5	0.072 4	0.142 8	0.152 4	0.167 9
煤矿采区回采率	0.133 2	0.128 7	0.134 6	0.142 4	0.158 6
煤矸石利用率	0.107 1	0.116 0	0.111 7	0.119 1	0.047 9
废水综合利用率	0.136 4	0.133 4	0.126 6	0.085 9	0.165 0
烟尘减排率	0.137 5	0.145 0	0.138 3	0.081 0	0.078 5
技术开发与引用	0.086 2	0.105 6	0.075 2	0.111 6	0.078 4

对得出的 C_i 值进行分析，发现在 2016 年呈现最优状态，2017 年下降严重，2018 年逐渐回升至初始状态。根据趋势走向，可以判断基本向好发展，但增长缓慢且增长有下降趋势。不同年度指标值与最优值接近程度及排序结果，如表 6.16 所示。

表 6.16 不同年度指标值与最优值接近程度

	2015 年	2016 年	2017 年	2018 年	2019 年
国家能源集团	0.488 8	0.527 4	0.399 4	0.401 7	0.434 5
中煤	0.548 2	0.482 1	0.556 6	0.477 6	0.556 8
陕煤	0.519 8	0.505 2	0.522 6	0.520 8	0.528 8

在环境绩效评价体系中，分析不同的指标和相对接近度 C_i 值，将 C_i 值进行排序，可以比较出每年的优劣，数值越大表示最优异。对每年 C_i 值进行趋势分析，得出 2015—2019 年相对接近度 C_i 值趋势变化，如图 6.9 所示。

从以上图表可以看出，陕煤的 C_i 值在不断升高，且一直处于比较好的状态。国家能源集团从 2015 年的相对较优发展到 2016 年的最优，然后呈现略微下降态势。三家企业 C_i 值基本稳定在 0.5。

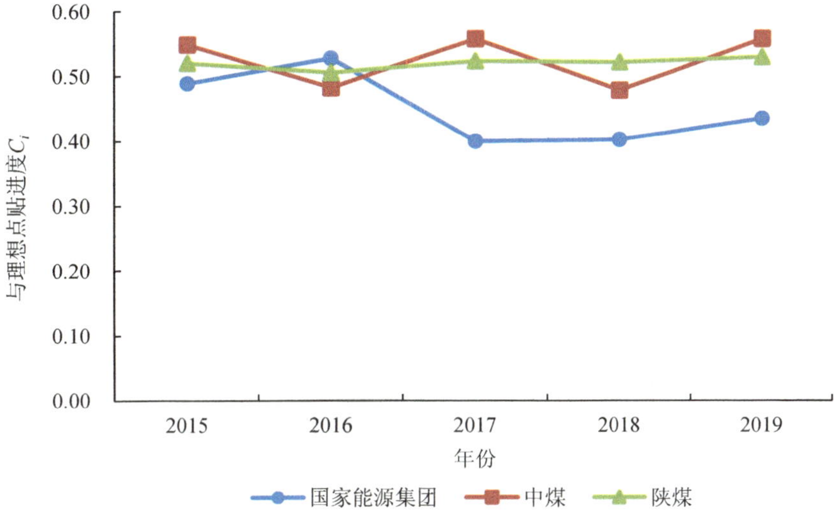

图 6.9　2015—2019 年相对接近度 C_i 值趋势变化

（2）潜力分析

通过判断环境绩效各指标数据与理想值之间的差距，分析国家能源集团、中煤和陕煤三家企业的环境绩效潜力。以 2019 年为例，三家企业在各指标上的环境绩效潜力如图 6.10 所示。

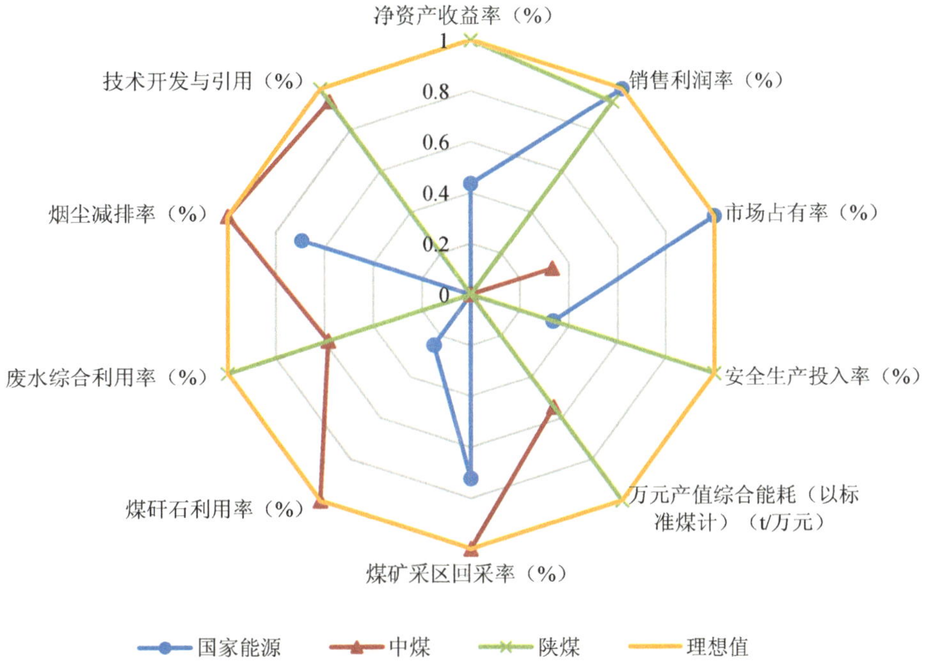

图 6.10　环境绩效潜力

图 6.11～图 6.13 分别展示了国家能源集团、中煤、陕西煤业化工集团在各指标上的环境绩效潜力。

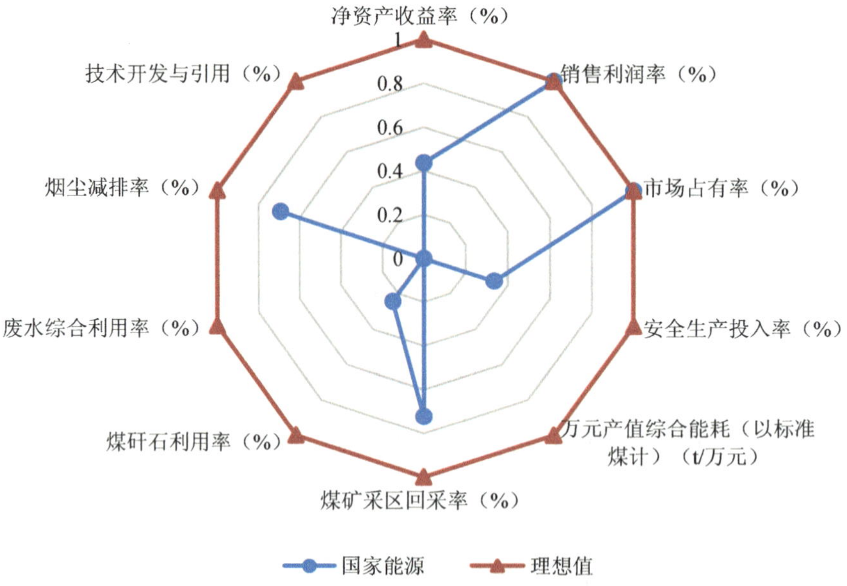

图 6.11　国家能源环境绩效潜力

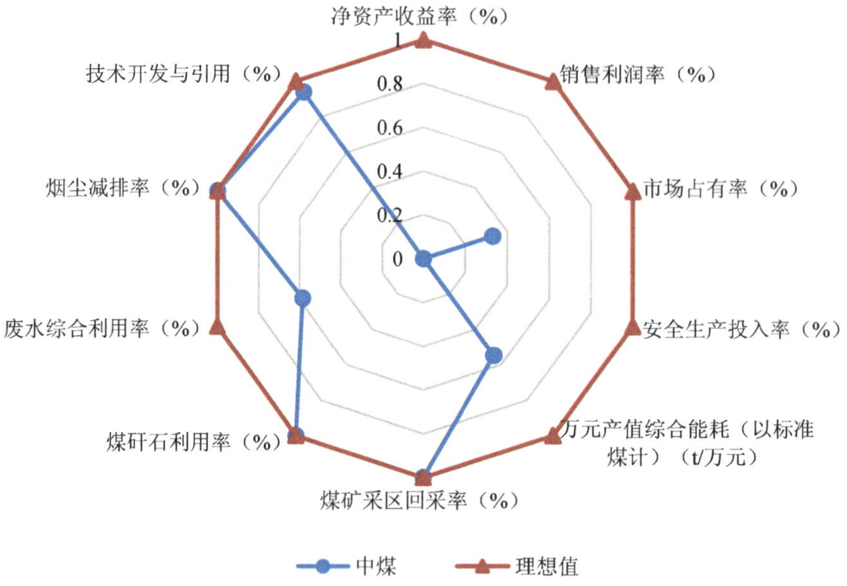

图 6.12　中煤环境绩效潜力

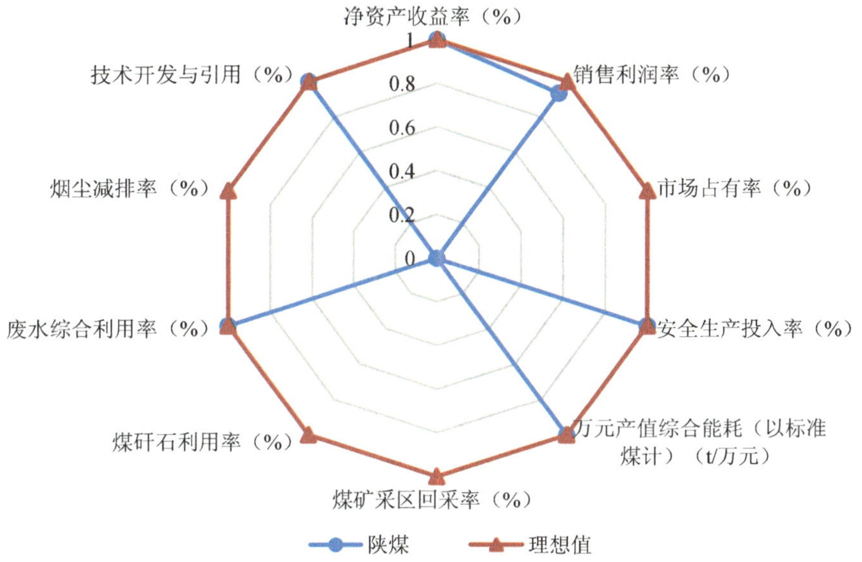

图 6.13　陕煤环境绩效潜力

我国煤炭行业研发投入强度与发达国家相比，还是有很大的差距。虽然我国煤炭行业已取得较大的进步且也意识到研发投入的重要性，但受能源行业长期粗放式增长的影响和制约，煤炭行业研发投入的效率较低。近年来煤炭行业研发经费不断增加，但没有被充分使用，未能有效转化为产出，研发经费的有效配置显得更加重要。所以我国煤炭行业不仅要继续加大研发经费投入力度，还要提升有效研发投入的力度并降低无效或盲目的研发投入。在加大投入的同时，更要注重合理分配研发经费，提高其使用效率，对于提升技术创新对煤炭行业可持续发展的驱动效应将产生很大促进作用。

从图 6.11～图 6.13 可以看出，中煤、陕煤和国家能源集团相比，在安全生产方面投入不足。加大安全生产投入是减少安全事故的重要举措。此外安全生产投入规模与安全产出并非总是正相关，煤炭企业安全生产投入也并非越多越好。因此，煤炭企业在优化安全生产投入率时，也应考虑到安全生产投入规模与安全产出的关系，通过在煤炭企业内部建立以安全生产投入总额最小化为目标的优化模型，可以确定煤炭企业安全生产投入的合理规模，避免企业盲目投入。

“三废”不仅对环境造成直接污染，还会影响居民的健康。随着对环保的重视、减排技术的进步以及产业结构的调整，我国煤炭企业废水、废气、废渣处理率有较大提高空间。煤炭企业应根据“减量化、资源化、再利用”的原则，控制“三废”的排放量，重视对“三废”的资源化和再利用。

6.3 本章小结

分析典型矿产企业供应链上下游各环节原材料和产品流通状况可以看出，国家能源集团与中国宝武钢铁集团两家企业，在生产与经营过程中时刻践行绿色发展的理念，将低碳环保、可持续的理念延伸到原料、设备采购等供应链的各个环节。这两家企业通过制定一系列采购政策，倡导资源节约、环境友好，产品全生命周期价值最大化的理念，向上下游企业传递绿色经营理念，引导供应商文明健康，清洁生产，追求经济效益、环境效益和社会效益的协调发展，并与其共同打造充满阳光、共担责任的绿色供应链（朱仁良，2020）。与此同时，这两家企业都紧紧把握时代特征，充分利用互联网发展带来的巨大便利，积极发展智慧物流，实现了从供应商送货到收货、入库、配送、发料的全程移动应用，从而在提升企业管理水平的同时降低运营成本。

对三家矿产企业绿色供应链管理的环境绩效和潜力评价进行分析可以看出，现阶段煤炭企业在面临低煤价和增加煤炭进口的情况下，高额的环保支出大大提高了煤炭企业的生产成本。短期内煤炭企业的环境保护投入与其核心竞争力呈负相关关系，即加大企业当年度的环境保护投入，会增加企业当期和下一期的财务成本和费用，从而短期内在一定程度上会对企业核心竞争力产生负面影响。但是从长期来看，环保投入能够对企业的核心竞争力产生正向积极影响。企业应增大在环境保护技术创新方面的投入，通过不断持续增加环保投入，首先，不仅能够使煤炭企业的专业技术得到提高，而且会大幅度降低企业的不必要成本；其次，可以使煤炭企业的内部管理水平得到提高，同时企业的经营效率得到提升。长期来看，煤炭企业在节能环保、社会公益方面的投入，对于企业的各个方面都能带来间接的效益。

参考文献

中国宝武钢铁集团有限公司 2019 年社会责任报告.

李钢，刘鹏. 2015. 钢铁行业环境管制标准提升对企业行为与环境绩效的影响[J]. 中国人口 • 资源与环境，(12)：8-14.

李健，刘帅. 2019. 钢铁行业绿色经济效益测评——以宝钢为例[J]. 软科学，(7)：94-98.

骆德欢. 2019. 智慧制造在宝钢股份宝山基地的实践[J]. 冶金自动化，(1)：31-36，72.

潘涛，赵永峰，丁涛. 2020. 国家能源集团智能矿山建设实践与探索[J]. 中国煤炭，(5)：30-40.

王彦波，孙天舒. 2020. 国家能源集团加快智慧电厂建设步伐[J]. 班组天地，(5)：84-85.

张涛，丁郡瑜. 2020. 国家能源集团智慧化转型研究[J]. 能源科技，(1)：8-13.

朱仁良．2020．未来炼铁技术发展方向探讨以及宝钢探索实践[J]．钢铁，（8）：2-10.
中国国家能源股份有限公司 2019 年度报告.
中国国家能源股份有限公司 2019 年度社会责任报告.
中国建材股份有限公司 2019 年度报告.

第 7 章

矿业绿色供应链管理的问题、解决途径与引导政策研究

本章主要分析了企业、行业协会、政府在矿业绿色供应链管理中存在的问题，并给出了相应的解决途径。具体来说，企业在理论知识、技术、管理、人才、合作机制等方面存在问题，行业协会在效能、服务能力等方面略显不足，政府在法规制度、监管机制方面还需加强。针对企业、行业协会、政府存在的问题，本章给出了企业全面规划、行业协会助力推进、政府坚持引导的解决途径，提出了政策引导、行业标准引导、企业规章制度引导的措施建议。

7.1 矿业绿色供应链管理的问题

7.1.1 我国矿业企业实施绿色供应链管理存在的障碍

（1）相关管理理论与经验不足

在物流、供应链、绿色供应链等观念上，我国与西方发达国家相比仍存在着较大的差距。一方面，绿色供应链的思想还没确立，政策决策部门难以制定出绿色供应链管理整体体系，虽然制定了企业内部绿色供应链的发展规划，但对绿色供应链管理缺乏前瞻性，无法在企业的各个流程节点上响应绿色供应链的具体要求（黄洁，侯华丽，2018）。另一方面，绿色供应链管理理论有待深入研究，尤其是在绿色供应链模型设计、绿色供应链企业间的激励与约束机制、绿色供应链的信息管理、绿色供应链管理的绩效评估等方面。

（2）绿色供应链管理存在技术壁垒

技术是矿业企业进行绿色生产的关键，不断采用新工艺、新设备和新方法可以改变传统产业中那些能耗大、污染严重、产品附加值低的现象，以较低的耗费达到产业结构优化和升级的目的。实行绿色供应链管理的矿业企业需要对已有生产技术全面改造和升级，技术壁垒是我国矿产行业顺利实施“绿色化”最大障碍。具体体现在：

1）生产过程绿色化水平低。设计产品时，注重统筹考虑产品功能、开发周期、成本质量等因素，而对环境污染负影响和资源、能源的消耗量等绿色指标考虑不足；由于资金、生产工艺等原因，导致企业清洁生产能力低下；以自营物流为主体的生产物流模式，导致物流成本高、效率低、绿色化水平低下。

2）销售环节绿色化程度低。销售中不能有效引导客户绿色消费，忽视对客户的绿色教育，只是单纯从事市场销售工作；产品包装通常采用无包装或普通塑料包装，由于塑料难降解、循环利用率低等原因，导致产品在销售和消费中绿色化程度降低；供应链内部企业间信息共享率低，信息沟通与共享不足，造成部分货品积压、客户需求与企业销售不对称，使产品成本提高，绿色化程度降低。

3）废弃物回收利用率低。由于煤化工废弃物种类多、成分复杂，受技术、资金、人力等因素限制，普遍存在回收处理能力不足的问题。

（3）重视生产，忽视成本管理

企业在成本管理体系上缺乏系统性及全面性的战略思维，一是针对成本预算管理，成本预算管理是一个动态的过程，而许多矿产企业常常习惯性地以历史经营成本和指标作为基础，导致成本预算方案与实际情况脱节，造成成本预算决策失误现象。二是针对成本监管力度，对成本的监管力度不够，成本预算资金实际落地情况反馈信息不准确，成本预算管理仅反映在形式上。大多数矿产企业的价值点过于偏重生产过程，忽略宏观成本管理，一方面影响企业长期的系统控制及经营决策，另一方面成本信息的不健全无法完整地反映企业的耗费情况，造成企业信息失真，从而影响企业运作。

（4）缺乏矿业绿色供应链管理专业人才

目前，矿产行业绿色供应链管理人才缺乏，人才储备薄弱。现有矿业企业职工队伍庞大，但高素质、复合性技术人员人才相对少，而一线工人队伍由于大量使用农民合同工等，文化素质更低。企业劳动生产率不高，难以根据生产岗位要求调配劳动力，内部冗员充斥，严重影响了企业整体管理水平的提高。

（5）绿色供应链协同合作机制不健全

供应链上下游企业由于对技术、合作风险等方面存有顾虑，对于实施绿色供应链管理有时会持抵触或观望的态度，使企业缺乏有效的合作支持。企业间的数据和信息不能很好地共享，一方面不能快速寻找到最有利环保的合作伙伴，另一方面绿色供应链成员间不能有效地沟通和交流，加大了企业之间协作的难度。而一项复杂的供应链技术应用需要各个企业协同发展，而供应链上下游企业发展水平不一样，需求不同，在技术协同上面临难度。矿产企业的供应链上下游更需要以绿色运作为标准，在考虑产能、产品质量、信誉度等的同时，重视环境因素，以绿色企业文化水平为基础保障对环境保护的认同（吉广林，2019）。

7.1.2　有关矿产协会存在的问题

（1）行业协会未能发挥好其联结作用

行业协会、商会是同行企业自己的组织，能够深刻而敏锐地察觉到所处行业的生存状态、存在问题、潜在危险和发展前景，对行业内不同企业的管理水平、技术储备和核心竞争力水平等情况非常熟悉。近几年来，各级政府为促进企业转型升级出台了不少政策措施，包括设立转型升级专项资金项目，评选创新示范企业、智慧建设重点示范工程，下达年度重点技术创新项目计划、智能化改造项目实施计划等。综合评价这些政策措施，虽然起到了一定的引领作用，但总的来看政策精准度不强、效率不高、覆盖面不广。原因在于政府很难真正了解企业真实的发展状况和发展需要，也很难准确把握市场的变化，也有可能破坏企业公平竞争的发展环境。现实中，行业协会却往往被排除在促进企业转型升级的制度设计之外，难以发挥特有的优势。

（2）服务能力欠缺，无力维护行业整体利益

行业协会的职能包括行业服务、行业代表、行业协调、行业自律等方面，其中行业服务职能是最重要的，但是矿产行业协会却强调行业管理，忽视了服务功能，行业协会不能满足会员的需求，不能有效地保护会员单位的利益，这样下去必然失去会员的信任。在中国经济向高速发展转向高质量发展的关键时刻，矿产行业供应链绿色化发展在整个改革中起着重要作用，对环境污染减排至关重要，登记在录的地方矿业协会有 184 个，有的协会规模小、活动少，不能形成规模化、专业化配套服务，不能为企业提供必要的帮助，逼着企业只好走“有事找政府的老路子”，对行业协会没有认同感和归属感（李新宁，王飞，2013）。

7.1.3 政府扶持力度不足

（1）法律法规滞后且灵活性不足

中国矿业管理相关法律法规在部门和内容上都比较庞杂，大多数条文都是在“问题倒逼”的机制下形成的，具有滞后性。我国尚未出台专门指导企业开展绿色供应链管理工作的法律，但存在大量与绿色设计、绿色生产、绿色采购、绿色物流、绿色消费及回收利用等相关的规定，散见于《中华人民共和国环境保护法》《中华人民共和国清洁生产促进法》《中华人民共和国循环经济促进法》《中华人民共和国大气污染防治法》和《中华人民共和国水污染防治法》等法律法规中。这些规定不成体系、不够系统，不能为矿产企业实施绿色供应链发展提供有力支持。工业和信息化部目前已经制定了《机械行业绿色供应链管理企业评价指标体系》《汽车行业绿色供应链管理企业评价指标体系》和《电子电器行业绿色供应链管理企业评价指标体系》，作为高污染、高耗能的矿产企业，亟须出台相关评价体系指导行业绿色供应链的设计。

（2）相关部门疏于监管

矿产绿色供应链监管涉及矿业企业及矿产、能源、安监、国土、生态环境、水利等诸多部门，需要进一步明确责任主体。以霍林河露天煤矿为例，其生态环境恢复治理工作严重滞后，业主单位和当地党委、政府及有关部门存在责任不落实、监管不到位等问题。矿区生态恢复治理是实施绿色供应链的重要环节，需要各部门加强管理、严格执法、加强部门协调、信息共享、明确责任综合治理。

7.2　矿业绿色供应链管理的解决途径

7.2.1　企业全面规划——举一反三

（1）学习国外已有理论，理论结合实践

国外较早就开展了绿色供应链管理的研究，在制度保障和企业实践方面积累了大量的经验。例如，加拿大矿产资源综合利用模式是面向矿产资源可持续开发利用的基于 ESEG 准则的综合模式，确定了实现矿产资源可持续利用的综合路径，该综合路径强调资源利用效率、环境及健康风险以及循环利用。日本矿产资源可持续利用“3R”模式实际就是面向资源循环利用的“三减”模式，即减少对资源的依赖、减少温室气体排放以及减少最终废物的产生。

矿产资源的利用是矿产行业绿色供应链管理的核心。特别对于我国矿产企业而言，当前我国正值经济发展转型的关键时期，新一轮发展战略已经启动，如何有效推动矿产资源开发利用模式的转变，逐步实现矿产资源的可持续发展无疑成为关系到未来经济发展能否顺利推进的重大问题。而就该重大问题的解决而言，上述发达国家和地区的先进理念及经验无疑值得相关矿产行业深思和借鉴（鞠建华，强海洋，2017）。

（2）加强绿色化技术实施，推动技术运用

1）绿色生产。实施清洁生产，根据循环经济的“减量化、再利用化、资源化”原则，从流程改造、技术创新、节能降耗、减排增效、设备管理、资源优化利用等方面全方位入手，积极引进新工艺、新设备、新材料，对生产系统的资源消耗、污染物排放情况进行全程管理与控制，实现经济增长模式的根本性改变，实现矿业企业的可持续发展。

2）绿色物流。加强运输“绿色”化建设，使整个运输活动在更宽范围内综合考虑物流合理化问题，降低车辆空载率和总的运输次数、减少噪声和环境污染，提高运输绿色化水平。同时矿业企业应该根据储存物品特点、性能，分门别类地采取不同方法实施绿色存储，加强仓储绿色化建设。可通过设计安全库存量，在保证生产的同时进一步提高仓储的绿色化水平。同时加强储存期间的维护和保养，做好防爆、防潮、防腐、防水、防漏、防飞扬等工作（李国政，2018）。

3）绿色回收。①加强废弃物回收系统建设，联合本地区供应链内外的其他企业，建立废弃物回收网络，使传统供应链末端的废弃物能重新流入供应链中，从而有效降低环境污染并提高资源的再利用。②加强工业废水的循环再利用，通过建立废水处理站来净化废水，在降低工业废水排放量的同时提高废水的再利用率。经过处理后的工业废水可以应用于工厂消防、道路抑尘或返回工艺中重新使用。③加强固体废物的回收再利用，生产末端的固体废物主要是粉煤灰。企业可以通过投产建立粉煤灰综合利用工程，将粉煤灰通过配制法生产硅酸盐水泥来实现煤化工企业降本增效、减排增产的目标。④加强工业废气的再利用，引进先进技术、改造生产工艺、购买环保设备设施，有效降低工业废气排放量，创造新的利润增长点。

（3）加强成本管理，落实行业指标要求

1）树立成本效益观念，寻求先进的管理经验和方法。在国内，《中国 21 世纪议程》的制定以及“可持续发展战略”作为一项基本国策的提出，已经为国内企业指明了一条可持续发展道路，而 1996 年以来实施的与国际接轨的 ISO 14000 系列标准更为企业的环境行为给出了明确的标准和规范。同时，市场经济的氛围使得经济效益始终是企业管理追求的首要目标，企业成本管理工作中也应该树立成本效益观念，实现由传统的“节约、节省”观念向现代效益观念转变（李明阳，2020）。

2）实现现代化的成本管理手段。现代化的成本管理手段是提高企业现代化成本管理水平的重要条件。在成本管理中，应利用信息化取代人工重复烦琐的事务性劳动，加快信息的处理和反馈速度，提高成本管理人员的业务水平和决策效率、效果。借鉴并学习合理的成本管理方法，运用最适合于矿产行业的成本管理方法，在成本管理方面提升企业的认识。

（4）改善合作机制，促进协同发展

供应链成员间的合作是绿色供应链管理的基础和关键，建立成员间的合作机制是当前需要深入和完善的领域之一。绿色供应链管理不仅限于核心企业的内部，而且包罗了供应链上的各个供需合作伙伴，应优化整个供应链的业务流、信息流和内部组织结构，通过业务流程再造提高整个供应链的运营效率和降低运营成本，追求供应链的全局最优。

1）建立矿产行业信息平台。在已有的矿产行业供应链管理模式下，系统内部各要素企业应建立信息统计系统，包括来自供应商的产品信息、价格信息，来自批发商的市场信息，来自零售商的服务反馈信息、客源信息等，进而优化节点企业的整体行为，如缩短供需时滞、更新产品、改进服务等以推动矿产行业的革新。

2）建立矿产企业供应链合作交流平台。矿产行业同业中建立合作监督平台机制，起互相监督各企业间行为的作用。同时，信息的双向流动能让供应链上下游及时收到有用信息并做出相应的决策。在供应链相关约束机制及彼此信任、友好合作前提下建立战略合作伙伴联盟，各要素企业的利益与整个供应链利益密切关联，企业之间彼此配合、密切合作以达到企业与供应链的“双赢”，营造良好氛围（刘玉强，2020）。

（5）加大培养力度，重点培养专业人才

我国目前专注于国内经济发展，需要更多的国内工程师和技术力量的支撑。矿业公司仍应实施更合理的短期人才计划，吸引国际人才的同时，培养当地矿业人才队伍，要更加慎重地进行人员选拔，矿业公司不应忽视当地技工学徒、培训者、跨领域人才等的作用。

矿业公司把控人才专业化培养质量的关键在于开展专业课程与教学环节，全面提高勘查、石油、煤等专业的人才素质和创新能力优化课程设置的组合，创新教学方法，使教学内容能够跟上该专业的发展水平，用最新的前沿理论指导教学，使教学的内容既体现出前沿的理论，又和当代科技、自然现象、日常生活等密切结合。

7.2.2　行业协会协助发力——稳步推进

（1）配合政府工作，引导企业创先争优

行业协会要通过建立综合的信息交流平台，从技术、政策、管理咨询三方面提供服务，向企业提供废弃物资源供求信息和先进技术咨询信息等信息，提供经验和科学方法，为矿产行业绿色供应链的发展提供信息保障。当前可以考虑选择一些发展基础较好的地区进行试点。将政府安排的转型升级资金等涉企资金项目的申报、评价、发放工作，各级各类涉企评优奖励工作，企业评价、产品评价、认证等工作转移给行业协会、商会执行，政府做好监督和规范工作。在制定重点技术创新计划、智能化改造项目计划等有关企业转型升级计划时，可以采用委托研究或购买服务等方式，由行业协会、商会起草计划草案，经政府有关部门确认后颁布执行。部分具备条件的地区，还可以赋予行业协会一定的执法权，规范行业内企业违反行规的行为。

（2）加大工作力度，营造绿色行业环境

矿产行业协会要积极清理不适应自己协会发展的规章制度，对原有职能认真研究，自我改革，积极承担矿产行业可以承担的行业统计、信息发布、行业调查、行业发展规划制定、产品标准、服务标准、技术规范制定等工作，并且当前要围绕绿色供应链开展，每项工作的基础都要紧紧围绕绿色发展这一主题。行业要通过建立大型的综合的绿色供应链的经济信息平台完善技术咨询服务体系，向企业提供废弃物资源和技术供求信息，提供相关的经验和技术、方法，为矿产行业绿色供应链的发展提供信息保障；要提供有效的市场平台，加快绿色供应链技术相互学习，增强企业间交流与合作。

7.2.3　政府坚持引导——稳抓稳打

（1）明确职责，加大监管与治理力度

进一步梳理矿产行业供应链管理过程中所涉部门的职责，明确矿产企业的职责和政府的监管职能，建立由政府主导、部门监管、企业负责、公众参与的多方预防与治理机制。对供应链涉及的各环节，要强化企业主体责任、政府和部门监管责任，绝不能出现责任“真空”。建立“绿色供应链”实施的奖惩机制，对于供应链系统生态效益好、社会效益好的企业予以资金补偿奖励，对失职渎职的相关部门及责任人严格追究责任。

（2）加大科技攻关力度，以技术促发展

中央政府要设立专门的研发部门，研究包括中国在内的全球矿产资源信息，研发矿业技术，深入优化分析整个供应链过程中所用到的技术，只有把绿色技术融入供应链各环节，才能从整体上实现供应链全流程绿色化，以绿色技术促发展。同时，面向我国矿冶资源利用及污染防控与管理重大需求，在高校建设一批重点实验室。

（3）引进创新型矿产人才

基于人才培养现状而言，在引进创新型人才时，不但要从财税上予以丰厚的待遇，而且要在创业环境、科研工作中大力支持。不但是政府，包括矿产企业涉及的各个区县也要有相应的政府扶持政策，并提供大量的基金来支持创新型矿产人才引进工作，并得到相应的知识产权保护。在政府各部门配套相关政策扶持下，通过“重大科研成果转化成资金”“创新创业项目”等项目向创新型矿产人才提供更多的政策支持与资金支持。

（4）加大财力支持，推进绿色供应链发展

矿山开采过程中只重视资源开采、一味追求经济指标的做法使得资源与环境面临巨大的压力，政府可以制定环境经济政策，对绿色供应链实施导向，具体做法如绿色矿山可申请当地政府矿山生态环境治理财政补贴；绿色矿山在国家和地方调整矿业企业税费、电力供应；企业扩大再生产时，各级行业行政管理部门将给予企业政策上的支持；政府可根据绿色矿山生态环境治理进度，按比例提前返还矿山自然生态环境治理备用金或保证金，通过财力支持的做法会对矿产企业实施绿色供应链起到引导作用。

（5）开展专项调查，做好绿色供应链评价反馈

开展全国矿产行业专项调查，建立企业绿色化动态数据库，对供应链系统中的供应商、生产商、销售商和用户等对象由第三方标准进行评价，从财务、市场、节能减排、绿色度进行综合评价，从绿色设计、绿色采购、绿色生产、绿色营销、绿色物流、回收再利用及处置进行各环节评价，最终评选绿色供应链做得比较出色的企业。对存在重大污染风险的矿区开展绿色化风险评估，建立绿色供应链评价指标，及时提出污染防治方案和应急预案。

7.3 矿业绿色供应链管理引导政策

7.3.1 政府政策引导

（1）做好发展规划，服务整体大局

国家层面，出台一系列推动绿色供应链发展的政策，涵盖绿色供应链实施的各环节，包括其中涉及的鼓励政策；地方政府支持本地区矿产企业建设绿色供应链，提出建设目标，给予资金奖励；宣传一批绿色供应链先进案例以及其他行业的企业进行的积极的探索和实践，矿产企业可以借鉴学习；同时，针对我国典型矿产资源，在科研机构和高校建设一批

重点实验室专门研究绿色化技术。这样的发展规划，势必要多方配合完成，并且需要多种渠道向社会公众宣传。

（2）完善环境法规，引导绿色发展

当今世界可持续发展已成为全球共识，绿色发展也已成为中国经济转型的重要方向，坚决贯彻落实习近平生态文明思想，将“绿水青山就是金山银山”理念贯彻落实到生态文明建设系列文件，从各个方面健全生态文明制度体系，把环境保护和生态文明建设纳入法治化、制度化、系统化、常态化的轨道。

（3）财政税费政策倾斜，增强绿色供应链落实力度

政府及有关部门可以采取加大财政拨款力度、加大信贷规模、激励融资和利用外资措施，实施包括减免税收、价格补贴、低息贷款、信贷担保等一系列经济激励政策，调节和影响市场主体的行为，通过激励性的政策手段来引导市场行为向绿色化标准看齐，推动矿产行业绿色供应链的发展。

（4）聚焦科技创新，推进绿色供应链高质量发展

加大科技投入，建立完善的人才培养、引进机制，营造良好的人才使用环境，为科技创新打下坚实的基础。增强矿产开发利用的科技创新能力，重视资源开发，包括常规资源开发、二次资源开发及非常规资源开发。通过发展和提升矿产供应链中矿产资源开采、下游加工和制造的能力，延伸产业链，提高附加值，促进矿业高质量发展。

（5）加大政策宣传，培育绿色思想

各地要按照“谁主管谁普法，谁执法谁普法”的原则，以各级领导干部为重点，充分利用协会和网络媒体全面开展矿业绿色发展法律法规和政策宣讲，推进矿业绿色供应链建设、培养全社会绿色发展意识，为企业绿色化发展营造有利环境（潘冬阳，2012）。

7.3.2　行业标准引导

（1）拟定行业发展规划，服务全行业

矿产行业协会拟定矿产行业发展规划，提出相关体制改革建议；开展能源合作；开展能源问题的前瞻性、综合性、战略性研究，组织实施能源产业政策、技术法规和标准制订，提高能源安全的保障能力。

（2）健全制度标准建设，加强企业引导

行业协会应继续为政府工作决策提供强有力的智力支撑，特别是要进一步完善矿产企业等级制度，制修订企业相关等级标准，制定企业等级动态化管理方案，研究企业等级制度与行业管理相结合的方式、方法和途径；要进一步推进企业绿色发展行动，在总结前期试点工作经验基础上，完善活动标准体系，加大活动推广力度；要加强矿产行业政策法规和标准规范研究制定，推动其发展（乔繁盛，2013）。

7.3.3 企业建立规章制度

（1）明确定位，推动行业绿色发展

国家的高速发展要求矿产行业具备有远见的目光来为其行业以后的发展添砖加瓦。矿产企业作为体量较大的大型企业，任何举措都影响着国家的经济利益，一举一动都对国家的经济利益有着重要影响，所以在其战略的制定上要与国家利益保持高度统一，紧紧跟随国家的步伐，在“一带一路”倡议的指导下，不仅实现自身的良好发展，而且为国家的利益做出贡献。同时，以绿色发展为准则，降低工业产值能耗，提高能源使用率和水利用率。

（2）合理规划，深化多边交流

顺应国家发展战略是企业发展源泉，企业需要与国家的规划达到一致，抓住机遇，迎接挑战，发挥优势，规避劣势，创新合作，开拓国际市场，充分利用国内资源与国外资源市场相结合，提升开放层次和拓宽合作领域，制定出“一带一路”背景下的一套发展模式。

7.4 本章小结

现代经济飞速发展，使得经济发展、资源利用和环境保护三者之间的矛盾日益突出。许多企业通常只注重经济利益，而忽视了环境保护，致使环境污染问题日益严重。为了全球社会的可持续发展，各国纷纷加强对企业环境问题的管理和制约。因此，环境问题也成了企业发展自身的问题，唯有顺应绿色时代的企业才能在激烈的竞争中具有持续竞争力。传统供应链管理仅强调供应链整体的优化和协调，并不考虑其给环境带来的负面影响，绿色供应链管理将环保意识融入供应链管理，在产品的设计研发、原材料采购阶段就遵循环保的规定，从而减少产品在使用期和回收期给环境带来的危害，提高资源利用效率，减少环境污染。为此，绿色供应链管理是供应链管理的发展方向，也成为各类企业努力实现的目标。

本章依据供应链污染物产排分析、典型企业调查以及绿色供应链管理绩效评价结果，从多维度识别矿产行业绿色供应链管理存在的主要问题，从外部压力和内部原因等角度，剖析矿业绿色供应链管理问题的产生原因，从矿产企业、矿产行业和政府三个层面揭示影响矿业绿色供应链管理的具体问题，如企业技术落后、缺乏人才，行业管控不到位，政府监管力度不足等。在此基础上，从政府管理、行业标准制定、企业内部运营管理等方面，设计出解决矿产行业绿色供应链管理问题的有效途径。

参考文献

黄洁，侯华丽．2018．我国矿业绿色发展指数体系构建[J]．中国矿业，(12)：1-5.
吉广林．2019．矿业绿色发展的内涵、主体与对策研究[J]．铜业工程，(1)：74-79.
鞠建华，强海洋．2017．中国矿业绿色发展的趋势和方向[J]．中国矿业，(2)：7-12.
李国政．2018．绿色矿业：内涵界定、模式探索与实现路径[J]．矿产保护与利用，(6)：1-8.
李明阳．2020．我国绿色矿业发展分析[J]．西部皮革，(14)：56.
李新宁，王飞．2013．矿山企业发展绿色矿业经济的博弈分析[J]．中国国土资源经济，(5)：24-26，72.
刘玉强．2020．绿色矿业体系建设探析[J]．黄金，(9)：1-5.
潘冬阳．2012．我国绿色矿业的评价思路探讨[J]．资源与产业，(6)：106-109.
乔繁盛．2013．衡量和实现矿业绿色发展之精要[J]．中国矿业，(12)：56-59.

第8章

国外矿产行业绿色供应链政策及管理

本章以国外煤炭行业、钢铁行业及水泥行业为例，从三个行业中分别选取一家具有代表性的企业（嘉能可国际、安赛乐米塔尔、拉法基豪瑞集团），介绍了国外矿产行业绿色供应链的政策及管理手段，为我国的矿产行业提供借鉴。

8.1 国外矿业绿色供应链管理相关政策

8.1.1 能源行业——煤炭行业

8.1.1.1 煤炭行业背景介绍

自工业革命开始以来煤炭即作为全球主要能源，即使在石油取代煤炭成为世界主要能源之后，煤炭仍然是全球最主要的基础能源之一。世界煤炭资源非常丰富，是世界储量最丰富的化石燃料。据英国石油公司（BP）发布的《世界能源统计年鉴》披露，2012—2019年，全球煤炭储量除 2016 年数据异动外，基本上呈现上升态势。2019 年，全球煤炭已探明储量为 10 696 亿 t，较 2018 年增长 1.40%，较 2012 年增长 24.24%，整体上涨幅度较为明显。如图 8.1 所示。

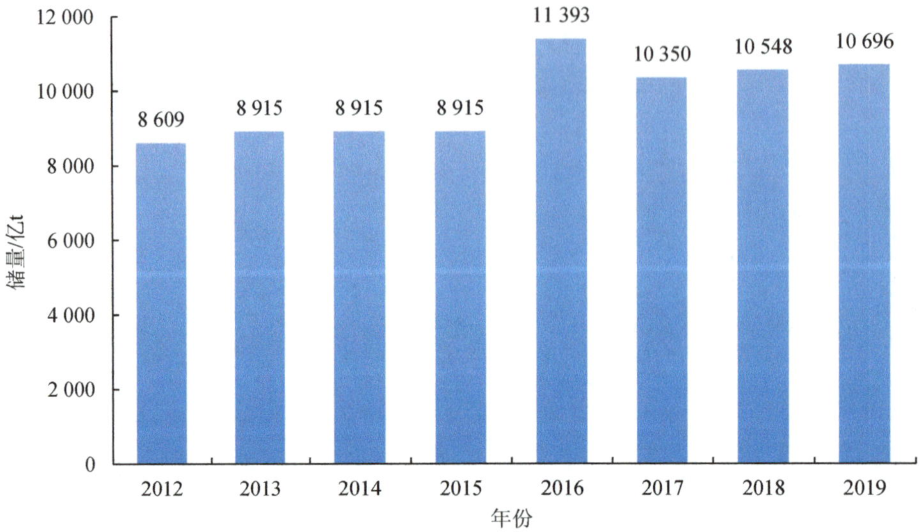

图 8.1　2012—2019 年全球煤炭储量变化

从国家层面来看，截至 2019 年，全球煤炭储量处于领先地位的前 5 个国家分别为美国、俄罗斯、中国、澳大利亚与印度，这 5 个国家加起来共占了全球煤炭近 3/4 的储量，其中美国与俄罗斯煤炭储量排名最为靠前，其储量占全球储量的比重分别为 23.33%和 15.16%。如图 8.2 所示。

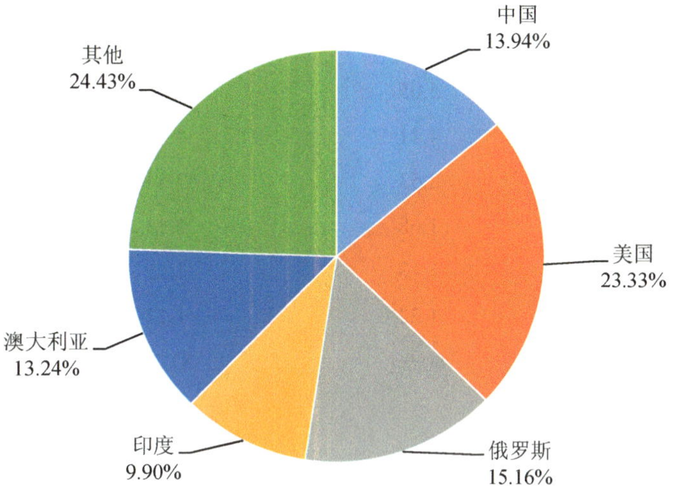

图 8.2　2019 年全球煤炭储量分布情况

煤炭在世界范围内具有许多重要用途。煤炭最重要的用途是用于发电、钢铁生产、水泥制造以及作为液体燃料。煤炭在提供基本负荷电力方面起着根本性的作用，并且是钢铁和水泥生产中的重要组成部分。煤炭提供了世界 37%的电力，是生产 70%的钢铁和 90%的水泥的重要燃料。

近年，世界煤炭生产消费格局正在发生演变。在履行《巴黎协定》要求和推进“能源转型”的双重背景下，西方发达经济体正在通过增加天然气和可再生能源在发电结构中的占比，逐步实现低碳化；与此相反，亚洲新兴经济体近年来经济发展迅猛，煤炭作为可获得性高且廉价的能源，在其能源消费中的占比日益提高。总体来看，世界煤炭生产和消费格局继续东移（焦敬平，张浩天，2019）。

《BP 世界能源统计年鉴 2020》最新公布数据显示，2019 年全球煤炭总产量为 81.29 亿 t，比上年上涨 0.5%。产量排名前十位的国家分别为中国、印度、美国、印度尼西亚、澳大利亚、俄罗斯、南非、德国、哈萨克斯坦和波兰。前十名国家中，哈萨克斯坦超越波兰居第 9 位，其余排序与上年相同。中国、印度尼西亚、澳大利亚和南非煤炭产量较上年有所上涨，其余国家煤炭产量均有所下降，见表 8.1。

表 8.1　2019 年世界前十大煤炭生产国产量

单位：亿 t

排名	国家	2018 年	2019 年	同比变动幅度/%
1	中国	36.98	38.46	4.0
2	印度	7.6	7.56	–0.5
3	美国	6.85	6.39	–6.7

排名	国家	2018 年	2019 年	同比变动幅度/%
4	印度尼西亚	5.57	6.10	9.4
5	澳大利亚	5.05	5.06	0.2
6	俄罗斯	4.41	4.40	–0.3
7	南非	2.53	2.54	0.4
8	德国	1.68	1.33	–20.4
9	哈萨克斯坦	1.18	1.15	–2.6
10	波兰	1.22	1.12	–8.2
世界总产量		80.90	81.29	0.5

数据来源：《BP 世界能源统计年鉴 2020》。

2019 年，全球煤炭消费总量为 157.86 EJ，比上年下降 0.6%，这是 6 年来第 4 次下降，煤炭在全球一次能源中的比重下降到 27.0%，为 16 年来的最低水平。煤炭消费量排名前十位的国家分别是中国、印度、美国、日本、南非、俄罗斯、韩国、印度尼西亚、德国和越南。除中、印、美、日四大煤炭消费国排序不变外，第 5 到 10 位排名位次均发生变化。其中越南超越波兰成为第 10 大煤炭消费国。世界前十大煤炭消费国中，亚洲独占 6 席。如表 8.2 所示。

表 8.2　2019 年世界前十大煤炭消费国消费量

单位：EJ

排名	国家	2018 年	2019 年	同比变动幅度/%
1	中国	79.83	81.67	2.3
2	印度	18.56	18.62	0.3
3	美国	13.28	11.34	–14.6
4	日本	4.99	4.91	–1.7
5	南非	3.76	3.81	1.4
6	俄罗斯	3.63	3.63	—
7	韩国	3.63	3.44	–5.3
8	印度尼西亚	2.84	3.41	20.0
9	德国	2.90	2.30	–20.7
10	越南	1.59	2.07	30.2
世界总消费量		158.79	157.86	–0.6

数据来源：《BP 世界能源统计年鉴 2020》。

8.1.1.2　煤炭行业政策

近年来，随着温室气体排放带来的气候变化问题成为全球议题，新兴经济体的工业化进程开启和加速，全球的资源供给和环境承载压力日益突出，在能源需求总体增长的同时，世界开始向低碳未来转型，能源结构正在发生变化，高效清洁的低碳燃料的增速将超过碳密集型燃料。在此能源转型背景下，就发达经济体和新兴经济体而言，煤炭行业境况差异明显，政府对煤炭工业做出或打压或提振的政策调整，煤炭企业在竞争和生存压力下采取各种应对措施。未来的煤炭行业在贡献全球能源消费增长的同时，等待着更多的变革。

美国国内煤炭消费 90%以上用于发电。近 10 年来，在价格低廉的页岩气和成本不断下降的可再生能源的挤压下，燃煤发电越来越失去市场竞争力，运行多年的煤电厂不得不加快退役。2019 年全美燃煤发电量为 9 661 亿 kW·h，为 1975 年以来最低水平，比上年下降 15.7%。全年燃煤发电量占总发电量的比重由 2018 年的 27.3%进一步下降至 23.4%，比 2009 年的 44.4%下降 21 个百分点，几近腰折。同时，美国煤炭出口在出现 2017—2018 连续两年回升的“小阳春”后，也出现了大幅下降。2019 年，美国煤炭出口 9 583 万 t，比上年下降 19.7%，尤其是动力煤出口下降幅度超过 30%。

为了使煤炭生产过程更加清洁化，美国国会将 2004 年《美国就业机会创造法案》中对精炼煤炭生产实行的税收抵免额根据通货膨胀进行了调整，经计算，每吨精炼煤的税收抵免额从 2017 年的 7.62 美元上调至 2018 年的 7.83 美元（薛宇择，张明源，2020）。

欧洲国家的“去煤”趋势更明显。德国作为“能源转型”的提出者，一直扮演着能源转型“领头兵”的角色——从一开始“弃核”，之后提出 2038 年前“煤炭/煤电逐步退出”（Coal Phase-out）的政策目标，德国为低碳转型做出了巨大的努力。2018 年，德国退出了最后一个硬煤（hard coal）煤矿，国内的褐煤产量也在逐渐下滑。2018 年，德国可再生能源发电量为 228.7 TW·h，同比增加 5.6%；而煤炭发电量则同比下降 11%。英国则大力发展天然气和海上风电，并在 2015 年关闭了本土最后一处煤矿。

与之相对应的是亚洲新兴经济体如印度、越南等。这些国家经济保持高速增长，工业化程度持续提高，这些增长都成为带动煤炭消费的重要因素。

作为全世界最具发展潜力之一的经济体，印度过去几年在化石能源和可再生能源两个方向同时发力。从生产侧看，印度第一大煤炭生产商，即印度国家煤炭公司（Coal India Limited，CIL）近年来煤炭产量快速飙升，2018 年已接近 5.7 亿 t，并一跃成为世界第一大煤炭生产商，该企业曾提出 2020 财年 10 亿 t 煤炭产量目标。CIL 只是印度煤炭生产的一个缩影，未来随着工业化、城镇化的继续推进，印度煤炭消费需求还有很大增长空间。

越南近年则利用“后发优势”，凭借廉价的劳动力、稳定的政策、规模较大的本地市场吸引住了外国资本，在全球制造业分工中取得了“一席之地”。因为制造业的发展，越南的煤炭消费大幅增长，从煤炭净出口国转变成为净进口国，消费缺口也在持续扩大。

8.1.1.3 煤炭行业的未来发展

2012—2019 年，全球煤炭产量整体上呈现波动变化的态势。自 2013 年起，由于煤炭大量被清洁能源替代，其产量出现了明显的下滑，但由于世界能源需求不断增长，2016 年之后全球煤炭产量又恢复了稳定的增长。2019 年，全球煤炭产量达到 81.29 亿 t，较 2018 年增长 0.47%。整体增长较为平稳。

2019 年，按标准油热值计算，全球煤炭共消费 3 750 万 t，与 2018 年基本持平，在波动变化后逐渐恢复平稳，未来也极大可能继续平稳运行。

8.1.2 金属行业——钢铁行业

8.1.2.1 行业背景介绍

钢铁在现代世界中起着至关重要的作用。除了作为建筑和基础设施最重要的材料之一，钢铁还在其他制造领域得以广泛应用。此外，钢铁为下游应用领域提供创新解决方案，在世界各地的研发项目中也是不可或缺的材料。在经济增速放缓的背景下，全球钢铁需求仍有望保持增长，将需要强度更大、能够满足更高环境标准的材料。随着新一代钢铁的不断开发，制造商和建造商可以实施耐久、轻便的设计。钢铁的关键地位就在于：没有其他材料能够像钢铁一样，同时具有独特的强度、成型性和广泛功能（邹才能，赵群，张国生，2016）。世界主要钢铁公司粗钢产量如表 8.3 所示。

表 8.3 主要钢铁公司粗钢产量

单位：10^6 t

名称	2016 年	2017 年	2018 年	2019 年
安赛乐米塔尔集团	95.45	97.03	96.42	97.31
中国宝武钢铁集团	63.81	65.39	67.43	95.47
日本制铁株式会社	44.65	47.36	49.22	51.68
河钢集团	46.18	45.56	46.8	46.56
浦项制铁	41.80	42.19	42.86	43.12

钢铁生产企业须将共生产品视为其企业产品组合的一部分，并且针对未来用途，确保共生产品的生产方式能够保证其属性和品质的统一性和可持续性。钢铁行业须不断完善共生产品的属性，不断开发新的、更有效益的应用。生产工艺的精确度越高，创造的价值越大。国外地区 2019 年钢铁行业新增产能情况如表 8.4 所示。

表 8.4　国外地区 2019 年钢铁行业新增产能情况

单位：万 t/a

国家		新增产能					
		烧结矿	生铁	粗钢	板坯	长材	管材
亚洲地区	越南	—	200	300	100	250	35
	日本	400	270	—	—	—	—
	印度	—	—	130	35	—	27.5
中东地区	伊朗	—	—	177	210	55	15
	埃及	—	—	25	25	230	—
美洲地区	美国	—	—	68	68	40	—

8.1.2.2　国外钢铁行业的政策

钢铁行业是国民经济支柱性产业，对于国家的经济结构和经济地位有着重要的作用。

美国钢铁行业——美国政府通过税收改革为现有的钢铁企业现代化改造积累资金，引用电炉炼钢，节约自然资源，合理利用可以循环使用的废钢资源。

日本钢铁行业——在 20 世纪 60 年代日本出现经济衰退的情况下，政府要求日本的钢铁企业采用“公开销售制”，这种制度规定企业需报告钢铁品种的预订销售量，实行企业减少粗钢生产政策。

韩国钢铁行业——韩国政府大力鼓励钢铁企业进行合并重组，在国内外需求骤减的严峻形势下减少韩国钢铁行业的经济损失。韩国政府注重国际环境的研究，把利用国外资源、开拓国际市场作为工作的重心。

欧洲国家钢铁行业——近年来，为提高钢铁行业的竞争力，尽可能地提高利润、降低成本，欧洲出现大规模的企业合并事件。在结构调整中，欧洲钢铁行业注重发展专业特长的产品，将发展重点放在生产不锈钢、特殊钢产品。

8.1.2.3　钢铁行业的未来发展

据国际货币基金组织发布的最新《世界经济展望报告》，2019 年全球钢铁行业产出增长上调至 3.7%，较 2018 年增速高 0.5%，表明全球经济复苏基础良好。生态环境部根据污染物产生量、排放量和环境危害程度的不同对企业进行差异化管理。

8.1.2.4　钢铁行业的绿色供应链

在钢铁行业中，绿色供应链管理包括钢铁企业通过与上游供应商、下游客户的合作以及企业内部各部门之间的合作，从选择钢铁材料、设计产品、制造产品、销售钢铁等过程中考虑环境效益最优化，实现钢铁行业供应链的可持续发展。钢铁企业的节能减排工艺改进、环保材料与新技术引进对绿色供应链管理的成败起着重要的影响与作用（王国栋，2015）。

钢铁行业属于资源消耗较高的产业，推动绿色供应链管理是钢铁制造业新的经济增长趋势，成为钢铁行业实现可持续发展的一条重要途径。根据钢铁的业务特征，钢铁企业绿色供应链可以分成绿色采购、绿色生产、绿色营销、绿色回收环节，从而形成了钢铁行业绿色供应链的多元结构。

在钢铁行业的发展过程中，根据供应链的管理模式，构建钢铁行业的绿色供应链，如图 8.3 所示。

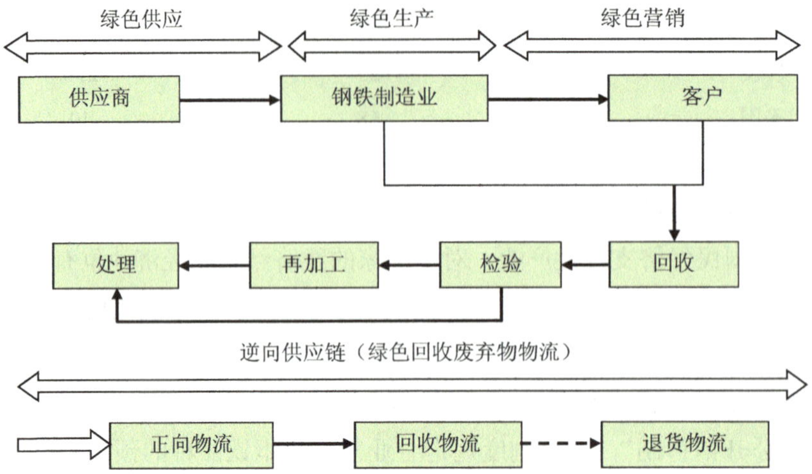

图 8.3　绿色供应链示意图

8.1.3　非金属行业——水泥行业

8.1.3.1　行业背景介绍

水泥是一种基础性原材料，只有在应用于社会经济建设当中才能发挥其作用。同时，水泥也是一种半成品，需要与下游的混凝土行业相结合。作为混凝土的关键组成部分，水泥性能好坏直接影响到建筑工程质量，是关乎国计民生的大事。但与此同时，水泥也是一种对资源产生巨大消耗的产业，而在环保层面，虽然目前水泥行业治理技术大幅升级，但污染物的产生仍然不可避免。正因如此，如何用更少的资源消耗和环境代价，满足社会经济建设需求是水泥行业未来发展的关键所在，违背这一发展理念的所有做法都是伪科学的。2019 年世界主要水泥公司水泥年产能如表 8.5 所示。

在未来相当长的时期内，水泥仍将是人类社会的主要建筑材料。一个国家的水泥产量越高，说明这个国家的基础设施建设强度越高，与此同时，该国的经济发展活跃度也越高。2019 年世界十大水泥生产国水泥产量如表 8.6 所示。

表 8.5　2019 年主要水泥公司水泥年产能

单位：亿 t

公司名称	产能
拉法基豪瑞集团	2.886 6
安徽海螺水泥股份有限公司	2.172 0
中国建材集团有限公司	1.762 2
海德堡水泥	1.211 1
意大利水泥集团	0.8

表 8.6　2019 年主要水泥生产国水泥年产量及占比

国家	产量/亿 t	占比/%
中国	23.5	57.32
印度	3.39	8.27
越南	0.95	2.32
美国	0.89	2.17
埃及	0.76	1.85
印度尼西亚	0.74	1.80
伊朗	0.60	1.46
俄罗斯	0.57	1.39
韩国	0.55	1.34
日本	0.54	1.32

8.1.3.2　国外水泥行业发展概况

水泥行业与国民经济的发展息息相关，各个国家的政府都对水泥行业保持着高度重视，以下是一些典型国家的行业发展概况。

美国水泥行业——作为世界工业强国，美国水泥行业已实现规模化和集团化生产。美国的水泥市场在经历了经济危机后，一批落后的湿法生产线和小规模生产线已自行淘汰，一些大的水泥集团开始通过吸收并购扩大其市场份额。

印度水泥行业——印度是仅次于中国的世界第二大水泥生产和消费国。作为金砖国家经济体，印度水泥消费量增长，主要是由于强大的基础设施和住房发展。尽管投资量大，但燃料和能源短缺等问题，使其水泥企业在 2014—2015 年的原材料供给和区域市场发展方面遭遇重大挑战。

日本水泥行业——日本水泥行业的发展与其经济发展高度重合。日本水泥行业从 20 世纪 60 年代中期，需求和产能开始快速增加，一直到经济泡沫破裂，增长戛然而止。日本水泥行业发展的巅峰时期是 1991 年，然而，到 2010 年，日本水泥消耗量只有 1991 年的 50%，回落到日本 40 年前（20 世纪 70 年代）的水平（韩仲琦，2017）。

德国水泥行业——作为欧洲经济发展的代表，德国有着庞大而高效的水泥行业，除了主要的跨国水泥生产商，德国境内还有一大批成功的独立水泥生产商。但 2008 年金融危机后，德国的水泥产量就一直维持在一个较低水平的“新常态”，这也是目前欧洲发达经济体的典型表现。

8.1.3.3 水泥行业的未来发展

美国地质勘探局的统计数据显示，2019 年，全球水泥产能为 37 亿 t，全球水泥产量约为 41 亿 t，基本与 2018 年持平，水泥产量主要分布在中国。同时，2010—2019 年，全球水泥制造行业的产能利用率均维持在 100%以上。需求方面，2019 年，全球水泥消费总量在基础设施建设驱动下，约增长 1.8%，达到 43.65 亿 t。从供需平衡的角度来看，2019 年全球水泥行业供小于求，因此，市场仍存在增长空间。

8.2 国外典型矿产企业绿色供应链管理做法

8.2.1 煤炭行业——嘉能可国际

8.2.1.1 企业背景介绍

嘉能可国际（Glencore International Plc）创办于 1974 年，1993 年创始人马克·里奇逐步将其持有的 MarcRich&Co.AG 股份出售给集团管理层及主要雇员，随后集团更名为嘉能可国际。集团的总部设于瑞士巴尔，是全球最大的大宗商品贸易商。嘉能可国际经营范围覆盖生产、采购、加工、冶炼、运输、储存、融资、金属和矿产品、能源产品和农产品的供应。其主要业务包括金属矿产、能源产品和农产品三大块，金属矿产主要包括铜、锌、铅、镍、铁烙合金、金、银等，其中在锌、钴、铜三个领域最有话语权；能源产品主要是煤炭、石油产业链产品、天然气，拥有 16 多万名员工，通过遍布 35 个国家/地区、约 150 家子公司或办事处，生产并销售 60 多种大宗商品，是全球最大动力煤炭贸易商、最大锌生产商、第三大铜矿开采商和第四大镍矿开采商、除中国之外最大的铝交易商。市场交易方面，其将通过自己生产或者从全球供应商处采购的商品和产品销往世界各地的客户（刘冰川等，2019）。

嘉能可国际的客户包括世界最大的能源公司 BP、道达尔、埃克森美孚、康菲石油国际、雪佛龙、巴西淡水河谷、力拓等全球大型企业，还有伊朗、墨西哥和巴西的国家石油公司，以及西班牙、法国、日本、中国大陆及台湾地区的公用事业企业。

在美国《财富》官网公布的 2019 年世界 500 强榜单中，嘉能可国际集团以 219 亿美元的营收位于第 16 名（较 2018 年下降 2 名）。

8.2.1.2　嘉能可国际经营状况分析

2019 年公司调整后 EBITDA（指未计利息、税项、折旧及摊销前的利润）同比下降 26%，至 116 亿美元；归属于股东的净利润亏损 4.04 亿美元，同比下降 112%。其中仅减值费用就高达 28 亿美元，主要来自哥伦比亚的煤炭、乍得石油以及非洲的铜矿资产等，这是嘉能可国际五年来首次亏损（表 8.7）。

表 8.7　2016—2019 年嘉能可国际经营业绩

单位：10^6 美元

项目	2016 年	2017 年	2018 年	2019 年
总收入	152 948	205 476	220 524	215 111
毛利润	3 280	7 888	9 138	4 821
营业收入	–549	6 921	4 679	–888
净收入	1 379	5 777	3 408	–404

数据来源：嘉能可国际年度财务报告。

8.2.1.3　嘉能可国际绿色治理

（1）应对气候变化

根据温室气体协议，嘉能可国际集团将运营排放分为范围 1、范围 2 和范围 3 排放，测量由运营控制的工业活动、实体和设施产生的直接和间接排放。范围 1（以二氧化碳当量计）包括自有或控制的锅炉、熔炉和车辆/船只的燃烧排放和煤层排放（即直接排放）。范围 2 排放（以二氧化碳计）将电网排放系数应用于企业购买的所有电力，不考虑具体的可再生电力合同（即间接排放）。2019 年嘉能可国际的碳排放情况如表 8.8 所示。

表 8.8　2019 年嘉能可国际碳排放状况

	2017 年	2018 年	2019 年
二氧化碳排放量范围 1/10^6 t	21.8	18.8	18.3
二氧化碳排放量范围 2/10^6 t	11.5	11.8	10.9
范围 1 和范围 2 的碳排放强度/（GHG/tCu）	4.40	4.13	3.93
二氧化碳排放量范围 3/10^6 t	290	313	343
总能量消耗/GJ	201	209	210

数据来源：嘉能可社会责任报告。

2019 年，嘉能可国际消耗的燃料排放了 1 830 万 t 范围 1 二氧化碳当量（直接排放）（2018 年：1 880 万 t）。这个数字包括企业冶炼厂使用的还原剂的排放量，还包括煤炭和石油作业产生的二氧化碳排放量，约占第一类排放的 22%。范围 1 排放量的减少主要是由于澳大利亚一个地下煤矿运营的关闭和一个煤矿运营的撤资。2019 年，排放了 1 090 万 t 范围 2 的二氧化碳（间接排放）（2018 年：1 180 万 t）。范围 2 排放的减少主要反映了南非铁合金冶炼厂运营的减少。

除了范围 1 和范围 2 温室效应气体（GHG）排放外，嘉能可国际的活动还包括范围 3 排放，与企业价值链中的间接 GHG 排放有关。这些排放包括与企业从供应商处购买的产品和服务相关的上游排放和下游排放，下游排放包括嘉能可国际的客户使用其生产的化石燃料、加工其金属和精矿所产生的排放，以及定期租船产生的排放。范围 3 总排放量为 3.43 亿 t 二氧化碳当量，比 2018 年的 3.13 亿 t 二氧化碳当量有所增加。这一增长主要是嘉能可国际最近收购的澳大利亚煤炭业务的贡献。

作为世界上最大的多元化资源公司之一，嘉能可国际在向低碳经济转型的过程中发挥着重要作用。通过定位良好的产品组合来实现低碳转型目标，其中包括支撑能源和移动转型的大宗商品，以及支持减排技术，如碳捕获、利用与封存（CCUS）。力求减少自身业务足迹的碳排放，支持努力实现《巴黎协定》目标的国家方案。2020 年年初，嘉能可国际提供了气候变化计划的最新情况，其中包括到 2035 年范围 3 二氧化碳排放（因使用嘉能可国际的产品而产生的排放）预计减少 30%。

（2）水资源管理

2019 年，嘉能可国际提取了 10.5 亿 m^3 的水（2018 年：10.2 亿 m^3）。水提取量的适度增加是由于一些资产的报告有所改善，以及某些作业的降雨量显著增加。

嘉能可国际承认获得安全清洁的水和卫生设施是一项人权，力求充分理解并最大限度地减少与水相关的影响，特别地，确保以保护共享水源的方式管理企业的活动。嘉能可国际致力于确保企业的所有资产都有良好的水管理，包括在需要时进行适当的风险评估、监控和实施纠正措施。企业去咨询他们的东道社区和其他相关的当地水用户，以找出他们的优先事项，并就解决方案进行合作。从而最大限度地减少企业的运营对水资源的潜在影响，为所有用水者提供公平合理的用水机会。主要举措有继续在全集团范围内实施企业的水管理指南；完成了中等风险资产的评估，重点是那些存在已确定的声誉问题的资产；发起了一项审查企业资产、提供讲卫生服务的活动；继续实施国际采矿及金属委员会（ICMM）基于流域的方法的试点研究。

（3）土地管理

嘉能可国际是一个大的土地所有者，目前拥有、租赁或管理超过 200 万 hm^2 的土地，企业活动已经干扰了大约 6%的土地（126 471 hm^2）。2019 年，嘉能可国际企业活动扰动了 3 205 hm^2 土地，恢复了近 2 113 hm^2 土地（2018 年：扰动 6 189 hm^2，恢复 2 688 hm^2）。在受干扰的全部土地中，企业已经恢复了 25%（32 096 hm^2），其中 94 375 hm^2 需要恢复。

嘉能可国际集团一直以成为土地管理和生物多样性管理领域的行业领导者为目标，要求企业的工业资产实施土地管理，包括标准要素，如环境政策、测量、记录、评估和持续改进。这些考虑因素包括维护企业设施的完整性，以避免可能影响土地的环境事件，有效利用资源，保护保护区和生物多样性，以及关闭规划和恢复（包括财务规定）。截至 2017 年，企业 90%需要生物多样性管理计划的运营已经实施了计划。其余 10%的计划正在进行中（吕洁，周蕾，2017）。

8.2.1.4 嘉能可国际可持续发展表现

（1）能源使用总量

2019 年，嘉能可国际的能源使用总量为 210 PJ，比 2018 年报告的 209 PJ 略有增加，主要是因为收购了 Astron 公司（图 8.4）。

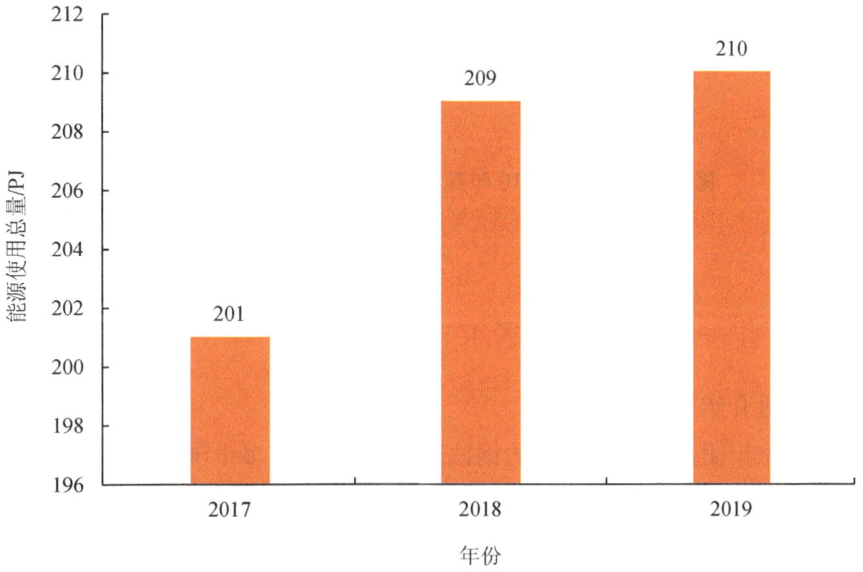

图 8.4 2017—2019 年嘉能可国际集团能源使用总量

数据来源：嘉能可国际社会责任报告。

（2）碳排放强度

嘉能可国际集团有望超额完成 2020 年温室气体排放强度比 2016 年基准降低 5%的目标。截至 2019 年，已将范围 1 和范围 2 的排放强度降低了 9.7%。

（3）社区投资费用

在这一年里，嘉能可国际集团在社区发展方案上花费了 9 000 万美元。集团的目标是继续投资于社区，并提供可持续的社会经济效益（图 8.5）。

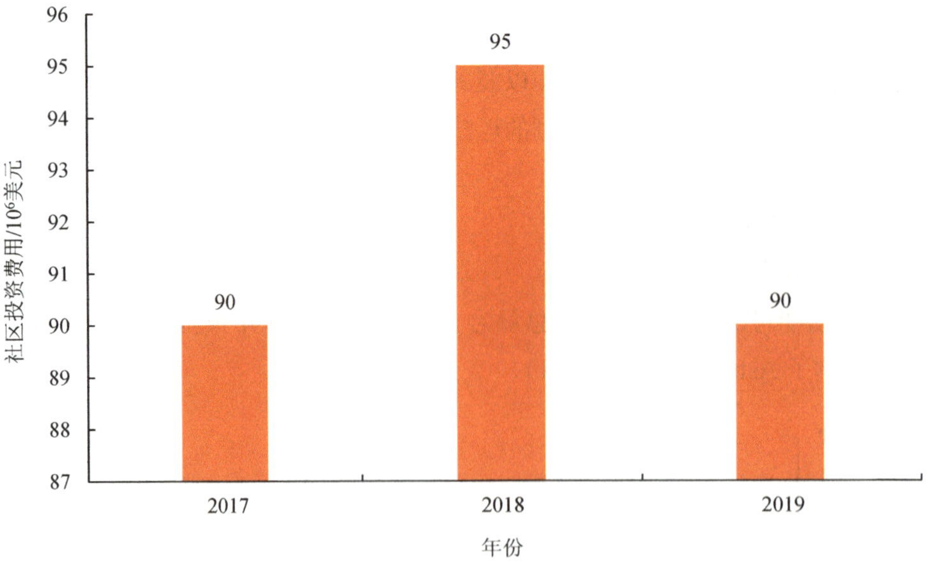

图 8.5 2017—2019 年嘉能可国际集团社区投资费用

数据来源：嘉能可国际社会责任报告。

8.2.2 钢铁行业——安赛乐米塔尔

8.2.2.1 企业背景介绍

安赛乐米塔尔集团是全球最优秀的钢铁制造商，在 60 多个国家雇用 32 万名员工，总部设在卢森堡。集团年产钢铁量为 1.3 亿 t，约占世界钢铁总产量的 10%。安赛乐米塔尔在汽车、建筑、家用电器、包装等领域占据全球领先地位，集团在欧洲、亚洲、非洲和美洲的 27 个国家拥有分支机构，业务范围覆盖新兴市场与成熟市场。

为了制造钢材，原材料使用直接减铁工艺变成液态铁。在开始热轧之前，需要重新加热板材，达到约 1 200℃。为了提高这个过程的效率，安赛乐米塔尔集团开发了创新的气体燃烧器，利用从高炉回收的废气作为能源。利用以前被认为是“废物”的气体和材料（如废渣）是现代、高效和可持续炼钢的标志。

安赛乐米塔尔集团更智能的钢铁是循环经济的重要组成部分，是可持续发展的核心。除了可无限回收，它们还有助于实现每个行业的环境目标。在汽车领域，他们制造更轻、更坚固的车辆。在建筑领域，建筑和基础设施可以拥有更长的寿命、更轻的碳足迹，并更快地进行建造和回收利用。钢铁对于关键可再生能源技术的建设至关重要，特别是风力蜗轮机、太阳能光伏发电和热发电。并且用钢材、包装和先进的消费品可以无休止地回收利用，减少浪费（袁伟刚，2020）。

8.2.2.2　集团钢铁生产经营流程分析

钢由铁矿石制成，铁矿是一种铁、氧和其他矿物的化合物，这种矿物在自然界中发生。炼钢原料采用两种不同的工艺进行开采，然后转化为钢：高炉/基本氧炉路线和电弧炉路线。这两种工艺都在不断改进，以满足低排放炼钢的挑战。

生产钢材需要三种主要原材料：铁矿石、煤炭和废铁。当煤变成焦炭时，焦化工艺产生焦炭气体，焦炭气体是一种有价值的、具有能量的商品，因此被重新使用，为焦炉提供热量。它也可以用来发电。其他的边产品——焦油、硫黄、氨、石脑油和苯甲苯，也捕获并出售给化学工业，并没有浪费。

8.2.2.3　集团生产经营状况分析

（1）业绩分析

2019 年安赛乐米塔尔集团自有铁矿石产量为 5 710 万 t，比 2018 年的 5 850 万 t 小幅减少 2.4%；粗钢产量为 8 980 万 t，比 2018 年的 9 250 万 t 下降 2.9%；钢材发货量为 8 450 万 t，比 2018 年的 8 390 万 t 小幅增加 0.7%，主要是由于欧洲部门钢材发货量同比增加 3.2%。同期吨钢 EBITDA（即未计利息、税项、折旧及推销前的利润）为 42 美元/t，比 2018 年的 107 美元/t 骤降 60.7%。安赛乐米塔尔集团的生产经营业绩如表 8.9 所示。

表 8.9　安赛乐米塔尔集团生产经营业绩

	2019 年第四季度	2019 年第三季度	环比	2019 年	2018 年	同比
销售收入/亿美元	155.14	166.34	-6.70%	706.15	760.33	-7.10%
EBITDA/亿美元	9.25	10.63	-13%	51.95	102.65	-49.40%
营业利润/亿美元	-15.35	2.97	—	-6.27	65.39	—
净利润/亿美元	-18.82	-5.39	—	-24.54	51.49	—

（2）钢铁经营状况分析

2019 年第四季度安赛乐米塔尔集团自有铁矿石产量达 1 480 万 t，环比增长 8.8%，主要是由于第三季度的电力故障导致选矿厂暂时停产，在当期的生产限制之后，加拿大矿山发货量增加，利比里亚地区在雨季之后铁矿石发货量出现季节性回升。第四季度铁矿石发货量为 960 万 t，环比增加 14.8%。

分部门来看，第四季度北美自由贸易区部门粗钢产量为 530 万 t，环比第三季度的 570 万 t 减少 7.0%，部分原因是扁平材和长材产线的计划停产，通过定期调整以适应疲软的需求，同期钢材发货量为 500 万 t，环比第三季度的 510 万 t 减少 2.1%，主要原因是扁平材发货量环比减少 2.9%；巴西部门粗钢产量为 250 万 t，环比第三季度的 270 万 t 减少 6.7%，主要原因是长材产量下滑；钢材发货量为 270 万 t，环比第三季度的 280 万 t 减少 3.3%。其中，长材发货量环比减少 10.4%，而扁平材环比增加 2.6%。安赛乐米塔尔集团生产经营状况如表 8.10、图 8.6 所示。

表 8.10 安赛乐米塔尔集团生产经营状况

	2019 年第四季度	2019 年第三季度	环比	2019 年	2018 年	同比
自有铁矿石产量/万 t	1 480	1 360	8.80%	5 710	5 850	−2.40%
粗钢产量/万 t	1 980	2 220	−10.80%	8 980	9 250	−2.90%
钢铁发货量/万 t	1 970	2 020	−2.50%	8 450	8 390	0.7%

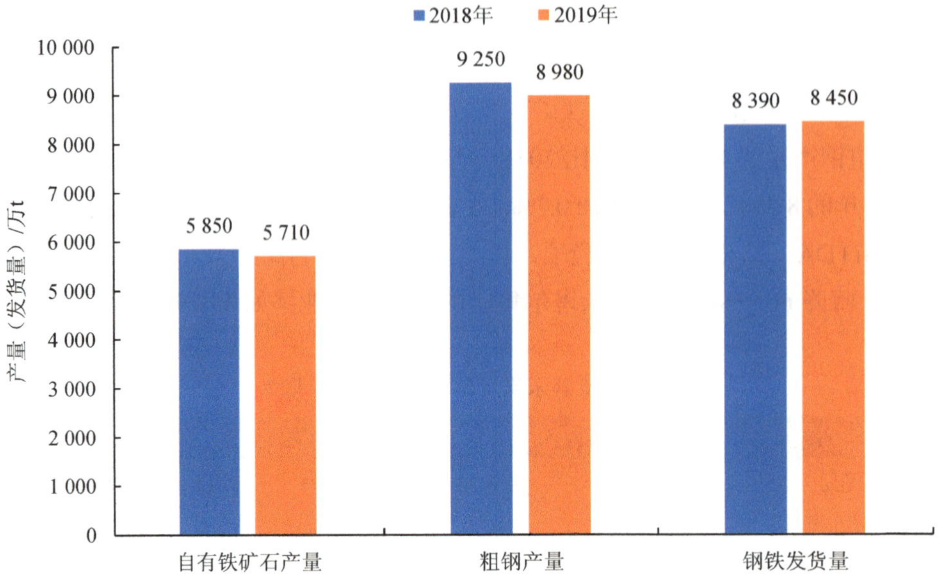

图 8.6 安赛乐米塔尔集团生产经营状况

8.2.2.4 集团面对的挑战

集团的客户、投资者、员工和社区越来越希望与一家能够预见其需求的公司合作，而这一点与可持续发展的关系越来越密切。因此，当安赛乐米塔尔集团设计改进产品或流程时，集团必须使它们本质上更具可持续性。为了实现低碳环保的目标，安赛乐米塔尔集团必须为低碳交通、家庭和基础设施设计解决方案，同时减少原材料的使用，减少排放，确保所有的边产品都可重复利用。

安赛乐米塔尔集团的第一份气候行动报告于 2019 年 5 月发布，报告解释了钢铁生产方式，强调了企业支持性公共政策对于降低 GHG 炼钢排放的重要性，并指出了如果这些政策未能实现，可能为企业带来一定的风险。此外，报告还描述了安赛乐米塔尔集团广泛的创新产品组合，重点介绍了企业正在开发和试行以应对气候挑战的六种技术，解释了集团的碳绩效以及集团如何应对与气候相关的金融风险。

燃料燃烧是炼钢过程中绝大部分碳排放的来源。钢铁也可以由废料制成，但是全球可生产的量虽然排放量低得多，但使用寿命有限。目前的供应量仅足以支撑全球钢铁产量的1/3。到 2050 年，报废金属废料仍仅占全球钢铁需求的一半以下，因此直到 2100 年左右，世界将继续依赖铁矿石。因此，未来几十年该行业的碳挑战必须是改变安赛乐米塔尔集团将铁矿石转变为钢铁的方式，同时这也是集团减少碳足迹的重点所在。

过去 30 年来，全球材料生产大幅增长；钢铁是唯一可以完全回收利用的制造材料，材料可回收性情况见表 8.11。钢具有较高的可回收性，是可持续循环经济的理想材料。

表 8.11　材料的生产和可回收性

材料	可回收性	由报废材料制成
1 塑料和合成织物	部分可回收，低循环的风险很少或没有可回收性	5%～10%
2 水泥	有可回收性	0%
3 铝	高度可回收，有下降循环的风险	21%
4 钢铁	回收，低循环风险	22%
5 纸和纸板	高度可回收，有下降循环的风险	50%～60%

8.2.2.5　安赛乐米塔尔集团的治理模式

安赛乐米塔尔集团可持续发展（SD）充分融入业务对于为股东和其他利益相关者创造长期价值至关重要，同时保持盈利的市场份额。集团在业务单位、个别地点和具体项目上的实地进展由管理层和董事会监督。董事会最终对集团的可持续发展绩效和战略方向负责。被提名的高级领导人向董事会的任命、薪酬、公司治理和可持续发展委员会报告可持续发展问题、绩效和针对计划和目标的进度，分五个主题：安全、社会、环境、气候变化和客户保证，每季度摘要发送给董事会。集团气候变化与环境委员会负责协调并推进公司应对气候变化的工作，该委员会由集团五位执行官之一担任主席。集团技术委员会提供部门计划的最新信息，以及集团通信、企业责任、战略和政府事务团队对利益相关者的期望和参与情况。

安赛乐米塔尔集团考虑可能影响业务和利益相关者的风险进行可持续发展风险管理，包括因未实现环境、社会和道德目标而产生的风险。短期风险通过现场管理自下而上的过程进行评估，该流程每季度向董事会报告一次，而长期的社会、环境、技术、监管和利益相关者趋势则由公司战略、公司责任、政府事务和研发职能部门持续评估，此分析用于为首席执行官办公室领导的战略前景提供信息。

8.2.3 非金属行业——拉法基豪瑞集团

8.2.3.1 企业背景介绍

世界财富 500 强之一的拉法基豪瑞集团已有 170 多年的历史，在水泥、石膏板、骨料与混凝土分支均居世界领先地位。

拉法基豪瑞是建材领域唯一一家入选 2008 年“全球 100 名最具可持续发展的企业”。从 1999 年起，连续被《财富》杂志评为世界 500 强企业。

拉法基豪瑞集团于 1994 年进入中国，旗下拥有拉法基瑞安水泥有限公司、上海拉法基石膏建材有限公司和北京易成拉法基混凝土有限公司。业务涵盖水泥、石膏板、骨料和混凝土业务等。在中国拥有员工约 18 000 人。

多年以来，拉法基豪瑞一直致力于可持续发展，寻求将专业技术和经营绩效、创造价值、尊重员工、地方文化、保护环境、保护自然资源和能源相结合的战略。为推动建筑材料业的发展，拉法基豪瑞将始终坚持以客户为导向，以创新的解决方案为建材领域和大众提供日常所需的更加安全、舒适、高质量的环境。

8.2.3.2 企业水泥生产经营流程分析

水泥生产过程可以简要地概括为“两磨一烧”。硅酸盐类水泥的生产工艺在水泥生产中具有代表性，是以石灰石和黏土为主要原料，经破碎、配料、磨细制成生料，然后喂入水泥窑中煅烧成熟料，再将熟料加适量石膏（有时还掺加混合材料或外加剂）磨细而成。

在这一过程中，会产生大量的粉尘。而由于目前水泥行业采用的生产模式大都较为粗放，无法达到相对清洁的水平，对水泥生产的原料和燃料品质不能进行很好的控制，从而导致水泥行业污染量较大。

8.2.3.3 集团生产经营情况分析

根据 *Global Cement Dictionary 2020*（《全球水泥词典》），拉法基豪瑞集团现在的标定年产能维持在 3.14 亿 t。集团的水泥销量由 2018 年的 2.21 亿 t 下滑至 2019 年的 2.08 亿 t。

2019 年拉法基豪瑞集团创造了 21.8 亿美元的利润，相较于 2018 年提升了 32%。据其首席执行官 Jan Jenisch 所言，这样的利润增长是借助“更低的重组成本和经营成本”实现的。销售额达到 281 亿美元，相较之前的 273 亿美元增长了 3.1%，“因欧洲和北美市场的良好增长驱动、各公司部门良性的价格变动和主要市场高价格表现”，Jenisch 这样说道，“我们已经实现了我们 2019 年的所有目标而且将我们的公司推向了一个新的业绩表现”。

拉法基豪瑞集团的经营业绩如表 8.12 所示。

表 8.12　拉法基豪瑞集团经营业绩

单位：10^6 瑞士法郎

	2016 年	2017 年	2018 年	2019 年
营业收入	23 244	27 377	24 249	22 659
税前净收益	2 822	−1 180	2 375	3 319
税后净收益	2 047	−1 716	1 719	2 513
净收入	1 791	−1 675	1 502	2 246

数据来源：拉法基豪瑞集团年度财务报告。

8.2.3.4　集团发展理念

作为行业领军企业，拉法基豪瑞率先将可持续发展的价值和理念引入中国水泥行业，带头应对循环经济领域的各类挑战，并致力于成为中国建材行业最具持续性的企业。

在可持续发展理念的指导下，拉法基豪瑞因在中国积极推广并切实实施二氧化碳、粉尘、氮氧化物和二氧化硫减排而广获赞誉。为应对城镇化的快速进程所带来的日益严重的“垃圾围城”问题，其直属拉豪四川及关联公司华新水泥引进国外成熟的水泥窑协同处置城市及工业废物技术，领跑水泥行业在此方面的发展，目前每年能够处理 550 万 t 废物。值得一提的是，自 20 世纪 90 年代公司在华投资建厂开始，拉法基豪瑞成为首家将矿山复垦引入中国水泥行业并予以实施的企业，近年来，更是积极响应习总书记提出的“绿水青山就是金山银山”的理念，践行中国生态文明建设。不仅如此，作为企业公民，拉法基豪瑞坚持与所在社区共同成长，不但推出多种项目帮助解决基础设施、贫困和学校教育等社区问题，还通过其运营场所开展志愿者计划，帮助社区实现绿化和清洁建设，并持续向社区宣传健康安全的价值观和实践。

此外，拉法基豪瑞中国还与联合国开发计划署（UNDP）中国代表处签署了“可持续发展示范项目计划”，旨在将拉法基豪瑞的可持续发展的解决方案和产品作为示范标杆，应用到中国的基础设施和城市建设中，从而对可持续发展技术进行全面升级。

在合作的基础上，公司将引进诸如再生混凝土、尾矿治理、城市循环经济等先进环保解决方案，参与联合国开发计划署在华的工业、创新和基础设施，可持续发展城市和社区，负责任的消耗和生产，气候行动等诸多项目，共同为中国的可持续发展添砖增瓦。

作为世界 500 强企业之一，拉法基豪瑞自 1994 年进入中国市场以来，见证并参与了中国的快速发展。在华拥有 150 余个生产场所，员工约 18 000 人，水泥产能超过 1 亿 t，位列中国水泥行业第 5 位，目前业务涉及水泥、混凝土、骨料、环保、装备及工程等领域。不仅如此，拉法基豪瑞还积极响应习总书记提出的“一带一路”倡议，将目光投向海外市场，配合中国大客户在“一带一路”沿线 18 个国家 42 个大型基础设施项目的建设。拉法基豪瑞将继续践行可持续发展理念，不断引进更多的创新技术和产品，以期更好地服务中国市场，助力中国政府实现可持续发展目标（郎咸平等，2009）。

8.2.3.5 公司可持续发展目标

以科学为基础，构建一个零排放的未来。作为行业的全球领导者，拉法基豪瑞要在解决今天的气候危机中发挥关键作用。作为全球第一家签署了 1.5℃商业承诺的建材公司，拉法基豪瑞批准了与零排放路径相一致的中间目标。2030 年，拉法基豪瑞的目标是加速行动，将二氧化碳排放量降低 20%以上。

8.2.3.6 集团可持续发展政策

作为世界上最节能的水泥制造商之一，拉法基豪瑞制定了自己的减排目标。2019 年，该公司制定的 2030 年目标是每吨水泥排放二氧化碳 520 kg（图 8.7），比 2018 年减少 65%。

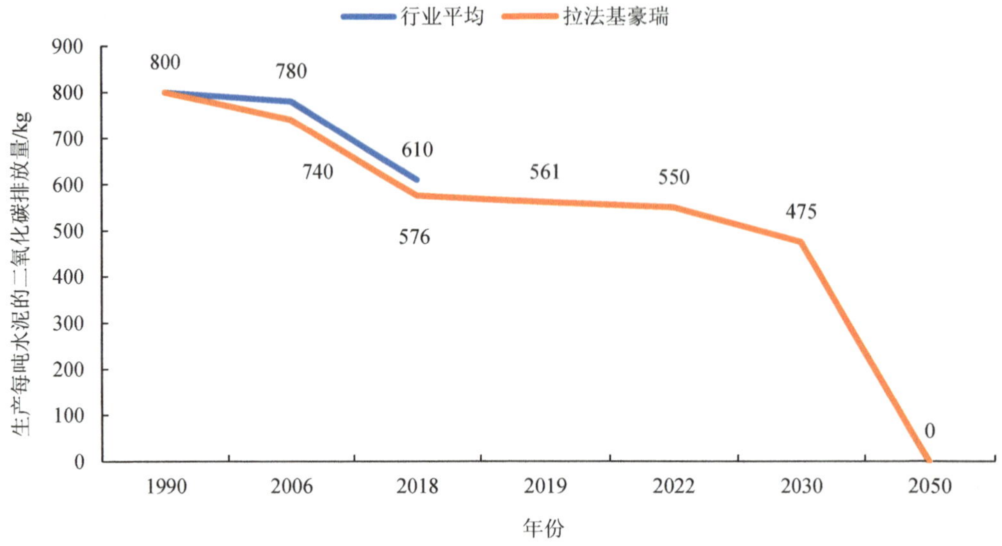

图 8.7 生产每吨水泥的二氧化碳排放量

数据来源：拉法基豪瑞社会责任报告。

该公司同样在解决社会浪费问题、促进循环经济、保护宝贵的自然资源方面做出了努力。2019 年，拉法基豪瑞营运活动中废物重复利用率增加了 4.3%。

拉法基豪瑞超过 1/4 的水泥生产地点位于水资源紧张地区，2019 年，该公司每吨水泥消耗的淡水减少了近 6%（汪阳，2018）。

8.3 本章小结

通过上述对三大行业的宏观介绍以及对三家代表性企业的分析，我们不难发现，无论是国家还是企业，大家已经自觉将绿色发展观念作为自身生存与发展的目标，并自觉践行这一理念。但人类还可以作出更大的努力，依据当前世界发展的现状，我们应该首先在工业领域实施绿色发展，特别是要全面推行绿色制造，使绿色发展与绿色制造作为工业发展的一种新理念，成为人类文明进步的新呼唤。新时代的工业化实践要将马克思主义的环境理论作为出发点，理性地反思人与自然的关系，摒弃“人类中心主义”的狭隘观点，找到一条科学处理人与自然关系可持续发展的工业化道路。

参考文献

韩仲琦．2017．日本水泥产业三十年[J]．水泥技术，（3）：19-26，32.
焦敬平，张浩天．2019．世界煤炭：生产和消费格局继续东移[J]．能源，（9）：43-45.
郎咸平，孙晋，胡耀明．2009．颠覆一个行业水泥大亨改变困境的计划——拉法基豪瑞在中国的案例[J]．深圳特区科技，（Z1）：73-83.
刘冰川，祁世兵，王晓民．2019．嘉能可：全球矿业新巨头[J]．中国金属通报，（10）：1-2.
吕洁，周蕾．2017．嘉能可的漫漫复产路[J]．中国有色金属报，5.
汪阳．2018．拉法基豪瑞助推全球发展[J]．中国水泥，（3）：54-55.
王国栋．2015．钢铁行业技术创新和发展方向[J]．钢铁，（9）：1-10.
薛宇择，张明源．2020．美国能源政策的转变与国际能源安全[J]．中外能源，25（8）：9-15.
袁伟刚．2020．安赛乐米塔尔专注于创造可持续价值[J]．冶金管理，（10）：42-46.
邹才能，赵群，张国生．2016．能源革命：从化石能源到新能源[J]．天然气工业，（1）：1-10.

第 9 章

“一带一路”国家矿区环境及生态修复能力

2013 年 9—10 月，习近平主席提出了“丝绸之路经济带”和“21 世纪海上丝绸之路”的构想，2015 年 3 月，国家发展和改革委员会、外交部和商务部联合发布了《推动共建丝绸之路经济带和 21 世纪海上丝绸之路的愿景与行动》，文件强调“加大煤炭、油气、金属矿产等传统能源资源勘探开发合作，积极推动水电、核电、风电、太阳能等清洁、可再生能源合作，推进能源资源就地就近加工转化合作，形成能源资源合作上下游一体化产业链，加强能源资源深加工技术、装备与工程服务合作”，由此“一带一路”倡议成为国内外各界密切关注的热点问题。“一带一路”倡议是顺应世界经济格局变化和经济全球化深入发展趋势的必然结果，有利于进一步促进全球战略资源的优化配置。

矿业为人类提供基本物质与能源保障，支撑世界经济社会繁荣发展。据统计，人类 95%以上的能源、80%以上的工业原料和 70%以上的农业生产原料都来自矿产资源。矿业在全球经济社会发展中的地位愈发凸显，2018 年矿业为人类提供了 227 亿 t 的能源、金属和重要非金属矿产，总产值高达 5.9 万亿美元，相当于全球 GDP 的 6.9%。其中，能源矿业产值 4.5 万亿美元，占世界矿业总产值的 76%。随着“一带一路”倡议的深入推进，“一带一路”国家矿业开发成为必然趋势，但由于大部分“一带一路”国家自然条件差、生态脆弱，亟待大力推广绿色矿山技术。本章首先分析了“一带一路”倡议中的矿业发展动向，然后阐述了“一带一路”沿线国家矿区环境条件，分析了这些国家矿业开发环境影响的现状，并对这些国家的矿区生态修复能力进行了评价。

9.1 “一带一路”倡议与矿产资源

9.1.1 “一带一路”倡议

2013 年 9—10 月，中国国家主席习近平在出访哈萨克斯坦和印度尼西亚时先后提出共建“丝绸之路经济带”和“21 世纪海上丝绸之路”的重大倡议。中国政府成立了推进“一带一路”建设工作领导小组，并在中国国家发展改革委设立领导小组办公室。2015 年 3 月，中国发布《推动共建丝绸之路经济带和 21 世纪海上丝绸之路的愿景与行动》；2017 年 5 月，首届“一带一路”国际合作高峰论坛在北京成功召开。中国还先后举办了博鳌亚洲论坛年会、上海合作组织青岛峰会、中非合作论坛北京峰会、中国国际进口博览会等。“一带一路”倡议得到了越来越多国家和国际组织的积极响应，受到国际社会广泛关注，影响力日益扩大。2018 年 8 月，习近平主席在北京主持召开推进“一带一路”建设工作 5 周年座谈会，提出“一带一路”建设要从谋篇布局的“大写意”转入精耕细作的“工笔画”，向高

① 本章内容曾以论文形式刊于《中国矿业》2021 年第 7 期（题为《“一带一路”沿线国家矿山生态修复能力评价研究》），本书有增改。

质量发展转变，造福沿线国家人民，推动构建人类命运共同体。

“一带一路”倡议源自中国，更属于世界；根植于历史，更面向未来；重点面向亚欧非大陆，更向所有伙伴开放。共建“一带一路”跨越不同国家地域、不同发展阶段、不同历史传统、不同文化宗教、不同风俗习惯，是和平发展、经济合作倡议，不是搞地缘政治联盟或军事同盟；是开放包容、共同发展进程，不是要关起门来搞小圈子或者“中国俱乐部”；不以意识形态划界，不搞零和游戏，只要各国有意愿，都欢迎参与。“一带一路”倡议以共商、共建、共享为原则，以和平合作、开放包容、互学互鉴、互利共赢的丝绸之路精神为指引，以政策沟通、设施联通、贸易畅通、资金融通、民心相通为重点，已经从理念转化为行动，从愿景转化为现实，从倡议转化为全球广受欢迎的公共产品。

绿色发展是“一带一路”倡议的核心。习近平主席在第二届“一带一路”国际合作高峰论坛开幕式发表题为《齐心开创共建“一带一路”美好未来》的主旨演讲，强调指出：“我们要坚持绿色理念，把绿色作为底色，推动绿色基础设施建设、绿色投资、绿色金融，保护好我们赖以生存的共同家园”，“我们同各方共建‘一带一路’绿色发展国际联盟（International Coalition for Green Development on the Belt and Road）（以下简称为联盟）和生态环保大数据服务平台（以下简称为大数据平台）”。“一带一路”绿色发展国际联盟由生态环境部和中外合作伙伴共同发起成立，截至 2020 年 11 月，已有中外合作伙伴 152 个，包括 26 个共建国家的环境主管部门、9 个政府间国际组织、85 个中外非政府组织和研究机构、32 家企业。其中，国际合作伙伴共计 79 个，涉及 43 个国家。

“一带一路”绿色发展国际联盟定位为一个开放、包容、自愿的国际合作网络，旨在进一步凝聚国际共识，推动将绿色发展理念融入“一带一路”建设，携手实现 2030 年可持续发展目标，将着力打造政策对话和沟通、环境知识和信息、绿色技术交流和转让三大平台。联盟主要工作将通过两年一次的“一带一路”绿色发展政策对话会和专题伙伴关系活动体现，专题伙伴关系涉及领域包括但不限于：生物多样性和生态系统、绿色能源和能源效率、绿色金融与投资、环境质量改善和绿色城市、南南合作和可持续发展目标、绿色技术创新和企业社会责任、环境信息共享和大数据、可持续交通、全球气候变化治理与绿色转型等 9 个专题。

9.1.2 “一带一路”矿产资源

9.1.2.1 矿产资源禀赋特征

“一带一路”沿线国家矿产资源丰富。根据美国地质勘探局（United States Geological Survey，USGS）的研究，目前世界上广泛应用的矿产资源有 80 余种，其中价值高、利用范围广、在国际市场占有重要地位的非能源矿产有铁、铜、铝土、锌、铅、镍、锡、锰、金和磷酸盐等 10 种，分布很不平均，主要集中在少数国家和地区。在“一带一路”沿线国家中，中国、俄罗斯、乌克兰、印度以及哈萨克斯坦等国家储量较大（梅燕雄等，2016）。

“一带一路”沿线铜、金、镍、铝土矿、铁矿石、锡、钾盐等重要固体矿产资源较丰富，在全球均占有重要地位（表 9.1），其中铜资源储量占世界储量的 32.3%，金资源储量占 26.1%，镍资源储量占 23.4%，铝土矿资源储量占 18.9%，铁矿石资源储量占 35.7%，锡资源储量占 63.9%，钾盐资源储量占 69.8%；铜资源产量占世界产量的 26.3%，金资源产量占 33.6%，镍资源产量占 41.2%，铝土矿资源产量占 41.7%，铁矿石资源产量占 28.6%，锡资源产量占 22.0%，钾盐资源产量占 55.0%；这些重要固体矿产资源基本都是我国比较紧缺的战略性大宗矿产（陈喜峰等，2017）。

表 9.1 “一带一路”沿线重要固体矿产资源储量、产量、消费量

矿种	单位	储量	储量占世界比例/%	产量	产量占世界比例/%	消费量	消费量占世界比例/%
铜	万 t	23 269	32.3	486.4	26.3	14 502	63.7
金	t	16 400	26.1	1 008	33.6	2 430	71.1
镍	万 t	1 850	23.4	104.2	41.2	84.2	49.7
铝土矿	亿 t	53	18.9	1.14	41.7	1.4	50.0
铁矿石	Mt	67 800	35.7	631	28.6	1 400	73.7
铅	万 t	2 976	33.4	261.4	55.5	572.8	56.1
锌	万 t	5 200	26.0	607	45.0	856.6	62.6
锡	万 t	307	63.9	5.95	22.0	23.6	85.0
钾盐	Mt	2 582	69.8	18.99	55.0	26	64.0
磷矿石	亿 t	112.2	16.3	1.4	62.0	1.4	72.0

注：数据来源于美国地质调查局 mineral commodity summaries 2017。

9.1.2.2 矿产资源分布特征

“一带一路”沿线除中国以外的 64 个国家中，除卡塔尔、科威特、东帝汶、孟加拉国、文莱、巴林、黎巴嫩、克罗地亚、摩尔多瓦、立陶宛、不丹、拉脱维亚、马尔代夫、新加坡等 14 个国家的重要固体矿产资源相对匮乏之外，其余 50 个国家均不同程度地拥有重要固体矿产资源，且其中的 28 个国家的重要固体矿产资源在全球占有一定的地位（表 9.2）。俄罗斯是沿线重要固体矿产资源总体上最丰富的国家，有 20 多种重要固体矿产的储量在世界上占有重要地位；哈萨克斯坦有 9 种重要固体矿产的储量在世界上占有重要地位，波兰的银矿、乌克兰的锰矿、越南的稀土矿等矿产资源的储量占世界储量的比例均超过 14%；印度尼西亚、越南、泰国、缅甸、马来西亚拥有较丰富的锡矿资源；土耳其硼矿资源的储量占世界硼储量的 60.5%（于宏源，2018）。

表 9.2 “一带一路”沿线主要国家重要固体矿产资源统计

国家	矿种	单位	储量	世界排名	占世界比例/%
俄罗斯	锑	t	350 000	2	17.50
	金	t	8 000	2	14.29
	铁矿石	Mt	25 000	2	13.16
	硼	万 t	4 000	2	10.53
	钒	t	5 000	2	33.33
	铅	万 t	640	3	10.34
	钾盐	万 t	60 000	3	16.22
	镍	万 t	760 000	3	10.00
	铜	万 t	3 000	9	4.17
蒙古国	铜	万 t	7 500	4	10.42
	钼	t	160	8	1.45
	铬	万 t	23 000	1	47.92
哈萨克斯坦	重晶石	万 t	8 500	2	22.37
	锰	万 t	500	9	0.81
	锌	万 t	400	9	2.00
	钼	t	130	10	1.18
	铁矿石	Mt	2 500	11	1.32
	铝土矿	万 t	16 000	14	0.57
印度	铬	万 t	5 400	4	8.39
	锰	万 t	5 200	4	8.39
	重晶石	万 t	2 400	5	6.32
	锌	万 t	1 000	6	5.00
	铁矿石	Mt	8 100	6	4.26
	铅	万 t	220	7	2.47
	铝土矿	万 t	59 000	9	2.11
	镁	万 t	2 600	9	1.08

注：数据来源于美国地质调查局 mineral commodity summaries 2017。

从地理分布上看，“一带一路”沿线重要固体矿产资源分布不均衡，集中分布于少数国家，见表 9.3。铜矿主要分布在蒙古国、印度尼西亚、菲律宾、俄罗斯、中国和缅甸 6 国；金矿主要分布在俄罗斯、印度尼西亚、中国和乌兹别克斯坦 4 国；镍矿主要分布在俄罗斯、印度尼西亚、菲律宾和中国 4 国；铝土矿主要分布在越南、印度尼西亚、中国、印度和俄罗斯 5 国；铅矿主要分布在中国和俄罗斯；锌矿主要分布在中国和印度；锡矿主要分布在中国、印度尼西亚、俄罗斯和马来西亚 4 国；铁矿主要分布于俄罗斯、中国和印度

3 国；钾盐主要分布在白俄罗斯、俄罗斯、泰国和以色列 4 国。以上可看出，中国、俄罗斯、东南亚是“一带一路”矿产资源较为丰富的国家。其中，我国矿产资源总量丰富、品种齐全，目前已发现的矿产资源有 173 种，其中 25 种矿产资源储量位居世界前三，稀土、可燃冰、钛、钨、锑、膨润土等储量居世界第一位。俄罗斯是世界上领土面积最大的国家，也是矿产资源最为丰富的国家之一，石油、煤炭、铁矿石、天然气、铜等矿产资源极为丰富，储量都位居世界前列。其中铁矿石的储量占了世界的 30%，天然气蕴藏量位居世界首位。欧盟国家对俄罗斯的能源矿产的依赖程度极高。东南亚区域内矿产资源丰富，但矿产勘查和开发程度低。

表 9.3 “一带一路”沿线重要固体矿产资源地理-地质分布特征

矿种	地理分布特征		地质（成矿区带）分布特征
	主要国家	其他国家	
铜	蒙古国、印度尼西亚、菲律宾、俄罗斯、中国、缅甸	哈萨克斯坦、伊朗、阿富汗、巴基斯坦	地中海成矿带、西亚成矿带、喜马拉雅成矿带、中南半岛成矿带、东亚成矿带、伊里安－新西兰成矿带
金	俄罗斯、印度尼西亚、中国、乌兹别克斯坦	蒙古国、菲律宾、吉尔吉斯斯坦、越南	乌拉尔－蒙古成矿带、西伯利亚成矿区、西亚成矿带、楚科奇－鄂霍茨克成矿带、东亚成矿带、伊里安－新西兰成矿带
镍	俄罗斯、印度尼西亚、菲律宾、中国	缅甸、越南、土耳其、哈萨克斯坦	西伯利亚成矿区、西亚成矿带、中南半岛成矿带、东亚成矿带
铝土矿	越南、印度尼西亚、中国、印度、俄罗斯	哈萨克斯坦、马来西亚、老挝、土耳其、柬埔寨	中南半岛成矿带、东亚成矿带、非洲－阿拉伯成矿区、印度成矿区
铁矿石	俄罗斯、中国、印度	乌克兰、伊朗、哈萨克斯坦、阿富汗、蒙古国、吉尔吉斯斯坦	欧洲成矿区、乌拉尔－蒙古成矿带、东亚成矿带、印度成矿区
铅	中国、俄罗斯	印度、波兰、土耳其	西伯利亚成矿区、中朝成矿区、地中海成矿带、东亚成矿带
锌	中国、印度	哈萨克斯坦	东亚成矿带、印度成矿区
锡	中国、印度尼西亚、俄罗斯、马来西亚	泰国、缅甸、老挝、吉尔吉斯斯坦	中南半岛成矿带、东亚成矿带、乌拉尔－蒙古成矿带
钾盐	白俄罗斯、俄罗斯、泰国、以色列	约旦、中国、老挝	欧洲成矿区、地中海成矿带、西亚成矿带、中南半岛成矿带
磷矿	叙利亚、俄罗斯、埃及	沙特、伊拉克、以色列	地中海成矿带、西亚成矿带

从成矿区带上看，“一带一路”沿线重要固体矿产资源在劳亚、特提斯、环太平洋和冈瓦纳四大成矿域中均有分布，以特提斯和环太平洋两大成矿域为主，主要分布在乌拉尔-

蒙古成矿带、欧洲成矿区、西伯利亚成矿区、中朝成矿区、地中海成矿带、中南半岛成矿带、西亚成矿带、喜马拉雅成矿带、伊里安-新西兰成矿带、楚科奇-鄂霍茨克成矿带、非洲-阿拉伯成矿区、印度成矿区等 12 个巨型成矿区（带）中。

9.1.3 “一带一路”矿业项目

9.1.3.1 总体情况

（1）主要矿业项目

中资企业自 20 世纪末开始进军“一带一路”沿线国家从事矿产资源开发，其中中亚、南亚地区是中资企业较早涉足的区域。“一带一路”倡议提出之后，中资企业更是加快在该区域的资源开发布局。据不完全统计，目前中资企业在“一带一路”沿线国家的矿产开发项目（包括勘探）有 100 多个，其中处于深度开发或已经投产的非能源项目有 30 多个（刘立军，王之泉，2018），在煤炭方面有近 10 个项目，石油方面，中国石油参与运营 50 个项目（表 9.4）。

表 9.4 主要中资企业在“一带一路”区域的矿产项目情况

企业类型	企业	代表性项目
矿产资源类核心主业企业	中国五矿	老挝 Sepon 铜金矿、巴基斯坦山达克金铜矿、巴基斯坦杜达铅锌矿、阿富汗艾娜克铜矿
	中国有色	缅甸达贡山镍矿、蒙古国图木尔廷敖包锌矿、塔吉克斯坦帕鲁特金矿、印度尼西亚 Dairi 铅锌矿
	中国黄金	吉尔吉斯斯坦库鲁铜金矿、吉尔吉斯斯坦布丘克金矿
	中国铝业	印度尼西亚加里曼丹省铝土矿、老挝南部地区矿产项目
	徐矿集团	土耳其波亚克煤矿、孟加拉国巴拉普库利亚煤矿
	神华集团	南苏 1 号煤电项目
	陕煤化集团	吉尔吉斯斯坦卡拉巴德市中大石油炼油项目
非矿产资源类核心主业企业	中国中铁	蒙古国乌兰铅锌矿、蒙古国木哈尔铅锌矿、蒙古国新厄尔德斯金矿、蒙古国祥隆铅锌矿
	中国兵器	缅甸莱比塘铜矿、缅甸 S&K 铜矿
	中国电建	老挝万象钾盐矿
	中核工业	老挝万象钾盐矿
	紫金矿业	俄罗斯塔什特克铅锌多金属矿、吉尔吉斯斯坦左岸金矿、塔吉克斯坦泽拉夫尚金矿
	金川集团	印度尼西亚 WP&RKA 红土镍矿
	江西铜业	阿富汗艾娜克铜矿
	铜陵有色	蒙古国乌兰铅锌矿
	中国铁建	巴基斯坦塔尔露天煤矿
	华能集团	萨希瓦尔燃煤电站

（2）矿业项目特点

投资主体以国有企业为主，包括以中国五矿为代表的资源类核心主业央企、以中国中铁为代表的非资源类核心主业央企，以及以资金矿业为代表的资源类地方国企，合计投资项目占到中资企业在该区域所有矿产投资项目的 80%以上。

资源品种以基本金属为主，涉及铜、铝、铅、锌、镍等基本金属项目数量占比超过 70%，而金、钾盐、煤炭等资源项目也是投资的重点。项目类型以绿地投资为主，大部分项目在中资企业进入之前未启动地质详探、项目可研或工程建设，还有一些项目此前生产严重停滞、工厂设备几乎荒废，正常在产项目占比不足 30%。

产能规模以中小项目为主，如金矿项目产能多在 5 t/a 以内，包括帕鲁特金矿、恰拉特金矿、库鲁铜金矿、布丘克金矿、左岸金矿、泽拉夫金矿等，而规模稍大的项目多受各方面调整制约而无法达产。项目重点区域以中国邻国为主，包括缅甸、老挝、巴基斯坦、吉尔吉斯斯坦、蒙古国等，尽管这些国家矿业投资风险被国际机构评价为较高，且欧美矿业公司很少涉足，却受到中国企业的青睐（刘立军，王之泉，2018）（表 9.5）。

表 9.5 中资企业在“一带一路”区域的矿产项目投产情况

代表性项目	资源储量	生产情况
缅甸达贡山镍矿	镍 70 万 t	2012 年投产，镍产能 2.5 万 t/a
蒙古国图木尔廷敖包锌矿	锌 70.8 万 t	2005 年投产，锌产能 6 万 t/a
塔吉克斯坦帕鲁特金矿	金 150 t	2015 年投产，金产能 3 万 t/a
吉尔吉斯斯坦恰拉特金矿	金 190 t	2013 年投产，金产能 5 万 t/a
吉尔吉斯斯坦库鲁铜金矿	金 100 t，铜 100 万 t	2019 年投产，铜产能 1.2 万 t/a，金产能 0.7 t/a
印度尼西亚加里曼丹省铝土矿	资源量不详	2013 年投产，铝产能 400 万 t/a
蒙古国乌兰铅锌矿	铅锌金属 100 万 t	已投产，产量不详
缅甸莱比塘铜矿	铜 560 万 t	2016 年投产，铜产能 10 万 t/a
缅甸 S&K 铜矿	铜 120 万 t	2016 年投产，铜产能 5 万 t/a
吉尔吉斯斯坦左岸金矿	金 77 t	2015 年投产，金产能 4 t/a
塔吉克斯坦泽拉夫尚金矿	金 200 t	2012 年投产，金产能 5 t/a
俄罗斯塔什特克铅锌多金属矿	铅锌 200 万 t	2015 年投产，锌产能 10 万 t/a
老挝 Sepon 铜金矿	铜 45 万 t	在产，铜产能 7.5 万 t/a
土耳其波亚克煤矿	煤 2 亿 t	在建，煤产能 500 万 t/a
孟加拉国巴拉普库利亚煤矿	煤 2.6 亿 t	2005 年一期投产，2011 年二期投产，2019 年三期投产，煤年产 100 万 t
巴基斯坦塔尔露天煤矿	煤 1 750 亿 t	2018 年投产，煤年产 380 万 t

9.1.3.2　典型项目

（1）孟加拉国巴拉普库利亚煤矿项目

巴拉普库利亚煤矿位于孟加拉国西北第纳吉普尔县境内（图 9.1），它不仅是孟加拉国历史上第一座现代化煤矿，也是我国企业以卖方信贷方式在海外承揽的第一个大型交钥匙煤矿项目。1995 年由江苏第一工程设计院完成基础设计，2005 年年初完成矿井的基础工程，矿井地质储量 2.6 亿 t，年设计生产能力 100 万 t，服务年限 60 年。

图 9.1　孟加拉国巴拉普库利亚煤矿

注：图片来源于人民日报记者苑基荣 https://www.yidaiyilu.gov.cn/xwzx/hwxw/89031.htm。

自 2005 年运营以来，完成了 20 多个工作面综采及放顶煤工艺回采，累计生产煤炭 1 000 余万 t，累计为当地提供 6 000 余个就业机会。而煤矿项目配套的巴拉普库利亚燃煤电站也是孟加拉国唯一一座运行中的燃煤电站，2018 年发电 9.6 亿 kW·h，12 年来累计发电 135 亿 kW·h，受益人群超过 500 万，累计为该国节省外汇 20 余亿美元。2017 年起，中国通用技术（集团）控股有限责任公司与徐州矿务集团公司联合开展孟加拉国巴拉普库利亚煤矿生产、运维项目（包产三期）。

（2）巴基斯坦塔尔露天煤矿项目

巴基斯坦塔尔露天煤矿所在地巴基斯坦信德省塔尔煤田是巴基斯坦迄今发现的最大煤区，位于该国东南部塔尔沙漠（Thar Desert）附近，距巴基斯坦最大城市卡拉奇 360 km。煤区面积为 9 100 km^2，褐煤储量约 1 750 亿 t，占巴基斯坦煤炭总储量的 95%。四种可采煤层厚度平均 25 m 左右。发热量在 2 700 kcal/kg 左右，是优质的动力用煤。目前，该煤田已划定了 13 个开发区块。

塔尔煤田Ⅱ区块作为首个商业开发的区块，是开发的“示范田”（图 9.2）。中国机械设备工程股份有限公司以 EPC 总承包商的身份承担该项目设计，该项目于 2016 年 4 月 13 日开工，历时 2 年零 2 个月，完成降深 140 m，控制了第二含水层涌水，完成剥离总量 8 600 万 m^3，实现矿建工期超前 5 个月。2018 年在 6 月 21 日，露天矿第一层煤正式开采。

年产 780 万 t 露天煤矿和 2×660 MW 超临界褐煤电站组成的塔尔煤田 I 区块煤电一体化项目于 2020 年 8 月 3 日开工建设，该项目是“一带一路”中巴经济走廊优先实施项目，是上海电气最大的海外投资项目，由中煤西安设计工程公司执行建设监理。中国煤科沈阳设计院、宏夏三建等企业参与建设。

图 9.2 巴基斯坦塔尔煤田Ⅱ区块电站一期项目部

注：图片来源于中国经济网 https://www.yidaiyilu.gov.cn/xwzx/hwxw/83351.htm。

（3）中巴经济走廊首个投产发电的大型能源项目

中巴经济走廊首个投产发电的大型能源项目，萨希瓦尔燃煤电站（图 9.3）荣获巴基斯坦第 16 届年度环保卓越奖（电力和能源类）。萨希瓦尔燃煤电站由中国华能山东发电有限公司和中国山东如意集团共同投资建设，于 2015 年正式动工，2017 年投产发电，是巴基斯坦目前技术最先进、环保指标最优、建设速度最快的燃煤电站。电站年发电量 90 亿 kW·h，填补了巴基斯坦 1/4 的用电缺口，为巴基斯坦经济社会发展和改善民生注入了强大动力，有效推动了中巴经济走廊建设。

该项目设计之初以建设“绿色环保电厂”为目标，建设中采取一系列严格的环保措施，在脱硫、除尘、噪声治理、灰渣处理等各个环节采取先进技术。项目机组为中国制造的超临界燃煤发电机组，同步建设高效静电除尘器、烟气脱硫及污水处理设施，机组性能、环保及经济指标均处于巴基斯坦同类型机组最高水平。

图 9.3 萨希瓦尔燃煤电站

注：图片来源于萨布瓦尔燃煤电站 https://www.yidaiyilu.gov.cn/xwzx/gnxw/99762.htm。

（4）中巴经济走廊胡布燃煤电站

由国家电投集团中国电力国际有限公司控股投资的中巴经济走廊重要能源项目——位于巴基斯坦俾路支省的中电胡布 2×660 MW 燃煤发电项目顺利完成双机 168 h 试运行和巴政府规定的其他考核试验，即将正式投产进入商业运营，见图 9.4。

胡布燃煤电站效果图

胡布燃煤电站项目工地

图 9.4 巴基斯坦胡布燃煤电站

注：图片来源于国家电力投资集团有限公司 http://www.sasac.gov.cn/n2588025/n2588124/c12045756/content.html。

该项目采用了先进的超临界发电技术，具有降低煤耗、节约投资和减少污染物排放等诸多优势。超临界技术因具有降低煤耗、节约成本和减少排放的优势而被广泛应用。海水脱硫工艺，使脱硫率不低于 93.5%。此外，项目还将安装电除尘设备，控制粉尘排放，并将采用低氮燃烧技术，有效减少氮氧化物的排放。在综合运用以上技术的同时，项目 10% 的资金将投入到污染物排放控制设施上，以确保该项目符合巴基斯坦环保标准。胡布项目建成后，每年可以提供电力 90 亿 kW·h，满足 400 万巴基斯坦家庭的用电需求，按照电厂指导电价测算，胡布电站项目的发电成本比巴基斯坦现行发电成本更低，这将为巴基斯坦每年节省数亿美元。项目还创造出近 1 万个就业岗位，为地区经济发展提供动力，将极大地缓解电力短缺对于中巴经济走廊贯通的制约。

（5）中塞经济合作典范——百年钢厂项目

斯梅代雷沃市位于塞尔维亚中部，城市规模较小，约 10 万人口。该市拥有塞尔维亚最大的一家钢厂——斯梅代雷沃钢厂，现今被中国河钢集团以 4 600 万欧元的价格收购，已改名为河钢塞尔维亚公司。

在河钢收购之前，斯梅代雷沃钢厂多年来长期处于亏损状态，主要在于与上下游，也就是原料供给和产品销售渠道脱节，以及长期产能闲置所造成的管理涣散和生产效率低下。塞尔维亚政府也正在寻求战略合作伙伴、寻求买家，见图 9.5。而河钢在欧洲自有的上下游交易平台以及现代化管理经验则可以有效弥补这些短板，收购斯梅代雷沃钢厂实现了企业经济行为与落实国家“一带一路”倡议的高度契合和有机统一。预计河钢斯梅代雷沃钢厂的产值将达到塞尔维亚全年 GDP 的 1.8%左右。同时，河钢还将投资 1.2 亿美元，对钢厂进行结构性改造，其中还包括环境保护和节能降耗的技术提升等方面，力争把河钢斯梅代雷沃钢厂早日打造成为欧洲有极强竞争力的企业和中塞两国合作共赢的典范。

塞方工作人员正在研究技术方案　　控制车间技术人员正在讨论方案

图 9.5　中塞经济合作——百年钢厂项目

注：图片来源于光明日报记者赵嘉政 https://www.yidaiyilu.gov.cn/xwzx/hwxw/29527.htm。

（6）中塔共建最大合作项目——“中塔工业园”扩建升级

“中塔工业园”是 2014 年 9 月中国国家主席习近平对塔吉克斯坦进行国事访问期间，

由习近平主席与塔吉克斯坦总统拉赫蒙共同见证，由上海海成集团与塔吉克斯坦工业和新技术部签署合作备忘录确定的建设项目。园区以塔中矿业的矿山为依托，向矿山上下游延伸产业链。作为中塔工业园的首个入园项目，塔中矿业冶炼厂使塔方精炼铅、锌、铜的水平提高了20倍，填补了塔有色金属冶炼领域的多项空白。

根据塔方发展需要和建议，该合作项目又获得进一步扩建升级。塔中双方联合将"中塔工业园"提升为"塔吉克斯坦北部有色金属产业园区"（图9.6、图9.7），园区由69 hm^2的范围进一步扩大，建设一园多区，范围覆盖塔国北部地区，引进有实力的中资企业，共同进行资源综合开发。作为一个综合型产业园区，将形成600万t的年采选处理能力，年产铜、铅、锌等金属35万t，形成矿山资源开发、矿山服务配套、上下游企业及其他相关企业集群，园区将吸纳塔国近万人就业，有效推动塔吉克斯坦的工业现代化，促进中塔两国的经贸合作，加速推动"一带一路"倡议在中亚地区的落地。

图9.6 中塔工业园远景

注：图片来源于中国"一带一路"网 https://www.yidaiyilu.gov.cn/xwzx/hwxw/28958.htm。

图9.7 塔中矿业冶炼厂

注：图片来源于中国"一带一路"网 https://www.yidaiyilu.gov.cn/xwzx/hwxw/28958.htm。

塔吉克斯坦北部矿产资源储备丰富，全国铅锌矿床90%以上集中在塔北部地区，铅、锌探明及潜力资源量1.5亿t以上；已探明银资源主要集中在塔北地区的卡拉马泽尔矿区和阿尔登-托普坎矿区，黄金资源量600 t也主要分布在塔北部地区。作为一家以有色金属资源的国内、国际贸易及基本金属矿产资源开发为主的大型集团，以及中国最早进入中亚的企业之一，上海海成集团将积极借助塔北部丰富的矿产资源禀赋，在中国贸促会和中国国际经济合作投资公司的支持下，继续扩大投资，与塔方共建“塔吉克斯坦北部有色金属产业园区”，实现“一带一路”建设同塔吉克斯坦“2030 年前国家发展战略”的深度对接。

9.2 “一带一路”沿线国家矿区社会环境条件

9.2.1 社会经济状况

（1）“一带一路”沿线国家

“一带一路”沿线跨越亚欧非，共涉及 65 个国家（包括中国），其中包括东北亚的俄罗斯和蒙古国、东南亚 11 国、南亚 7 国、西亚北非 20 国、中东欧 19 国、中亚 5 国，详见表 9.6。

表 9.6 “一带一路”沿线国家

六大区域	国家数量	国家
东北亚	3 个	中国、蒙古国、俄罗斯
东南亚	11 个	新加坡、印度尼西亚、马来西亚、泰国、越南、菲律宾、柬埔寨、缅甸、老挝、文莱、东帝汶
南亚	7 个	印度、巴基斯坦、斯里兰卡、孟加拉国、尼泊尔、马尔代夫、不丹
西亚北非	20 个	阿联酋、科威特、土耳其、卡塔尔、阿曼、黎巴嫩、沙特阿拉伯、巴林、以色列、也门、埃及、伊朗、约旦、叙利亚、伊拉克、阿富汗、巴勒斯坦、阿塞拜疆、格鲁吉亚、亚美尼亚
中东欧	19 个	波兰、阿尔巴尼亚、爱沙尼亚、立陶宛、斯洛文尼亚、保加利亚、捷克、匈牙利、马其顿、塞尔维亚、罗马尼亚、斯洛伐克、克罗地亚、拉脱维亚、波黑、黑山、乌克兰、白俄罗斯、摩尔多瓦
中亚	5 个	哈萨克斯坦、吉尔吉斯斯坦、土库曼斯坦、塔吉克斯坦、乌兹别克斯坦

注：区域和国家均参照国家“一带一路”官方网站——“中国一带一路网”中“基础数据”栏目中涉及的国家（截至 2019 年 9 月），为包括中国在内的“一带一路”沿线 65 个国家，以上国家均与中国签订“一带一路”相关合作协议。

“一带一路”地区地域范围广，人口密度大。人口接近 45 亿，约占全球的 62.5%，以中国和印度为核心的地区人口密集，具有劳动密集型产业优势。“一带一路”地区经济总量 21 万亿美元，约占全球的 28.6%。“一带一路”是“地球的心脏地带”，国家收入水平比较分散且差距较大，大部分集中在中等收入阶段，经济地理呈现两边高、中间低的洼地型特征，东端为亚太经济圈，西端为欧洲经济圈，中间为中国、中亚及西亚一带经济相对落后的国家和地区。

（2）工业化发展状况

“一带一路”沿线国家多数经济发展相对落后、工业基础薄弱。由于工业化处于刚刚起步阶段，对矿产品需求较少且开发能力较弱，资源开发的内生动力不足。同时，经济落后也加强了政治、社会、环境等领域对资源开发的制约程度，进一步放缓了开发进度。总体来看，俄罗斯、波兰、哈萨克斯坦等少数经济相对较好、工业化程度较高的国家，在矿产资源开发上也相对领先，“一带一路”区域主要资源国家工业化水平如表 9.7 所示（刘立军，王之泉，2018）。

表 9.7 “一带一路”区域主要资源国家工业化水平

阶段		国家及人均 GDP/美元
工业化初期	前段（Ⅰ）	塔吉克斯坦（1 000）、柬埔寨（1 200）、缅甸（1 200）、阿富汗（600）
	中段（Ⅱ）	老挝（1 800）、巴基斯坦（1 500）
	后段（Ⅲ）	吉尔吉斯斯坦（1 200）、乌兹别克斯坦（2 100）、越南（2 100）、印度（1 600）、孟加拉国（1 200）
工业化中期	前段（Ⅰ）	叙利亚（—）、阿尔及利亚（4 000）
	中段（Ⅱ）	蒙古国（4 000）、印度尼西亚（3 400）、菲律宾（3 000）
	后段（Ⅲ）	斯里兰卡（3 900）、乌克兰（2 000）
工业化后期	前段（Ⅰ）	哈萨克斯坦（10 000）、土库曼斯坦（7 000）、泰国（5 800）、伊朗（5 400）
	中段（Ⅱ）	俄罗斯（9 200）、罗马尼亚（9 000）
	后段（Ⅲ）	马来西亚（9 800）、波兰（12 500）、白俄罗斯（5 700）、土耳其（9 500）

注：数据来源于中国社会科学院。

（3）矿业吸引力状况

“一带一路”沿线市场空间巨大，是中国经济发展新常态下产品与资本重点开拓的区域。不过，由于历史、政治、经济、文化等方面的差异，“一带一路”沿线国家矿业投资环境不同（唐金荣等，2015）。Fraser Institute 依据资源禀赋、劳动力成本、矿业政策与税收、基础设施状况等，对全球 104 个国家和地区的矿业投资吸引力进行了分析排序（表 9.8）。结果显示，在“一带一路”区域诸多国家中，波兰、俄罗斯矿业投资环境优于中国，东欧地区国家投资环境普遍较好，而东南亚、南亚地区矿业投资环境普遍较差。

表 9.8 “一带一路”区域主要国家的矿业投资吸引力排名

国家	2016 年		2013 年	
	投资指数	全球排名	投资指数	全球排名
波兰	71.34	34/104	65.84	42/109
俄罗斯	69.02	44/104	52.35	83/109
中国	65.13	54/104	58.69	62/109
塞尔维亚	62.54	60/104	63.21	54/109
土耳其	60.67	63/104	72.77	28/109
菲律宾	58.97	66/104	64.54	49/109
罗马尼亚	56.57	69/104	43.58	98/109
哈萨克斯坦	54.08	73/104	63.45	53/109
保加利亚	51.31	75/104	56.55	69/109
印度尼西亚	50.16	78/104	58.01	67/109
蒙古国	49.42	81/104	53.25	80/109
匈牙利	47.41	85/104	—	—
缅甸	44.47	91/104	53.32	79/109
马来西亚	42.80	93/104	60.12	58/109
印度	39.11	97/104	52.13	84/109
阿富汗	33.11	100/104	—	—

注：数据来源于 Fraser Institute。

9.2.2 自然环境状况

“一带一路”地区空间范围广阔，资源环境条件差异大，生态系统复杂多样，生态环境异动频繁（吴绍洪等，2018）。充分认识生态环境特征与风险，是实现“一带一路”矿区可持续发展的基础。

9.2.2.1 地形地貌

“一带一路”陆域途经区域范围广阔，自然环境复杂多样，有喜马拉雅山、昆仑山、兴都库什山等雄伟山脉，更有广袤的青藏高原、帕米尔高原、伊朗高原，以及华北、恒河、东欧等肥沃平原。

9.2.2.2 气候条件

根据柯本气候分类法，“一带一路”陆域涵盖全部 5 个气候带（赤道气候带、干燥气候带、暖温气候带、冷温气候带、极地气候带）和大多数气候类型，纵穿热带、温带和寒带，横贯季风气候、大陆性气候和沙漠气候。其中，60%以上的区域为干旱和半干旱的草原、荒漠和高海拔生态脆弱区，气候干燥、降水量少。中亚、西亚和北非是全球气候最为干燥的地区，水资源严重短缺，土地荒漠化严重。

9.2.2.3 水文条件

“一带一路”沿线国家多年平均径流深的空间分布与降水相似，径流深系数最高的区域主要位于南亚和东南亚，西伯利亚东部、蒙古、中亚和西亚径流深系数较小，中国西北和阿拉伯半岛部分地区径流深最小。

“一带一路”沿线国家降水量整体呈东南多、中间少、西北适中的分布特征，多年平均日降水量最大值为 3 157.22 mm，最小值为 21.77 mm，东南亚、南亚大部分地区和东亚南部等地区降水量较为丰富，东亚西北部、中亚、西亚和非洲地区在研究区内属于降水量贫乏地区，欧洲降水量处于中等水平。

9.2.2.4 土壤

“一带一路”沿线国家土壤类型多样，共覆盖 30 多种土壤类型（表 9.9），包括燥红土、砖红壤、赤红壤、红壤、黄壤；黄棕壤、黄褐土、棕壤、暗棕壤、灰化土；黑土、黑钙土、栗钙土、棕钙土、灰钙土、褐土，荒漠土；山地土壤、森林土壤、草原土壤、水稻土、海岛土壤等（赵其国等，2016）。

表 9.9 “一带一路”沿线国家土壤资源特点

地区	土壤类型	资源特点
东亚	砖红壤、赤红壤、红壤、黄壤；黄棕壤、黄褐土、棕壤、暗棕壤、灰化土；黑土、黑钙土、栗钙土、棕钙土、灰钙土，荒漠土；山地土壤、森林土壤、草原土壤、水稻土、海岛土壤等	海洋季风及内陆气候，土壤类型丰富，理化特征差异显著，纬度、经度、海拔跨度大，土壤地带性明显；农林牧渔等产业较发达，但地区间发展不均衡
中亚	褐土、黑钙土、荒漠土壤、山地土壤等	温带大陆性气候，水资源短缺，土壤类型简单，多为荒漠土壤，质地轻粗，水肥不保，地力低下
欧洲南部	棕壤、褐土、山地土壤、草原土壤等	地中海气候，土壤类型少；山地多平地少，畜牧业和灌溉农业并重；蔬果、花卉、葡萄产业发达
非洲东部	荒漠土壤、山地土壤、草原土壤、红棕壤、燥红土、砖红壤、砖红壤性红壤、黑钙土等	热带草原气候，土壤垂直带性明显，生物多样性丰富；草原土壤、荒漠土壤分布广，土壤养分不平衡，地力低下
非洲中西部	草原土壤、红棕壤、燥红土、黑土、黑钙土、苔原土等	气候类型复杂，热带雨林及草原气候为主；石油等矿产资源丰富；生物多样性丰富，土壤养分缺乏
非洲南部	草原土壤、红棕壤、燥红土、砖红壤、砖红壤性红壤、荒漠土、苔原土等	矿产资源丰富；气候类型复杂，热带海洋性气候为主，中部荒漠和半荒漠土壤广布，农业以旱作为主

9.2.2.5 植被

“一带一路”区域光温生产潜力空间分布格局总体呈现为西南高、东北低的特征。中国青藏高原由于海拔较高，年均温较低，年光温生产潜力较低，在 30 t/hm^2 以下。西亚的阿拉伯半岛、伊朗等部分地区，以及非洲的埃塞俄比亚、苏丹等部分地区，由于光热同期，光温生产潜力可达 200 t/hm^2 以上，为区域最高值；俄罗斯区西部的光温生产潜力大于东部，且由于纬度较高，年均温和年总太阳总辐射量较低，光温生产潜力整体较低，存在区域最低值，在 5 t/hm^2 以下。东亚区的中国东部沿海地区年光温生产潜力从东北地区的 45 t/hm^2，向南增加到南部沿海地区的 100 t/hm^2，向西增加至西北地区的 100 t/hm^2。欧洲的光温生产潜力大体呈现由南向北逐渐减少的趋势，中部由于海拔较高，年均温较低，光温生产潜力较低。

9.3 “一带一路”沿线国家矿业开发的生态影响

9.3.1 生态影响总体情况

（1）矿产资源生产情况

“一带一路”沿线国家矿产资源丰富。这些国家储量超过世界 50%的矿产有石油、天然气、煤炭、铬、钨、锡、稀土、钾盐，储量占世界 30%～50%的矿产有铁、锰、铅锌、钼，储量占世界 10%～30%的矿产有铀、铜、镍、铝、金、银、锂、磷，储量不足世界 10%的矿产只有铂族金属。22 种重要矿产资源主要分布在俄罗斯、中国、哈萨克斯坦、印度、印度尼西亚、伊朗、沙特阿拉伯、蒙古国、伊拉克、乌兹别克斯坦、菲律宾、越南、土库曼斯坦、乌克兰、波兰、白俄罗斯、土耳其、泰国、马来西亚、巴基斯坦等 20 个国家。相应地，矿产资源储量丰富，其产量对应高。根据世界矿业大会国际组织委员会（The World Mining Congress（WMC）International Organizing Committee）发布的矿产资源产量数据，2018 年矿产资源产量排序前 20 名的国家分别为中国、俄罗斯、印度、沙特阿拉伯、印度尼西亚、伊朗、哈萨克斯坦、阿联酋、伊拉克、卡塔尔、科威特、波兰、土耳其、马来西亚、乌克兰、阿曼、埃及、泰国、越南、土库曼斯坦等，见图 9.8。其中，中国产量居第一，新加坡、黎巴嫩、东帝汶、马尔代夫等产量最低。

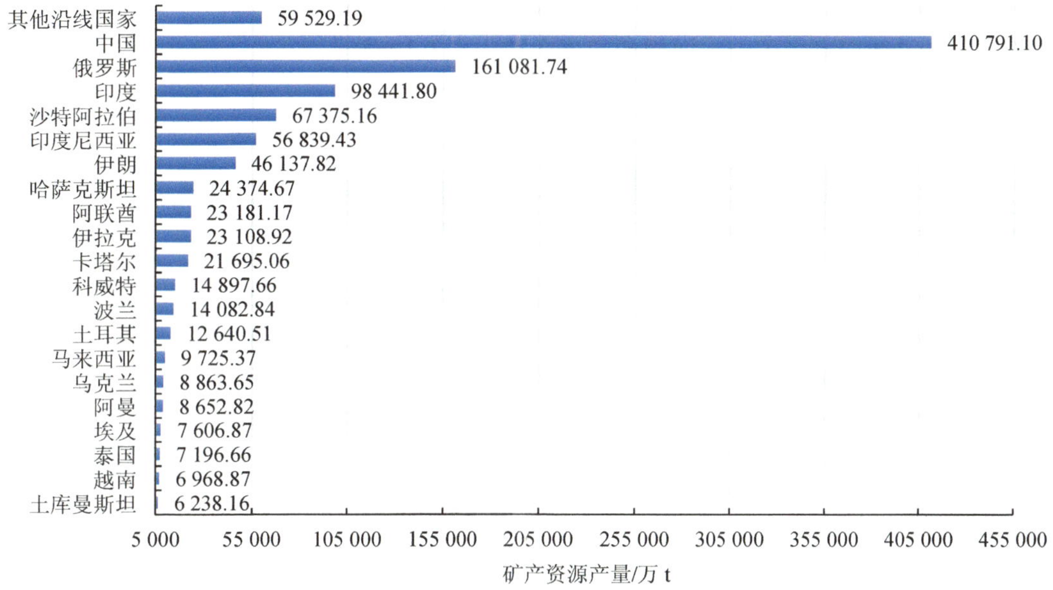

图 9.8 矿产资源产量排名

注：数据来源于 http://www.world-mining-data.info/?World_Mining_Data___Data_Section。

（2）采矿生态影响情况

根据中国自然资源部中国地质调查局国际矿业研究中心发布的《2019 年全球矿业发展报告》（*Global Mining Development Report 2019*），中国、印度、东盟等亚洲新兴经济体已成为全球金属矿产消费中心，非洲、东南亚等国家和地区逐步成为重要矿产资源供应地区。矿业是破坏大自然和过分消耗有限资源的生态地位最低的行业。规模的矿产资源开发活动不可避免地对生态造成影响，主要表现为对土地资源的占用、污染自然环境造成生态失调和地质灾害等方面影响，如露天开采挖损土地、尾矿场、废石场（排土场）压占土地、生态完整性破坏、环境污染等问题（周连碧，2010）。受自然条件、法律体系、资金保障、开采技术等多方面影响，“一带一路”沿线国家的开采破坏现状程度均有不同，且矿区修复速度落后于破坏速度。

中国地质大学的郭利刚结合中国煤炭、金属矿石开发利用实际情况和土地破坏情况，确定井工煤矿土地损毁系数平均为 3 127 m^2/万 t，露天煤矿土地损毁系数为 980 亩/万 t（郭利刚，2011）。德国卡塞尔大学的 Diego I. Murguía 针对全球范围内的铁矿、铝矿、铜矿、银矿、铁矿等 5 种金属的大规模采矿情况，利用 Landsat 卫星图像研究了其开采扰动区域，评估累积土地受扰动面积。结果表明，在 5 种金属矿中，铝矿的开采扰动率最大，铁矿的开采扰动率最小，金矿、银矿和铜矿介于二者之间（Murguía，2015）。

至 2020 年，全球共有 57 277 km^2 采矿区，共计 21 060 个图斑，包括采矿挖损和压占的场地（Victor et al.，2020）。“一带一路”沿线国家中，有 41 个国家有采矿挖损区，采矿挖损面积占全球采矿挖损区的 42.31%，共计有 11 377 个图斑，总面积为 24 234.75 km^2。“一带一路”沿线国家采矿挖损面积和图斑个数如表 9.10 所示。

表 9.10 “一带一路”沿线国家采矿挖损面积和图斑个数

序号	国家	区域	采矿挖损面积/km^2	矿区图斑数/个	序号	国家	区域	采矿挖损面积/km^2	矿区图斑数/个
1	中国	东北亚	6 567.15	5 557	34	黑山	中东欧	10.88	13
2	俄罗斯	东北亚	6 053.14	1 665	35	斯洛文尼亚	中东欧	10.07	28
3	印度尼西亚	东南亚	3 681.4	957	36	斯洛伐克	中东欧	10.07	28
4	印度	南亚	1 884.96	781	37	伊拉克	西亚北非	8.84	4
5	哈萨克斯坦	中亚	1 640.33	368	38	阿尔巴尼亚	中东欧	7.2	21
6	乌克兰	中东欧	792.49	634	39	阿塞拜疆	西亚北非	7.11	12
7	蒙古国	东北亚	384.15	119	40	阿联酋	西亚北非	4.21	6
8	土耳其	西亚北非	378.74	191	41	孟加拉国	南亚	1.27	2
9	伊朗	西亚北非	321.34	60	42	新加坡	东南亚	/	/
10	乌兹别克斯坦	中亚	290.02	25	43	柬埔寨	东南亚	/	/
11	约旦	西亚北非	263.4	45	44	文莱	东南亚	/	/
12	波兰	中东欧	256.69	105	45	东帝汶	东南亚	/	/
13	菲律宾	东南亚	217.94	124	46	斯里兰卡	南亚	/	/
14	保加利亚	中东欧	188.19	40	47	尼泊尔	南亚	/	/
15	越南	东南亚	160.37	70	48	马尔代夫	南亚	/	/
16	捷克	中东欧	156.3	48	49	不丹	南亚	/	/
17	罗马尼亚	中东欧	154.87	56	50	科威特	西亚北非	/	/
18	泰国	东南亚	130.72	13	51	卡塔尔	西亚北非	/	/
19	塞尔维亚	中东欧	130.1	41	52	黎巴嫩	西亚北非	/	/
20	马来西亚	东南亚	63.38	53	53	巴林	西亚北非	/	/
21	匈牙利	中东欧	62.2	75	54	也门	西亚北非	/	/
22	吉尔吉斯斯坦	中亚	61.53	23	55	叙利亚	西亚北非	/	/
23	埃及	西亚北非	49.21	10	56	阿富汗	西亚北非	/	/
24	沙特阿拉伯	西亚北非	47.65	50	57	巴勒斯坦	西亚北非	/	/
25	老挝	东南亚	45.66	10	58	爱沙尼亚	中东欧	/	/
26	以色列	西亚北非	44.17	9	59	立陶宛	中东欧	/	/
27	缅甸	东南亚	40.45	9	60	马其顿	中东欧	/	/
28	亚美尼亚	西亚北非	30.07	36	61	克罗地亚	中东欧	/	/
29	波黑	中东欧	24.9	7	62	拉脱维亚	中东欧	/	/
30	格鲁吉亚	西亚北非	14.37	7	63	白俄罗斯	中东欧	/	/
31	塔吉克斯坦	中亚	13.42	12	64	摩尔多瓦	中亚	/	/
32	巴基斯坦	南亚	12.94	17	65	土库曼斯坦	中亚	/	/
33	阿曼	西亚北非	12.85	46	合计			24 234.75	11 377

注：数据来源于参考文献（Victor，et al.，2020）。

9.3.2 生态影响案例分析

“一带一路”国家采矿及生态影响的可获取数据较少，为反映基本情况，选取一些主要采矿国家，首先介绍这些国家采矿及生态影响的总体情况，然后利用谷歌地球软件（Google Earth）获取该国家的重要矿山的遥感影像，利用影像反映采矿及生态影响情况。

9.3.2.1 中国

我国矿产资源种类齐全，总量较大。截至 2017 年年底，我国已发现矿产 173 种，其中天然气水合物为新发现矿种，煤炭、石油、天然气、锰矿、金矿、石墨等主要矿产查明资源储量增长。其中探明储量的 159 种，已探明的储量约占世界总量的 12%，仅次于美国和俄罗斯，居世界第三位；有 20 多种矿产的探明储量居世界前列，其中钨、锡、锑、稀土、钛、镁等 12 种矿产的探明储量居世界第一位，煤、钒、钼、锂等 7 种矿产的探明储量居世界第二位，汞、磷、硫等 5 种矿产的探明储量居世界第三位（中华人民共和国自然资源部，2018）。2018 年，中国能源总产量占全球 19%、铁矿石占 11%、铜占 7%、铝土矿占 21%，能源总消费量占全球 24%、钢铁占 49%、铜占 53%、铝占 56%，石油进口量占全球 16%、天然气占 13%、铁矿石占 64%、铜矿占 56%、铝土矿占 76%。

中国矿山生态修复历史欠账多、现实矛盾多，“旧账”未还、“新账”又欠等问题突出。当前，中国废弃矿山数量巨大，如何降低矿山修复的成本，并让修复企业收支平衡，成为当前矿山修复的热点、难点。按照党的十九大“关于构建政府为主导、企业为主体、社会组织和公众共同参与的环境治理体系”的要求，遵循“谁修复，谁受益”原则，通过赋予一定期限的自然资源资产使用权等激励机制，吸引各方投入，推行市场化运作、开发式治理、科学性利用的模式，加快推进矿山生态修复。

图 9.9 展示了中国内蒙古黑岱沟露天煤矿的遥感影像。黑岱沟露天煤矿是中国产量最大的露天煤矿，2020 年煤炭产量达到 2 828 万 t。黑岱沟露天煤矿 1996 年建成并开始生产，是我国 20 世纪 90 年代建设的四大露天矿之一，占地面积 65.46 km^2。在矿山建设以及生产过程当中，地表植被受到严重破坏。鉴于矿区地处半干旱生态脆弱地区，其生态重建问题引起了各方面的高度重视。从 1992 年开始，矿区就开始了有序的排土场土地恢复工程，黑岱沟露天矿目前共形成 6 个排土场：东排土场、东沿帮排土场、西排土场、北排土场、内排土场和阴湾排土场。在排土场植被恢复措施中，排土场坡面为防止水土流失，其植被配置类型以乔灌草为主，其中主要植被有杨树、油松、沙棘、柠条、香花槐、紫穗槐、沙打旺、苜蓿、草木樨等，排土场平台为进行土壤熟化，植被多以豆科类牧草和沙棘为主。

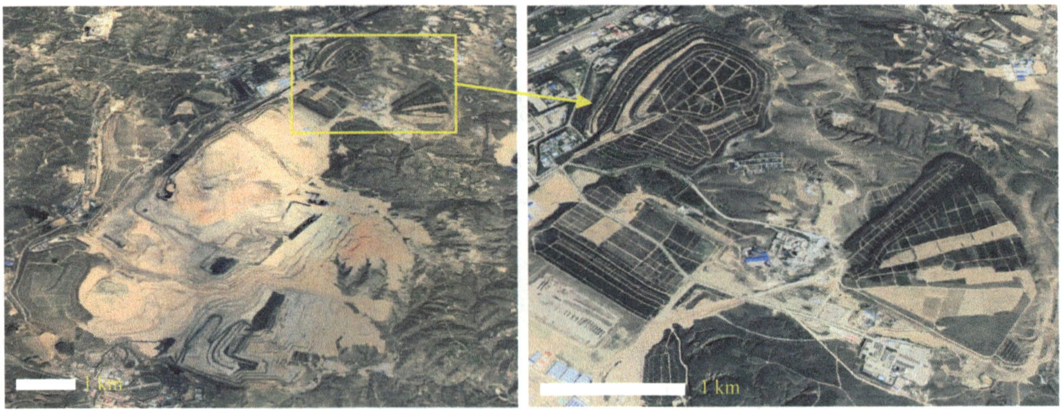

图 9.9 中国内蒙古黑岱沟露天煤矿采矿及生态修复情况

注：底图是 Google Earth 提供的公开遥感影像。

9.3.2.2 俄罗斯

俄罗斯是世界上最重要的矿产资源国之一，其多种矿产资源储量在世界上占有重要地位。俄罗斯也是世界上最重要的矿产品生产国之一，其多种矿产资源产量位居世界前 5 名之列。目前已发现的矿产有石油、天然气、煤炭、金、银、铂族、铁、锰、铜、铅、锌、镍、钒、钛、稀土、金刚石、钾岩、钨、锡、铝土矿、硼、锑、钴、钼、铀、石膏、重晶石等。其中，在世界上占有重要地位的矿产有石油、天然气、煤炭、铁矿石、钒、镍、钾盐、钨、锡、金刚石、锑、硼、铀、菱镁矿、硒、铼等。俄罗斯目前有探明储量的矿床约 2 万个，其中约 1/3 的矿床已得到开发利用。在上述 2 万个矿床中，大型、特大型矿床约占 5%，探明储量约占总储量的 70%。其中俄罗斯探明可采储量 1 570 亿 t，46.5%的储量分布在库兹巴斯煤田。

现今，在俄罗斯境内约 8 000 km^2 的土地不适合居住、建筑或种植，即所谓的“月球景观”，相当于俄罗斯联邦北奥塞梯-阿兰共和国的领土面积。土地破坏问题主要是露天采矿所导致的。俄罗斯占全球煤炭产量的 12%，煤炭开采中心位于克麦罗沃地区、克拉斯诺亚尔斯克地区、科米共和国和雅库特南部。据俄罗斯环境监督机构统计，2016 年年初，俄罗斯的受损土地总面积为 873 400 hm^2，其中 3/4 是因采矿而受损，然而只有 4%～5%的受损土地得到了修复。在克麦罗沃地区，2%～3%的受损土地得到恢复，该地区生产了俄罗斯约 60%的煤炭，受损土地面积从 2007 年的 6.23 万 hm^2 减少到 2016 年的 3.58 万 hm^2。复垦被破坏的土地、恢复土壤肥力是《俄罗斯联邦土地法典》(*Russian Land Code*) 的要求，未来几年将引入先进的技术恢复土壤，目前以种植沙棘和松树为主。然而，资金是土地修复的主要问题。希望能通过“北极环境破坏恢复计划”的资金支持来完成。此外，俄罗斯自然资源部（Russian Ministry of Natural Resources）就矿区生物和景观多样性的保护展开了科学研究。

图 9.10 展示了俄罗斯诺里尔克斯镍矿生态环境现状。诺里尔克斯镍业公司（Norilsk Nickel）位于诺里尔斯克市，既是世界上最大的重金属冶炼厂，又是俄罗斯最主要的空气污染源。该市位于北极圈内，超过 17 万的居民生活在这座世界第七污染严重、俄罗斯第一污染严重的城市。对于该区域来说，治理空气污染是当今的首要任务。

图 9.10 2002 年（左）与 2018 年（右）俄罗斯诺里尔克斯镍矿生态环境状况

注：底图是 Google Earth 提供的公开遥感影像。

9.3.2.3 哈萨克斯坦

哈萨克斯坦与我国接壤，位于丝绸之路经济带核心区，是全球最大的内陆国，是中亚地区矿产资源最为丰富的国家，地缘战略地位突出，已成为中国企业投资的最为重要的海外国家之一。哈萨克斯坦矿产资源丰富，主要矿产包括石油、天然气、煤、铀、铼、铬、钛、镉、铁、镁、铝、铜、镍、锰、锌、铅、钨、钼、稀土金属、铌、钽、锑、镓、铋、钒、砷、石棉、萤石、石膏、磷矿、盐、硫、重晶石等。其中有些矿产品在世界上占有重要地位：铬矿储量居世界第 1 位，铀储量居世界第 3 位，铼居第 4 位，锌居第 5 位，镉居第 6 位，煤居第 8 位，石油居第 11 位，天然气居第 14 位。

哈萨克斯坦面积 272 万 km^2。矿业约占哈萨克斯坦国内生产总值的 13%～14%，占该国出口总额的 20%以上。根据哈萨克斯坦国土资源署的数据，该国受人为干扰的土地面积约为 184 700 hm^2。其中，采矿扰动区面积约为 51 920 hm^2。哈萨克斯坦的土地使用者需要遵守环境保护条例。哈萨克斯坦共和国环境保护部（MEP）是管理环境保护的主要国家机关，由该机关颁发环境许可证和执照，并确定环境排放的限制条件，要求环境影响的项目在申请之前必须获得国家环境专家的生态评估，要求对环境有害的商业活动的企业必须获得环境保险，以弥补因环境污染而造成的潜在损失。

尽管哈萨克斯坦有具体的环境保护相关法规，但这些法规仍然落后于其他国际矿业法规。哈萨克斯坦的环境法往往执行不力，很多企业在过去更注重增加利润，而不是可持续发展。然而，这种趋势正在发生变化，特别是持有外国股东的公司，这些公司开始关注环境保护，并将所在国家的修复做法、技术引进哈萨克斯坦，进一步地促进哈萨克斯坦政府学习效仿，更加认真对待环境问题。哈萨克斯坦开始注重先进技术的投资与研发，利用技术创新减少对环境的负面影响。美卓公司专门为 Kottaszhal 铜矿设计生产了最大的破碎装置（LT-200），减少了露天矿山的卡车运输量，使之容易在矿区内移动，对环境较为安全。总之，生态恢复和矿山复垦已成为哈萨克斯坦可持续发展战略的重要组成部分。矿区生态系统修复对于环境保护和生态维护尤为重要。正确的规划和环境管理将尽量减少采矿对环境的影响，并将有助于保护生态系统多样性。

哈萨克斯坦的铬矿储量居世界第二位，仅次于南非。哈萨克斯坦目前已探明储量的铬矿有 20 个，总储量超过 4 亿 t，总储量占世界储量的 1/3。几乎全部集中在阿克纠宾州的赫罗姆套（意为“铬山”）。顿斯科矿山（Donskoy）位于哈萨克斯坦，是全球最大的铬铁矿，其资源储量为 3.08 亿 t 矿石，目前铬铁业第一大巨头欧亚工业财团管辖着这座矿山。该矿山对生态环境的破坏主要是土地压占，形成了较大的矿坑，如图 9.11 所示。同时，矿区距离当地居住点较近，水污染不可避免地对居民造成影响。为了解决这个问题，Kazchrome 生产团队开发了一个项目，该项目构建一个半封闭的内部供水系统，能够对沉积物处理后将污泥用于铬矿的生产。图 9.12 为哈萨克斯坦 Rudnik 矿近 20 年的遥感影像变化图，对受损土地进行了平整，并种植植被以恢复景观。

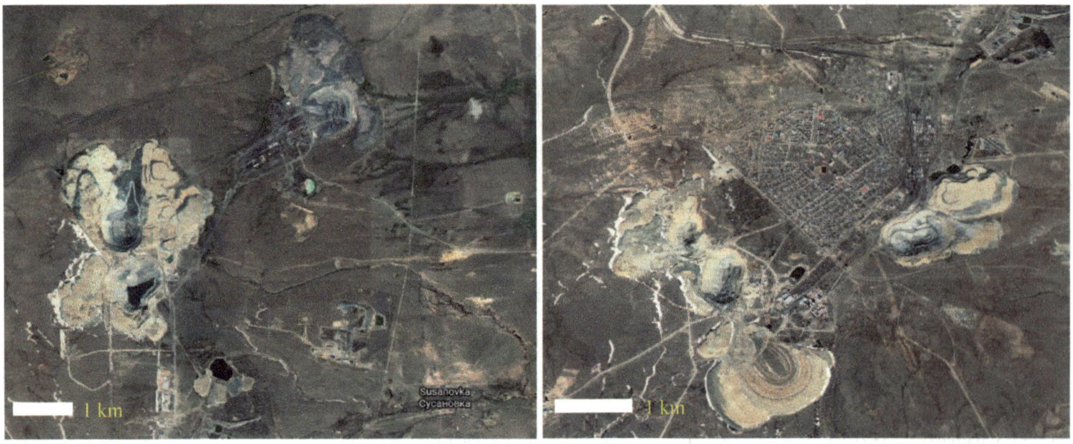

图 9.11 哈萨克斯坦顿斯科矿山生态环境状况

注：底图是 Google Earth 提供的公开遥感影像。

图 9.12 1996 年（左）与 2016 年（右）哈萨克斯坦 Rudnik 矿开发生态环境状况

注：底图是 Google Earth 提供的公开遥感影像。

9.3.2.4 蒙古国

蒙古国矿产资源种类和储量丰富，是蒙古国重要的经济增长点，也是外国直接的投资区域。迄今已发现和确定 80 多种矿产，建有 800 多个矿区和 8 240 余处采矿点，具有重要地位和开发潜力大的矿种有铜、钼、锌、煤、铁、金、钨、萤石、石油以及铀、银、稀土、页岩等。蒙古国煤炭储量 258 亿 t，位居世界前十位，主要分布在中部地区。蒙古国土 1/3 是戈壁荒漠，且矿产资源富集的南部是戈壁荒漠地区，水资源奇缺，地表水难以满足人畜需求，采矿业只能利用深层地下水，据蒙古国专家估算，目前矿区浅层水与深层水的使用比重为 1∶9，已严重打破当地水循环的平衡。此外，蒙古国公路、铁路、电力和通信网络等基础设施不完善，无法满足大规模矿产资源开发的需求（胡格吉勒图，2017）。

蒙古国经历着畜牧业向矿业转变的经济转型。畜牧业是蒙古国的传统产业，是蒙国民经济的基础，也是蒙古国加工业和生活必需品的主要原料来源。矿产业是蒙古国经济的另一个支柱产业，目前蒙矿业产值约占蒙 GDP 的 30%，占出口收入的 86%，占财政收入的 37%。外国对蒙投资的 85%都投入蒙古矿业领域。蒙古国矿产资源丰富，部分大矿储量在国际上处于领先地位。因蒙古国在地质勘探方面缺乏专业队伍、技术装备落后，地质勘探水平总体较低。随着国际矿产品的升值，蒙古国矿业被迅速炒热，矿业成为蒙经济腾飞的重要支点和最具潜力的领域。蒙古国地广人稀，自然条件差、气候比较恶劣。气候变化的影响，如干旱和荒漠化，已经使蒙古数百条河流和湖泊枯竭。为了满足矿业公司的需要，侵占牧场用来建设房屋和机场；提取稀缺的水资源来满足矿产开发的大量水需求，新铜矿生产每秒需 920 kg 水。当载着煤和其他矿物的卡车在土路上行驶时，尘土飞扬的云层日日夜夜笼罩着村庄，对人和牲畜的健康都造成了危害。蒙古国修建了柏油马路以防止扬尘。从化石含水层中提取水，化石含水层将被处理以去除盐分并用于采矿作业，而不是从湖泊和水坑中提取。水回收再利用，不得流失。

图 9.13 展示了奥尤陶勒盖矿遥感影像图及矿坑实景，奥尤陶勒盖（Oyu Tolgoi）金铜矿位于蒙古国南戈壁省汗包格德县境内，是世界大型金铜矿之一，铜矿带面积相当于乌兰巴托市区的范围，该矿蕴藏的金矿带略小于乌兰巴托市区面积，初步探明铜储量为 3 110 万 t、黄金储量为 1 328 t、白银储量为 7 600 t。该矿 2013 年 7 月投产，预计可开采 50 年。澳大利亚力拓旗下的绿松石山资源公司拥有该矿的 66%的股权，其余股权为蒙古国所有。图 9.14 展示了塔班陶勒盖煤矿的遥感影像，塔班陶勒盖煤矿是蒙古国南部南戈壁省境内的一处煤矿，储量 65 亿 t，约 20 亿 t 为高焦油煤，其余为优质动力煤，价值超过 3 000 亿美元。该煤矿的 50%股份为蒙古国国有企业额尔德斯-塔班陶勒盖公司持有，10%出售给蒙古国私营企业，30%出售给外国企业，还有 10%归全体蒙古国公民所有。奥尤陶勒盖金铜矿和塔班陶勒盖煤矿均位于蒙古国南戈壁省，距离中国边界不足 100 km，所在区域的自然条件恶劣，水资源稀缺，矿业开采为生态环境带来了巨大的威胁。

图 9.13　奥尤陶勒盖金铜矿遥感影像图（左）及矿坑实景（右）

注：底图是 Google Earth 提供的公开遥感影像。

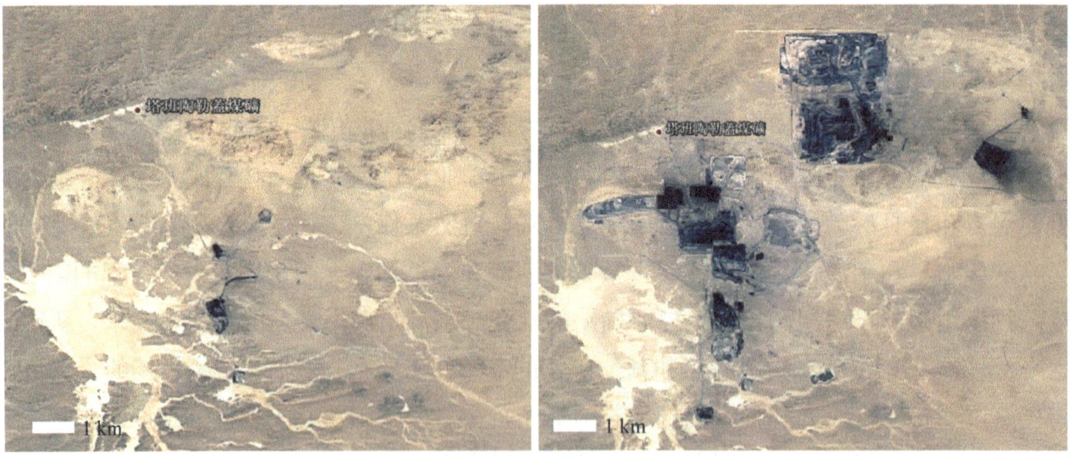

图 9.14　2006 年（左）与 2016 年（右）蒙古国塔班陶勒盖煤矿生态环境状况

注：底图是 Google Earth 提供的公开遥感影像。

9.3.2.5 印度尼西亚

印度尼西亚是全球重要的矿产资源供应地，是我国企业“走出去”投资矿业的主要国家，也是我国重要的资源进口来源国之一。印度尼西亚地处亚洲大陆和澳大利亚之间，扼守出入印度洋、太平洋之间的门户马六甲海峡，是中国进入印度洋的主要航线。固体矿产资源丰富，其煤炭、铜矿、铝土矿、金矿、镍矿、锡矿等矿产资源在全球占重要地位。印度尼西亚煤炭探明资源储量在东南亚地区占据第一，为 280 亿 t，占世界探明煤炭开采储量的 3.1%。另外，铜矿探明储量 2 800 万 t，世界排名第 9，铝土矿探明储量 10 亿 t，世界排名第 5，镍矿探明储量 450 万 t，世界排名第 7，金矿探明储量 3 000 t，世界排名第 4。其中印度尼西亚煤炭开发以露天开发为主，70%以上煤炭产量用于出口。2014 年煤炭产量达到 4.58 亿 t，其中出口 4.11 亿 t，煤炭资源 90%以上分布在沿海省份，具有较强的海运优势；煤炭采掘成本较低；煤炭政策稳定，市场化程度较高。

格拉斯贝格矿山（Grasberg）是世界上储量最大的金矿，位于印度尼西亚艾茨贝格（Ertsberg）矿区内，该矿床铜、金和银的储量分别为 2 761 万 t、2 610 t 和 8 500 t，其平均品位分别为 1.1%、1.04×10^{-6} 和 3.4×10^{-6}；是亚洲最大的铜矿床和世界上最大的单体金矿床及露天矿场，矿石储量为 25.23 亿 t，也是世界上已公布的矿山中金储量最大的矿山，金储量约为 2 090 t。目前该矿山由美国自由港公司（Freeport）和力拓公司共同拥有。该矿山位于曾经是小赤道山冰川的范围内，由于采矿活动导致斜坡陡峭化，以及地震和频繁的暴雨，导致露天矿场内发生滑坡。选矿厂的尾矿以每天 70 万 t 的速度产生，由于冲入艾克瓦河系和阿拉弗拉海，因此引起了很大的关注。艾克瓦河沿岸约 130 km^2 的低地地区的沉积物负荷很高，类似于冰川径流。覆盖层（70 万 t/d）仍留在高地，深达 480 m，覆盖 8 km^2。其酸性径流、溶解的铜和较细的物质被冲入瓦纳贡河的上游。它沿着河道沉淀出来，然后流入海洋。因河流污染已导致大量原生鱼类死亡。虽然矿山已经开始进行景观复垦工程，但环保组织和当地居民仍关注着铜污染以及从矿山尾矿中流入周围河流系统、地表和地下水的酸性矿山废水污染。

图 9.15 印度尼西亚艾茨贝格（Tambang Ertsberg）矿山遥感影像

注：底图是 Google Earth 提供的公开遥感影像。

图 9.16　印度尼西亚艾茨贝格（Tambang Ertsberg）矿山全景

注：底图是 Google Earth 提供的公开遥感影像。

图 9.17　2009 年（左）与 2019 年（右）印度尼西亚巴都希贾乌铜金矿生态环境状况

注：底图是 Google Earth 提供的公开遥感影像。

9.3.2.6　伊朗

伊朗现已探明的矿产资源约 68 种，是中东地区矿产资源最为丰富的国家。其中天然气储量世界第一，石油储量世界第四。除油气外，伊朗固体矿产资源也极为丰富，铁、铜、锌、铀储量均居世界前十，煤炭、铬、锰、钛、石膏、石灰石、磷矿等矿产资源储量也均居世界前列。由于伊朗油气资源极为丰富，煤炭资源并不是伊朗国内重点开发的能源品种。已探明的煤炭储量约为 20 亿 t，具有一定的开发潜力。但是伊朗的煤炭产能并不能满足其国内需求，需要从中国、印度尼西亚等国家进口，这主要因为伊朗国内煤炭生产加工水平较为落后。伊朗的煤炭资源主要集中在克尔曼省、马赞德兰省和亚兹德省，其中 Zirab 煤矿是伊朗最大的煤炭矿山，储量约 2 亿 t。

Sarcheshmeh 铜矿是伊朗克尔曼省的大型露天铜矿，被认为是全球第二大铜矿床，还含有大量的钼、金和其他稀有金属，见图 9.18。Sarcheshmeh 铜矿位于克尔曼省西南约 160 km，拉夫桑詹市南部约 50 km。该地区的平均海拔约为 2 600 m，最高处约为 3 000 m。Sarcheshmeh 矿体位于 Zagros 山脉的中部，由折叠的和断层的早期第三纪火山沉积岩组成。

图 9.18 伊朗 Sarcheshmeh 露天铜矿状况

注：底图是 Google Earth 提供的公开遥感影像。

9.3.2.7 阿曼

阿曼位于阿拉伯半岛东南端，国土面积 30.95 万 km^2，是阿拉伯半岛上面积第三大国家。阿曼地理条件复杂，既有广袤的沙漠、戈壁，也有起伏的山峦。阿曼矿产资源多分布在北部地区。目前，阿曼境内发现的矿产资源有铜、金、银、铬、铁、锰、镁、煤矿等。除金属矿产外，阿曼还蕴藏丰富的工业矿产，如石灰石、大理石、石膏、磷酸盐、盐、石英石、高岭土等。

Kunooz Gabbro 石灰石矿是由 Kunooz Gabbro 管理。Kunooz Gabbro 是 Kunooz Oman Holdings 的全资子公司，是阿曼马斯喀特当地市场上领先的石膏板生产商，其企业愿景和使命是将自然资源带给世界，通过创造可持续价值来支持阿曼的可持续发展。采石场位于马斯喀特西南约 40 km 处，是距离马斯喀特最近的采石场之一。采石场和破碎机由发达的公路网连接到周围的城镇和城市，其产品用于粗粒式沥青的铺设。Kunooz Gabbro 的运营符合法律规定的环境标准，所有工厂的传送带装设防尘罩，并在输送点安装了水喷头以减少粉尘，每天约使用 800 t 的水进行抑尘，见图 9.19。

图 9.19 阿曼 Kunooz 石灰石矿遥感影像（左）及实景（右）

注：底图是 Google Earth 提供的公开遥感影像。

9.3.2.8 越南

越南地处中南半岛东部，地理位置优越，矿藏资源种类较多，目前已发现 5 000 多个矿床和矿产地，包括 60 多种矿藏资源，其中煤、铁、石油、铬、硫铁矿、高岭土和石墨等储量较多且有工业开采价值。越南经济发展水平低，属于传统的农业国家，工业基础薄弱。由于投资基金不足和落后技术的限制，地质矿产勘查程度不高、矿产开采规模普遍较小。同时矿产管理滞后，越南矿产资源存在着对某类资源开发过度、资源配置不合理、回收利用率低、环境退化等问题。

越南《环境保护法》（越南政府，2014 年）第 38 条第 1 款规定，对于勘探、开采和矿物加工的整个过程，负责任的矿山经营者必须采取恢复措施。恢复措施必须提前规划，并支付环境恢复保证金。越南《矿产法》（越南政府，2010 年）第 30 条第 2 款规定，矿山经营者必须承担环境恢复的所有费用。相应项目必须作为投资项目制定，并获得国家主管机构的批准。第 3 款规定，在进行矿产开采活动之前，必须建立环境恢复保证金。尽管越南《矿产法》规定的环境保护存款基金已于 1999 年在法律上被提及，但具体的法律条文在 2008 年和 2009 年才公布。经过两次更换，目前有效的立法文件是第 34/2009/TT-BTNMT 号通告和第 19/2015/ND-CP 号法令。第 34/2009/TT-BTNMT 号通告为环境修复项目的编制提供了详细的模板，并为成本估算提供了详细的指南。第 19/2015/ND-CP 号法令明确规定，在矿产开采过程中必须规划和实施环境恢复工作。矿山经营者不允许在矿山关闭后才开始采取恢复措施。此外，在 2008—2015 年的不同立法中，环境恢复的最终目标也有所加严。在第 19/2015/ND-CP 号法令将其定义为“更接近环境的原始状态或实现环境标准和法规”。对于后一种情况，该法令还为矿山经营者提供了一种新的可能性，允许“在环境改造和恢复为旅游景点、生态公园或休闲区的情况下，继续其土地租赁，享受奖励政策”。根据当前有效的法律，矿山经营者必须在矿山开采前制定环境修复项目，并全额支付或预先支付环境定金。对于已投产的矿山，必须尽快提交环境恢复项目。在项目获得批准后，矿山经营者开始向国家或地方缴纳环境保护资金。

9.4　“一带一路”沿线国家矿区生态修复能力

从发达国家的经验来看，一个国家的矿区修复能力主要体现在政策和技术两个方面。在政策方面，必须从矿业法、环境保护法、环境影响评价法等方面立法进行监管，还必须设立矿业权审批、矿山关闭审批、矿业用地退出、复垦基金、动态监管等制度，才能很好地推行矿区生态修复。在技术方面，必须出台土地复垦与生态修复的技术规范、最佳实践和案例等。

9.4.1　矿区生态修复能力的影响因素

从经济、环境、生态、科技、政治和矿企等综合视角，构建矿产生态修复能力评价体系（表 9.11）。由于“一带一路”沿线国家分布范围广，为了可比性与一致性，选取在同一标准且度量方式相同的指标来衡量与分析。

表 9.11　“一带一路”沿线国家矿区生态修复能力评价指标体系

目标	一级指标	二级指标	指标说明	性质	数据来源
矿山生态修复能力	经济发展	人均 GDP	经济发展能力，反映国家生态修复的物质条件	正向	世界银行
	环境治理	环境保护	反映环境治理能力	正向	国际地球科学信息网络中心
	科研创新	科技研发投资占 GDP 比重	反映修复技术保障能力	正向	世界银行
	政治环境	政权稳定度	反映政府施政水平	正向	全球治理指标报告
	矿企发展	矿产年利润	反映矿业企业的生态修复资金	正向	世界银行
	生态系统恢复力	植被光温水生产潜力	反映生态系统自然恢复能力	正向	中国国家综合地球观测数据共享平台

9.4.1.1　经济发展水平

人均 GDP 是国内生产总值除以年度人口数。GDP 是一个经济体内所有居民生产者创造的增加值的总和加上产品税并减去不包括在产品价值中的补贴。计算时未扣除资产折旧或自然资源损耗和退化，数据以不变价美元计。人均 GDP 反映了一个国家的社会财富和发展水平，这是影响矿区生态修复能力的重要因素。当人均 GDP 较低时，国家发展主要考虑资源开发的经济效益，而较少考虑环境影响，而且，很难利用社会闲散资本开展生态修复投资。人均 GDP 数据来源于世界银行（表 9.12）。

表 9.12 “一带一路”沿线国家 2018 年人均 GDP

国家	人均 GDP/美元	排名	国家	人均 GDP/美元	排名
卡塔尔	63 249.42	1	马其顿	5 414.61	34
新加坡	57 714.30	2	波黑	5 148.21	35
阿联酋	43 005.00	3	伊拉克	5 017.97	36
以色列	40 543.58	4	阿尔巴尼亚	4 537.58	37
科威特	29 040.36	5	叙利亚	4 240.00	38
文莱	28 290.59	6	阿塞拜疆	4 135.14	39
巴林	23 739.16	7	约旦	4 129.75	40
斯洛文尼亚	23 601.40	8	斯里兰卡	4 073.74	41
沙特阿拉伯	20 849.29	9	格鲁吉亚	4 045.42	42
捷克	20 379.90	10	亚美尼亚	3 936.80	43
爱沙尼亚	20 200.38	11	印度尼西亚	3 846.42	44
斯洛伐克	17 579.26	12	蒙古国	3 717.47	45
立陶宛	16 809.65	13	巴勒斯坦	3 199.00	46
拉脱维亚	15 684.56	14	不丹	3 130.23	47
阿曼	15 267.45	15	菲律宾	2 988.95	48
匈牙利	14 278.87	16	乌克兰	2 639.82	49
波兰	13 863.55	17	埃及	2 549.14	50
克罗地亚	13 386.51	18	老挝	2 457.38	51
马尔代夫	11 151.07	19	越南	2 342.24	52
罗马尼亚	10 819.24	20	摩尔多瓦	2 290.24	53
俄罗斯	10 749.06	21	东帝汶	2 035.53	54
土耳其	10 546.15	22	印度	1 979.36	55
马来西亚	9 951.54	23	巴基斯坦	1 547.85	56
哈萨克斯坦	9 030.32	24	乌兹别克斯坦	1 533.85	57
中国	8 826.99	25	孟加拉国	1 516.51	58
黎巴嫩	8 808.59	26	柬埔寨	1 384.42	59
保加利亚	8 228.01	27	缅甸	1 256.66	60
黑山	7 784.07	28	吉尔吉斯斯坦	1 220.47	61
泰国	6 595.00	29	也门	1 106.80	62
土库曼斯坦	6 586.63	30	尼泊尔	849.01	63
塞尔维亚	5 901.22	31	塔吉克斯坦	801.05	64
白俄罗斯	5 733.31	32	阿富汗	550.07	65
伊朗	5 593.85	33			

注：数据来源于世界银行公开数据网站：https://data.worldbank.org.cn/。

9.4.1.2 环境治理能力

由于缺乏详细数据来反映“一带一路”沿线国家矿区生态修复的管理能力。本书采用环境规制强度来定量反映这些国家的管理能力。经济学领域内，环境规制尚没有统一的定义，也没有统一的度量方式，由于国别不同导致的环境政策也不同，不能单纯地使用排污相关量如单位排污量、排污标准、排污费、污染治理费用等度量方法来代表环境规制强度。

环境规制强度是指一个国家对生态环境的治理能力，是指人们为了得到良好的生活环境对于社会发展过程中已经或可能的污染破坏而采取的相应的预防与治理的能力。通过环境治理可以降低人类活动对环境的负面影响，改善环境状况，提高人们的生活质量。环境治理体现了人们主动适应、改善环境的能动性，是人与环境相互作用的一个重要方面。由于“一带一路”沿线国家政治体系、法律体系复杂，不能直接统计和计量环境规制强度，因此采用环境绩效指数来反映国家的生态环境治理能力。

环境绩效指数（Environmental Performance Index，EPI）由国际地球科学信息网络中心（CIEsIN）发布，该指数考虑了生态系统健康和生态系统活力两个方面的指标，具体包括空气质量、水和卫生设备、重金属、生物多样性和生境、森林、越野、气候与能源、空气污染、水资源、农业方面的指标（董战峰等，2016）。根据最新的数据，“一带一路”沿线国家 2018 年环境绩效指数最高的是以色列，最低的是孟加拉国（巴勒斯坦缺乏数据）（表 9.13）。

表 9.13 “一带一路”沿线国家 2018 年环境绩效指数

国家	综合得分	排名	国家	综合得分	排名
以色列	75.01	1	罗马尼亚	64.78	16
希腊	73.6	2	爱沙尼亚	64.31	17
塞浦路斯	72.6	3	新加坡	64.23	18
斯洛伐克	70.6	4	波兰	64.11	19
立陶宛	69.33	5	俄罗斯	63.79	20
保加利亚	67.85	6	文莱	63.57	21
卡塔尔	67.8	7	阿塞拜疆	62.33	22
捷克	67.68	8	科威特	62.28	23
斯洛文尼亚	67.57	9	约旦	62.2	24
拉脱维亚	66.12	10	亚美尼亚	62.07	25
土库曼斯坦	66.1	11	黑山	61.33	26
阿尔巴尼亚	65.46	12	埃及的西奈半岛	61.21	27
克罗地亚	65.45	13	黎巴嫩	61.08	28
匈牙利	65.01	14	马其	61.06	29
白俄罗斯	64.98	15	斯里兰卡	60.61	30

国家	综合得分	排名	国家	综合得分	排名
马来西亚	59.22	31	泰国	49.88	49
阿联酋	58.9	32	塔吉克斯坦	47.85	50
伊朗	58.16	33	不丹	47.22	51
菲律宾	57.65	34	越南	46.96	52
蒙古国	57.51	35	印度尼西亚	46.92	53
塞尔维亚	57.49	36	乌兹别克斯坦	45.88	54
沙特阿拉伯	57.47	37	缅甸	45.32	55
格鲁吉亚	55.69	38	叙利亚	44.73	56
巴林	55.15	39	柬埔寨	43.23	57
吉尔吉斯斯坦	54.86	40	伊拉克	43.2	58
哈萨克斯坦	54.56	41	老挝	42.94	59
也门	53.42	42	波黑	41.84	60
土耳其	52.96	43	阿富汗	37.74	61
乌克兰	52.87	44	巴基斯坦	37.5	62
马尔代夫	52.14	45	尼泊尔	31.44	63
摩尔多瓦	51.97	46	印度	30.57	64
阿曼	51.32	47	孟加拉国	29.56	65
中国	50.74	48	巴勒斯坦	—	66

注：数据来源于国际地球科学信息网络中心（CIEsIN）。

9.4.1.3 科技创新能力

研发（Research and Development，R&D）支出是指系统性创新工作的经常支出和资本支出（国家和私人），其目的在于提升知识水平，包括人文、社会知识，并将知识用于新的应用。R&D 包括基本研究、应用研究和实验开发（董洁等．2017）。这个指标决定了一个国家在生态修复方面的创新和研发能力。R&D 投入占 GDP 比例数据来源于世界银行。

“一带一路”沿线的大部分国家和地区生态环境比较脆弱，发展水平较低，但却拥有庞大的人口总量，经济建设和发展需求较大，因此有的国家就片面追求经济增长速度而忽视环境保护的问题，无法协调经济发展与环境保护的关系。由于没有直接数据来衡量“一带一路”沿线国家矿山生态修复技术的发展水平。本书利用 R&D 投入占 GDP 的比重来反映“一带一路”沿线国家的科技创新能力。一般来说，科技创新能力越强，生态环境保护和修复的技术研发也就越多。

经济合作与发展组织（Organization for Economic Co-operation and Development，OECD）对 R&D 的定义是：研究和实验开发是在一个系统的基础上进行的创造性工作。R&D 活动一般包括基础研究、应用研究、试验发展三类，它是科技创新能力建设的前期阶段，为国家创新发展提供了物质基础和科学基础。表 9.14 给出了“一带一路”沿线国家 2018 年 R&D 投入占 GDP 比重。可以看出，R&D 投入占 GDP 比重最高的三个国家分别是以色列、新加坡、中国，这三个国家的环保科技也较为领先，最低的三个国家是科威特、伊拉克、叙利亚。

表 9.14 “一带一路”沿线国家 2018 年 R&D 投入占 GDP 比重

国家	R&D 投入占 GDP 的比例/%	排名	国家	R&D 投入占 GDP 的比例/%	排名
以色列	4.251	1	阿尔巴尼亚	0.465	29
新加坡	2.160	2	拉脱维亚	0.443	30
中国	2.108	3	越南	0.441	31
斯洛文尼亚	2.002	4	马其顿	0.433	32
捷克	1.678	5	缅甸	0.420	33
阿联酋	1.610	6	亚美尼亚	0.392	34
马来西亚	1.301	7	黑山	0.374	35
爱沙尼亚	1.281	8	马尔代夫	0.364	36
文莱	1.230	9	老挝	0.360	37
匈牙利	1.206	10	约旦	0.332	38
俄罗斯	1.096	11	摩尔多瓦	0.329	39
波兰	0.965	12	伊朗	0.317	40
沙特阿拉伯	0.898	13	尼泊尔	0.302	41
黎巴嫩	0.892	14	阿曼	0.255	42
塞尔维亚	0.891	15	巴基斯坦	0.246	43
土耳其	0.882	16	乌兹别克斯坦	0.221	44
立陶宛	0.847	17	阿塞拜疆	0.206	45
克罗地亚	0.846	18	格鲁吉亚	0.198	46
斯洛伐克	0.790	19	蒙古国	0.183	47
泰国	0.781	20	哈萨克斯坦	0.142	48
保加利亚	0.780	21	菲律宾	0.138	49
埃及	0.708	22	不丹	0.124	50
波黑	0.673	23	土库曼斯坦	0.121	51
印度	0.620	24	也门	0.120	52
卡塔尔	0.510	25	柬埔寨	0.118	53
白俄罗斯	0.501	26	吉尔吉斯斯坦	0.111	54
乌克兰	0.484	27	斯里兰卡	0.109	55
罗马尼亚	0.482	28	塔吉克斯坦	0.107	56

国家	R&D 投入占 GDP 的比例/%	排名	国家	R&D 投入占 GDP 的比例/%	排名
巴林	0.101	57	叙利亚	0.012	62
孟加拉国	0.098	58	阿富汗	0.010	63
印度尼西亚	0.085	59	东帝汶	—	64
科威特	0.079	60	巴勒斯坦	—	65
伊拉克	0.036	61			

注：数据来源于世界银行公开数据网站：https://data.worldbank.org.cn/。

9.4.1.4 政治稳定程度

国家政权是否稳定影响到矿山生态修复的对外开放、技术研发、政策稳定性。一个国家政权不稳定很难实施稳定的矿区生态修复政策。该指标的数据从《全球治理指标报告》中提取（表 9.15）。

表 9.15 “一带一路”沿线国家政治稳定性指数

国家	政治稳定性指数	排名	国家	政治稳定性指数	排名
中国	600.7	1	斯里兰卡	295.3	21
俄罗斯	495	2	拉脱维亚	294.2	22
印度	435.1	3	斯洛文尼亚	293.5	23
马来西亚	376.9	4	爱沙尼亚	293.2	24
印度尼西亚	360.8	5	越南	292.8	25
土耳其	355.6	6	柬埔寨	285.6	26
沙特阿拉伯	331.9	7	以色列	285.6	27
新加坡	328.3	8	塞尔维亚	285.5	28
泰国	327.2	9	孟加拉国	276.8	29
菲律宾	327.1	10	巴基斯坦	276.1	30
捷克	325.3	11	阿尔巴尼亚	269.2	31
匈牙利	322.8	12	波黑	265.8	32
斯洛伐克	317.6	13	阿塞拜疆	264.3	33
波兰	317	14	格鲁吉亚	263.7	34
埃及	311.3	15	克罗地亚	262.5	35
乌克兰	308.5	16	阿联酋	261.4	36
立陶宛	303.7	17	哈萨克斯坦	260	37
保加利亚	301	18	黑山	258.6	38
约旦	298.6	19	马尔代夫	254.9	39
罗马尼亚	297.1	20	文莱	251.2	40

国家	政治稳定性指数	排名	国家	政治稳定性指数	排名
伊拉克	248.4	41	土库曼斯坦	225.9	54
吉尔吉斯斯坦	247.9	42	老挝	225	55
科威特	247	43	卡塔尔	224	56
白俄罗斯	246.5	44	缅甸	222.7	57
尼泊尔	243	45	黎巴嫩	222.6	58
亚美尼亚	243	46	阿富汗	219.4	59
不丹	241.5	47	阿曼	215.9	60
摩尔多瓦	240	48	叙利亚	210.7	61
巴林	239.2	49	塔吉克斯坦	206.3	62
也门	238.7	50	马其顿	168.7	63
蒙古国	234.7	51	东帝汶	—	64
乌兹别克斯坦	231.2	52	巴勒斯坦	—	65
伊朗	227.9	53			

注：数据来源于《全球治理指标报告》。

9.4.1.5 矿业企业投入

矿产租金是按照国际价格计算的矿产存量的生产价值与其生产总成本之间的差别。此处纳入计算的矿产包括锡、金、铅、锌、铁、铜、镍、铝土岩和磷矿石。一个国家矿产租金越高，矿业活动越频繁，生态修复越迫切，矿业收入也越高，更有资本投入到矿区生态修复中（表 9.16）。

表 9.16 “一带一路”沿线国家 2018 年矿产租金占 GDP 的比例

国家	矿产租金占 GDP 的比例/%	排名	国家	矿产租金占 GDP 的比例/%	排名
蒙古国	28.767	1	缅甸	1.330	12
吉尔吉斯斯坦	8.177	2	文莱	1.101	13
乌兹别克斯坦	7.143	3	保加利亚	1.049	14
老挝	6.593	4	俄罗斯	0.984	15
亚美尼亚	5.591	5	黑山	0.862	16
塔吉克斯坦	5.237	6	格鲁吉亚	0.834	17
土库曼斯坦	4.689	7	印度尼西亚	0.734	18
哈萨克斯坦	3.921	8	菲律宾	0.722	19
乌克兰	2.153	9	约旦	0.688	20
马其顿	1.669	10	伊朗	0.680	21
卡塔尔	1.379	11	波黑	0.546	22

国家	矿产租金占 GDP 的比例/%	排名	国家	矿产租金占 GDP 的比例/%	排名
塞尔维亚	0.530	23	斯洛伐克	0.015	45
印度	0.514	24	尼泊尔	0.013	46
中国	0.422	25	摩尔多瓦	0.011	47
波兰	0.420	26	阿富汗	0.007	48
巴林	0.389	27	柬埔寨	0.007	49
埃及	0.336	28	拉脱维亚	0.005	50
越南	0.264	29	爱沙尼亚	0.003	51
阿联酋	0.222	30	斯里兰卡	0.001	52
土耳其	0.212	31	叙利亚	0.001	53
阿塞拜疆	0.180	32	新加坡	0.001	54
阿尔巴尼亚	0.146	33	黎巴嫩	0.001	55
沙特阿拉伯	0.083	34	立陶宛	0.001	56
不丹	0.080	35	孟加拉国	0.001	57
马来西亚	0.078	36	克罗地亚	0.000	58
科威特	0.061	37	马尔代夫	0.000	59
阿曼	0.053	38	斯洛文尼亚	0.000	60
泰国	0.044	39	捷克	0.000	61
以色列	0.038	40	匈牙利	0.000	62
巴基斯坦	0.031	41	伊拉克	0.000	63
罗马尼亚	0.027	42	东帝汶	0.000	64
也门	0.020	43	巴勒斯坦	—	65
白俄罗斯	0.019	44			

注：数据来源于世界银行公开数据网站：https://data.worldbank.org.cn/。

9.4.1.6 生态系统恢复力

“一带一路”沿线的大部分国家和地区生态环境较为脆弱，60%以上的区域为干旱和半干旱的草原、荒漠和高海拔生态脆弱区，气候干燥、降水量少。植被作为陆地生态系统的生产者，是生态系统物质循环和能量流动的基础，可以表征生态系统自恢复能力。在国际矿山生态修复案例中，植被也是受关注程度最高的对象。光照、温度、水分等要素是主要生态因子，是植物生长发育不可缺少的气候因子。为此，植被光温水生产潜力反映了生态系统自我恢复的能力，也反映了矿区生态修复的难易程度。该指标数据来源于中国国家综合地球观测数据共享平台（http://www.chinageoss.org），见图 9.9。

9.4.2 矿区生态修复能力的评价方法

涉及的数据来源于世界银行数据库 DataBank，个别国家的零星缺失数据从该国政府、统计部门的出版物中补充获得。以国际公开发布的最完整、最新数据为依据，确定评价时间为 2018 年，部分缺失数据用 2017 年数据代替或从该国政府部门等补充获得，但不影响整体规律。另外，在将样本数据用于评价测算前，文章采用极大标准化方法进行量纲一化处理，使样本数据值处于[0，100]，且极性一致。

对指标采用熵值法的权重赋值方法。熵值法属于客观赋权法，其出发点是根据各评价指标值之间的差异程度来确定权重系数。熵值法在确定权重系数的过程中避免了人为因素的干扰，能够较为客观地反映各评价指标在综合评价指标体系中的重要性，在一定程度上避免了主观因素带来的偏差。具体步骤为：

1）构建 m 个方案，n 个指标的判断矩阵

$$X=\begin{pmatrix} x_{11} & \cdots & x_{1n} \\ \vdots & \ddots & \vdots \\ x_{m1} & \cdots & x_{mn} \end{pmatrix},\quad X=\left\{x_{ij}\right\}_{m\times n}\left(0\leqslant i\leqslant m,\ 0\leqslant j\leqslant n\right) \tag{9-1}$$

式中，x_{ij} 表示第 i 个对象中第 j 项指标的数据。

2）数据量纲一化处理：由于各指标类型、量纲不一致，采用极值化进行处理

若 x_j 为正指标，则 $x_{ij}^{*}=\dfrac{x_j-x_{\min}}{x_{\max}-x_{\min}}$；

若 x_j 为逆指标：$x_{ij}^{*}=\dfrac{x_{\max}-x_j}{x_{\max}-x_{\min}}$ （9-2）

式中，$x_{\max}=\max\limits_{i}\left\{x_{ij}\right\}$； $x_{\min}=\min\limits_{i}\left\{x_{ij}\right\}$。

3）计算指标信息熵值

$$y_{ij}=\frac{x'_{ij}}{\sum_{i=1}^{m}x'_{ij}},\quad \mathrm{Y}=\left\{y_{ij}\right\}_{m*n} \tag{9-3}$$

$$e_j=-K\sum_{i=1}^{m}y_{ij}\ln y_{ij} \tag{9-4}$$

式中，y_{ij} 为第 i 个对象第 j 个指标值的比重；e_j 为第 j 个指标的熵，K 为常数，$K=\dfrac{1}{\ln m}$。

4）计算权重值

$$W_j=\frac{1-e_j}{\sum_{j}^{n}\left(1-e_j\right)},\left(W_j\in[0,1],\sum_{j=1}^{n}W_j=1\right) \tag{9-5}$$

5）计算“一带一路”沿线国家矿区生态修复能力值，记为UC_i。

$$UC_i = \sum_{j=1}^{n} W_j X_{ij} \tag{9-6}$$

UC_i高则说明i国家矿区生态修复水平高。

9.4.3 矿区生态修复能力的评价结果

（1）矿山生态修复能力指标的权重

根据熵值法计算式（9-1）～式（9-5），获取各指标权重，权重由高到低分别为经济发展、环境治理、生态系统恢复力、科技创新、矿企投入、政治环境，见表9.17。对矿山生态修复能力影响较大的因素主要是经济发展（0.263）、环境治理（0.183）、生态系统恢复力（0.179）。这表明沿线国家的人均发展水平极不平衡，经济模式和经济结构不同，环境治理能力差异大，资源环境条件复杂。

表9.17 评价指标权重

指标	经济发展	环境治理	生态系统恢复力	科技创新	矿企投入	政治环境
权重	0.263	0.183	0.179	0.148	0.114	0.113
排名	1	2	3	4	5	6

（2）不同国家的矿山生态修复能力

根据式（9-6）计算，获得各国家的矿山生态修复能力得分，分数由高到低进行排序，见表9.18。同时，为便于整体上把握沿线国家矿山生态修复能力的分布特征，利用ArcGIS 10.4软件对各个国家的分数进行空间可视化。采用自然断点法将其分为5级，分别为高等水平（第一级：71.33～83.26，排名：1～4位）、中高等水平（第二级：65.85～71.32，排名：5～22位）、中等水平（第三级：62.34～65.84，排名：23～40名）、中低等水平（第四级：58.27～62.33，排名：41～57位）、低等水平（第五级：55.43～58.26，排名：58～63位）。

表9.18 “一带一路”沿线国家矿业生态修复能力得分及排序

排名	国家	区域	生态修复能力得分	排名	国家	区域	生态修复能力得分
1	以色列	西亚北非	83.26	7	科威特	西亚北非	70.10
2	新加坡	东南亚	80.45	8	沙特阿拉伯	西亚北非	69.60
3	卡塔尔	西亚北非	80.34	9	中国	东北亚	68.81
4	阿联酋	西亚北非	76.51	10	捷克	中东欧	68.43
5	文莱	东南亚	71.32	11	马来西亚	东南亚	68.05
6	斯洛文尼亚	中东欧	70.36	12	巴林	西亚北非	67.76

排名	国家	区域	生态修复能力得分	排名	国家	区域	生态修复能力得分
13	俄罗斯	东北亚	67.59	40	马尔代夫	南亚	62.47
14	斯洛伐克	中东欧	67.36	41	马其顿	中东欧	62.33
15	伊朗	西亚北非	67.34	42	白俄罗斯	中东欧	62.07
16	匈牙利	中东欧	67.26	43	乌克兰	中东欧	61.75
17	爱沙尼亚	中东欧	67.17	44	格鲁吉亚	西亚北非	61.48
18	埃及	西亚北非	67.09	45	印度尼西亚	东南亚	61.41
19	立陶宛	中东欧	67.03	46	越南	东南亚	61.15
20	阿曼	西亚北非	66.56	47	老挝	东南亚	60.77
21	黎巴嫩	西亚北非	66.35	48	哈萨克斯坦	中亚	60.74
22	保加利亚	中东欧	66.31	49	伊拉克	西亚北非	60.42
23	约旦	西亚北非	65.84	50	缅甸	东南亚	60.38
24	克罗地亚	中东欧	65.67	51	印度	南亚	60.36
25	波兰	中东欧	65.33	52	柬埔寨	东南亚	59.97
26	拉脱维亚	中东欧	65.17	53	不丹	南亚	59.93
27	罗马尼亚	中东欧	64.89	54	巴基斯坦	南亚	59.89
28	斯里兰卡	南亚	64.51	55	叙利亚	西亚北非	59.70
29	也门	西亚北非	64.47	56	摩尔多瓦	中东欧	59.46
30	泰国	东南亚	64.46	57	波黑	中东欧	59.37
31	亚美尼亚	西亚北非	64.12	58	吉尔吉斯斯坦	中亚	58.26
32	蒙古国	东北亚	64.01	59	乌兹别克斯坦	中亚	57.42
33	土耳其	西亚北非	64.01	60	阿富汗	西亚北非	57.24
34	阿尔巴尼亚	中东欧	63.71	61	尼泊尔	南亚	57.23
35	阿塞拜疆	西亚北非	63.42	62	孟加拉国	南亚	56.97
36	黑山	中东欧	63.22	63	塔吉克斯坦	中亚	55.44
37	菲律宾	东南亚	63.21	64	东帝汶	东南亚	—
38	塞尔维亚	中东欧	63.08	65	巴勒斯坦	西亚北非	—
39	土库曼斯坦	中亚	62.61				

修复能力水平高的国家有以色列、新加坡、卡塔尔和阿联酋，3 个国家来自西亚北非，1 个国家来自东南亚，以上 4 个国家的经济发展水平发达，人均 GDP 在沿线国家中排前四名，对生态质量保护的目标设定较高。卡塔尔和阿联酋为发展中国家，固体矿产资源少，石油化工是传统的支柱产业。以色列和新加坡均为发达国家，R&D 占 GDP 居沿线国家第一名与第二名（分别为 4.25、2.16），注重科技创新发展且拥有技术先进的市场经济。然而两国的矿产资源种类及储量不丰富，尤其是新加坡极度缺乏矿产资源，有关矿山生态修复

的经验相对较少。

修复能力水平低的国家有吉尔吉斯斯坦、乌兹别克斯坦、阿富汗、尼泊尔、孟加拉国和塔吉克斯坦，均来自南亚地区和中亚地区。其中，3 个国家来自中亚，3 个国家来自南亚。以上 6 个国家的共有特征为：矿山生态修复能力评价体系中的 6 项评价指标得分均较低，但这些国家的矿产资源丰富。对矿业资源依赖性大的国家有位于中亚区域的乌兹别克斯坦和塔吉克斯坦，基础设施不完善、开采粗放、环境治理能力差、科技创新能力低等限制了生态环境保护。就矿产租金在 GDP 的占比而言，蒙古国、吉尔吉斯斯坦、乌兹别克斯坦、老挝、亚美尼亚和塔吉克斯坦等 6 个国家的矿产租金与 GDP 之比超过了 5%，分别为 28.77%、8.18%、7.14%、6.59%、5.59%、5.24%。以上国家的矿产资源富集，矿业主要支撑着国家经济发展。然而受其他条件约束，使得这些国家的矿山生态修复能力处于中等、中下等或下等水平，均在中等及以下水平。

中国矿产资源丰富，对外依存度高。随着中国的快速发展，中国的经济、政治与文化在国际上较有影响力。本次研究排名第九，处于中上等水平。在六大指标中，政治稳定性和科技创新能力在沿线国家中分别位于第一与第三，主要原因是中国政治稳定以及注重科学研究与技术创新。然而 2018 年环境绩效指数较落后，在 65 个沿线国家中位于第 47 位，表明中国的环境治理仍面临巨大挑战。生态系统局部退化趋势仍然存在，生态恢复压力依然突出，矿区生态系统问题也不可忽视。为解决矿区生态问题，中国自然资源部设立国土空间生态修复司，统一监管矿山生态修复，改变土地复垦、环境污染防治与地质环境治理等传统方式，推进基于系统的矿区土地复垦与生态修复，但当前还需完善相关政策和标准。

（3）不同区域的矿山生态修复能力

总体来看，“一带一路”沿线国家的矿产资源分布不均，矿山生态修复能力的区域性特征明显，同时区域内部存在差异，整体呈现“东西高、中间低”的空间分布格局。

计算得到同区域国家的矿山生态修复能力的平均得分，西亚北非 67.14、东北亚 66.80、东南亚 65.12、中东欧 64.73、南亚 60.20 与中亚 58.89，见图 9.20。其中西亚北非和东北亚区域的分数相对较高，中东欧和东南亚位于中等，西中亚和南亚区域的分数相对较低。

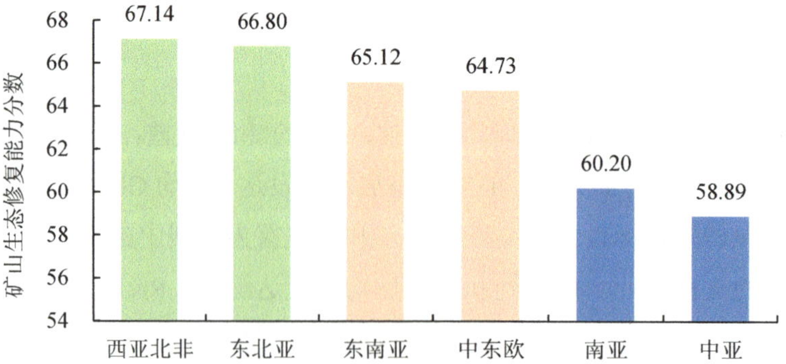

图 9.20　各区域国家矿山生态修复能力的平均分数

1）西亚北非和东北亚区域的矿山生态修复能力较强，处于中上游水平

西亚北非20国，矿山生态修复能力总体较高，内部存在显著性差异，得分最高的国家为以色列（83.26），得分最低的为叙利亚（59.70）。西亚北非经济发展强，气候干旱，矿产资源种类少，以钾盐、磷矿和石油为主。自然条件弱并不是制约矿山生态修复的主要因素，而是社会稳定性。该区域矿山生态修复能力分数较为落后的国家，主要是边缘政治问题严重化，如伊拉克、叙利亚、阿富汗，因局势动荡、战争战乱等加剧了修复难度，为矿山生态修复带来巨大的挑战。

东北亚3国，中国、俄罗斯、蒙古国的矿山生态修复能力依次降低，分别排第10名、第11名、第32名，中国与俄罗斯的整体实力明显高于蒙古国。中俄蒙三国属于矿产资源大国。三个国家的未来矿产资源开发热点分别位于中国西部、俄罗斯东部、蒙古国的东部及南部，降水量少、水资源严重缺乏、植被稀疏是这些区域的典型特点，生态脆弱使生态系统在受到矿山开采扰动后的修复难度加大。中国与俄罗斯，政治稳定，基础设施齐全，发展战略明确。中国倡导绿色勘探，推进绿色矿山建设，积极开展矿山地质环境和生态修复。俄罗斯是生态资源大国，生态政策完善，确保生态优先原则。蒙古国矿业政策时常调整，对矿区生态环境保护和修复的管理还不到位。随着中蒙俄经济走廊建设的推进，三方进一步加强了在能源矿产资源领域和生态环保的合作。建议重点开展保水采煤、矿井水净化、水体的生态修复与功能重建等方面的技术研发与工程实施。

2）东南亚和中东欧区域的矿山生态修复能力处于中等水平

东南亚11国，降水量丰富，自然植被以热带植被为主，生态条件优异。该地区处于世界两大成矿带（环太平洋成矿带与特提斯成矿带）的交接部位，除新加坡外，其余国家矿产资源丰富。但国家资金匮乏，基础设施发展滞后，矿产勘探和开发技术薄弱，柬埔寨、老挝、缅甸地区尤为突出，地质勘察处于起步阶段。反映了该区域的矿山生态系统修复技术不成熟，矿产开发具有巨大潜力。

中东欧19国，矿产资源较匮乏，分布不均，主要集中在北部的波兰和南部的保加利亚、罗马尼亚等。相对其他区域来说，该区域内部的生态修复能力差异较小，主要分布于第二—第四级，分数在59～71。该地区经济发达，矿产勘查程度较高，在低碳技术和实践方面占有优势。根据“一带一路”沿线区域各指标情况，中东欧国家的环境治理能力、科技创新能力、经济发展水平、生态条件整体高于其他区域的国家，在基础设施建设、修复技术、资本投入等具有优势。

3）中亚和南亚区域的矿山生态修复能力较弱，处于下游水平

中亚5国，位于亚欧大陆腹地，温带沙漠与草原大陆性气候，自然条件差，从基础上限制了矿区生态系统的自修复。其经济结构不合理，属于资源依赖性国家。矿产资源富集，拥有丰富的铜、金、铅、锌、铀等矿产。矿产租金占GDP较高，均位于沿线国家的前十名。但经济发展落后，环境封闭。国家治理能力和科技研发投入是几大区域中最低的，政

权基础脆弱，严重限制了中亚区域的矿山生态修复能力。

南亚7国，国土面积狭小，人口密集，经济相对落后，利用矿产资源振兴经济。在本次研究中，7国的各项指标均表现不佳。南亚地区地缘政治环境复杂，社会局势不稳定，安全问题突出。环境治理差，环境保护意识弱，生态恶化严重，如水资源污染以及人均水资源短缺，这些问题尚未得到很好的解决。尽管矿产资源丰富，因政治、社会、环境治理等多因素作用，国家的矿业投资比较封闭，矿产资源开发严重滞后。今后应激励社会资本投入到生态修复工作中，避免走“先污染，后治理”的道路。

国家矿山生态修复是多因素问题。“一带一路”沿线国家受经济发展水平、环境治理能力、科技创新能力、矿业企业投入、生态系统恢复力、政治环境稳定度等多种因素的影响，矿山生态修复能力存在空间差异性，整体呈现“东西高、中间低”的空间分布格局。分国家看，西亚北非地区的以色列居于沿线国家的首位，能力最低的国家为中亚地区的塔吉克斯坦。分区域看，具有一定的规律性，西亚北非和东北亚的得分相对较高，东南亚和中东欧位于中等，中亚和南亚区域的得分相对较低。大多矿产资源富集的国家，经济结构单一化，矿业开发程度不高，矿山生态修复能力水平总体较弱，但提升空间大。因此，矿产资源禀赋优势突出的国家，更需要加强矿山生态修复工作。

9.5 本章小结

本章分析了“一带一路”倡议中的矿业发展动向，然后阐述了“一带一路”沿线国家矿区环境条件，分析了这些国家矿业开发环境影响的现状，并对这些国家的矿区生态修复能力进行了评价。

“一带一路”沿线国家矿产资源丰富。近年来，中国、印度、东盟等亚洲新兴经济体已成为全球金属矿产消费中心，非洲、东南亚等国家和地区逐步成为重要矿产资源供应地区。然而，大部分“一带一路”国家自然条件差、生态系统脆弱，“一带一路”沿线国家矿业开发面临生态风险，必须引入绿色矿山技术。

矿区生态修复能力水平受到经济发展水平、环境治理能力、科技创新能力、矿业企业投入、生态系统恢复力、政治环境稳定度等多种因素的影响。整体来看，大部分“一带一路”沿线国家矿区生态修复能力较弱，一些国家缺乏严格的生态修复政策和技术指南，生态修复能力具有较大的提升空间。

参考文献

陈喜峰，施俊法，陈秀法，等. 2017. “一带一路”沿线重要固体矿产资源分布特征与潜力分析[J]. 中国矿业，26（11）：32-41.
董洁，李红粉. 2017.“一带一路”沿线国家 R&D 效率测度及对策研究[J]. 科技管理研究，（10）：59-64.
董战峰，郝春旭，李红祥，等. 2016. 2016 年全球环境绩效指数报告分析[J]. 环境保护，44（20）：52-57.
郭利刚. 2011. 我国煤矿、金属矿损毁土地复垦潜力研究[D]. 北京：中国地质大学（北京）.
胡格吉勒图. 2017. 蒙古国矿产资源开发现状及挑战因素分析[J]. 东北亚学，（3）：26-33.
李静，柳钦火，赵静，等. 2017.“一带一路”及其毗邻区域植被光温水胁迫因子距平数据集（0.625°分辨率，2015）[J/DB/OL]. 全球变化数据仓储电子杂志（中英文）. DOI：10.3974/geodb.2017.03.19.V1.
刘立军，王之泉. 2018.“一带一路”区域矿产资源投资发展报告.“一带一路”建设发展报告（2018）[M]. 北京：社会科学文献出版社.
梅燕雄，叶锦华，张金良，等. 2016.“一带一路”能源资源合作基础与前景[J]. 中国矿业，222（2）：15-18.
唐金荣，张涛，周平，等. 2015.“一带一路”矿产资源分布与投资环境[J]. 地质通报，34（10）：1918-1928.
吴绍洪，刘路路，刘燕华，等. 2018.“一带一路”陆域地理格局与环境变化风险[J]. 地理学报，73（7）：1214-1225.
于宏源. 2018. 矿产资源安全与“一带一路”矿产资源风险应对[J]. 太平洋学报，26（5）：55-66.
赵其国，沈仁芳，滕应. 2016. 中国土壤安全“一带一路”发展战略的思考[J]. 生态环境学报，25（3）：365-371.
中华人民共和国自然资源部. 2018. 中国矿产资源报告 2018[M]. 北京：地质出版社.
周连碧，王琼，代宏文. 2010. 矿山废弃地生态修复研究与实践[M]. 北京：中国环境科学出版社.
自然资源部中国地质调查局国际矿业研究中心. 2019. 全球矿业发展报告 2019[M]. 北京：自然资源部中国地质调查局中国矿业报社.
Diego I. Murguía. 2015. Global area disturbed and pressures on biodiversity by large-scale metal mining[M]. Kassel University Press.
Maus Victor，Giljum Stefan，Gutschlhofer Jakob，et al. 2020. A global-scale data set of mining areas[J]. Scientific data，7（1）：289.

第 10 章

我国绿色矿山治理经验在“一带一路”建设中推广的潜力分析

经过几十年的实践和积累，我国已经形成了一套绿色矿山治理体系，逐步在国际上发挥了一定程度的影响。建设绿色矿山、发展绿色矿业是中国矿产行业的必由之路，也是“一带一路”沿线国家的必然选择。保护当地生态环境是“一带一路”绿色发展的核心问题，对推动绿色“一带一路”建设具有重要意义。推广我国绿色矿山治理经验，既是我国向全球治理贡献中国方案的机遇，也是国际绿色矿业发展的需求。本章分析了我国绿色矿山治理经验推广的背景、优势、意义，并展望了推广我国绿色矿山治理经验的潜在途径。

10.1 绿色矿山治理经验推广的背景

10.1.1 我国矿业国际化趋势

（1）我国矿业的发展现状

矿业在国民经济发展中具有基础性的地位。中华人民共和国成立后，我国矿业取得了显著的发展成就，已经成为世界上最大的矿产品生产国、消费国和贸易国。在经历矿业“黄金 10 年”繁荣期后，全球矿业于 2012 年伴随全球经济放缓而连续下行，进入深度调整期，全球矿业指数变化如图 10.1 所示。近年来，我国矿业总体运行平稳，但增速减慢，全国采矿业的固定资产投资环比增速 2014—2017 年为负增长，2018 年、2019 年分别增长 13.3%、15.1%，2020 年为 –18.2%（郭娟等，2021）。

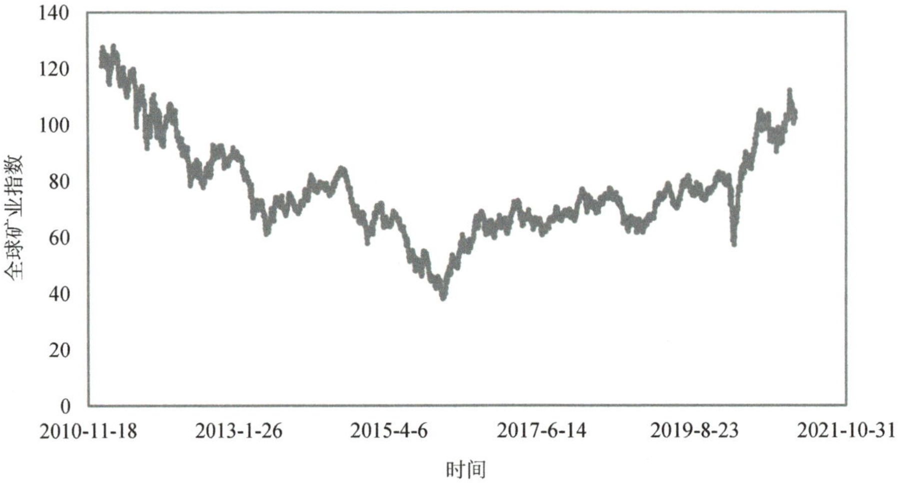

图 10.1 全球矿业指数变化

矿业基础性地位一直没有改变，中国经济引领全球复苏，需要充足的矿产品供应作为保障。2021 年是“十四五”开局之年，中国正式开启全面建设社会主义现代化国家新征程，预计中国经济总体将加快增长，并将带动全球经济复苏。同时，伴随 2030 年中国人口高峰的来临，未来十年中国仍将是拉动全球经济增长的主要动力，对矿产资源的需求仍将持续增长。特别是铁矿石、铜等与新基建密切相关的大宗矿产，受投资的拉动需求旺盛。与光电、风电相关的稀土、锗、镉、碲等稀散金属，与半导体材料相关的镓等分散金属，与 5G 通信、人工智能、智慧城市等新技术和新产业相关的钽、铌、锂、稀土、钪、锗、镓、铟、铼、碲、砷等关键矿产需求将持续增长。

（2）我国矿业国际化的需求

我国矿业将不断走向国际化，这具有多方面的原因。其一，中国是全球最大的矿产品消费国和进口国，国内部分矿产安全供应形势十分严峻，对外依存度居高不下，进口面临较大风险。而中国在矿产品价格方面并没有过多的话语权，中国公司控制的金属矿产资源少、矿山产量低、开采成本高，绝大部分矿产品的自给率小于 30%，高度依赖海外市场。

其二，石油、天然气、铁、锰、铬、铜、铝土矿、铂族金属、钾盐等传统短缺矿产，国内产量增长有限，只能长期依靠进口。油气、铁矿石、铜矿、锰矿、铝土矿等矿产品对外依存度接近或超过 50%，其中，石油、铁矿、铝土矿对外依存度逼近 60%，铜矿对外依存度超过 70%。锂、钴矿等战略矿产，受新兴行业的带动需求急剧增长，短期内不能满足行业发展需求。

其三，金、铅、锌和锡等传统优势矿产，长期过度开发，资源消耗速度过快，也需要进口来满足国内需求。虽然我国黄金资源储量位居世界第二，但金矿品位普遍较低，而且经过多年的高负荷开采，现有的易开采金矿资源已接近枯竭，低品位与难选冶金矿目前正在成为我国黄金矿业开采的主要来源（原超，2019）。

其四，由于国家先后出台环保税、资源税和自然保护区等生态功能区矿业权退出等法规政策，一些矿区被关闭。稀土等优势矿产，受环境保护政策影响，也需从国外进口以满足产业发展。

因此，未来，中国矿产资源供需形势不容乐观，多数矿产供不应求的形势可能会有所加剧。需要提高境外矿产资源安全供应能力（陈俊楠，2014）。

（3）国际矿业发展的需求

从世界范围来看，矿业的基础地位正在进一步巩固。世界经济论坛（WEF）发布报告称，新冠肺炎疫情暴发，促使各国政府寻求更安全的刺激经济增长办法，包括开采、生产、制造和发电在内的能源和原材料产业占全球 GDP 的 23%，提供了 16%的就业，对全球经济做出了重要贡献。2020 年，全球重要矿产品价格剧烈震荡。受到全球疫情蔓延、全球经济衰退、国际政坛更迭频繁、地缘政治冲突加剧、大封锁政策实施、矿山减产停产、进出口管控等因素影响，国际原油价格剧烈震荡下跌，并出现了历史上首次负油价；受矿产品需求萎缩影响，铝、铅、锌、镍、锂、钴等金属价格下跌。然而，国际矿产品贸易区域性、短暂性地呈现供不应求的态势，黄金、铁矿石、铜矿等具有金融属性的矿产品价格逆势上扬，稀土的价格也一路飘高（闫卫东等，2021）。全球矿业指数在 2020 年较 2019 年增长 17.8%。“一带一路”国家、澳大利亚、非洲、南美洲是矿产资源的勘查和开发热点地区。

特别是“一带一路”地区，该地区是重要的资源需求区域，粗钢、铜、铝等资源消费和生产占全球比例都在 2/3 左右，未来，随着需求的扩张，区域内粗钢、铜、铝产能还将进一步扩大，矿石及冶炼加工产业产能都将面临较大缺口。当前供应量与 2030 年需求相比，除中国外，“一带一路”地区内煤炭、铁矿石、铜精矿和铝土矿仍面临 1.2×10^9 t、3×10^8 t、4.5×10^6 t 和 2×10^7 t 左右的缺口；同时，粗钢、精炼铜和原铝等冶炼加工产品缺口也分别达 4×10^8 t、3×10^6 t 和 3×10^6 t（陈其慎等，2019）。

随着全球矿业市场呈现的触底回升态势，加上“一带一路”倡议的实施，我国企业“走出去”参与境外矿业投资的热情也逐渐升温。据不完全统计，我国企业参与投资的境外非油气矿山已达 170 处，项目分布在 6 大洲 41 个国家。其中，国有企业成为境外矿山开发的主力军，铜、金等矿种是投资的主要目标。

10.1.2 国际矿业绿色发展需求

近年来，各国环境保护意识普遍增强，绿色采矿（green mining）已经成为国际共识。各国对采矿过程中环境保护的要求也越来越高。绿色采矿的要求是多方面的，包括环境、经济、社会可持续等多个方面，包括环境保护、土地修复、控制腐败、社区发展、人权尊重、生物多样性保护等诸多问题。中国有多个海外矿业项目因为环境问题、社区问题、工会问题等而受到影响。首钢集团曾在 20 世纪 90 年代初成功收购秘鲁国有铁矿公司，但在随后的 20 多年时间里受到工人罢工的影响；2007 年，紫金矿业间接获得位于秘鲁北部的白河特大型铜钼矿床开发权，却因工会问题和水源等环境问题受阻；万宝矿业在缅甸投资的莱比塘铜矿项目，多次因环境或社区原因受阻（李丽，董昕烨，2019）。

（1）国际上绿色矿业的相关要求

1）全球性绿色矿业相关要求

目前，国际上绿色矿山治理体系建设主体可分为四类，一是政府间国际组织，比如联合国下属机构及区域性组织，包括世界银行、经济合作与发展组织等，以及由政府和非政府机构组成的混合性国际组织，如采掘业透明度倡议委员会等；二是非政府国际组织，包括综合性和专业性非政府国际组织，如国际采矿与金属理事会等；三是国家政府，如中国、加拿大、澳大利亚、美国等就绿色矿山建设进行专门立法；四是各国的矿业行业协会、标准化机构等非营利机构，如加拿大矿业协会等。

目前比较活跃且得到广泛传播或应用的是由非政府国际组织制定的标准。在环境方面，目前较有影响力的绿色矿山治理体系有国际采矿金属理事会《可持续发展框架原则》、联合国环境规划署和经合组织制定的《矿业活动环境指南》等。澳大利亚等国家遵循国际采矿金属理事会《可持续发展框架原则》制定了本国的矿山生态修复标准。在社会方面，政府、企业及公民社会组织共同发起和参与的全球自愿行动《采掘业透明倡议》具有较大的影响，该倡议主要是要求矿业企业报告其向政府支付的矿业税费、权利金等款项的情况，由政府、企业和公民社会组织等利益相关方进行监督，专业机构审计，EITI 国际秘书处对经审计的政府和采掘业企业报告进行认证，以此提高发展中国家矿产资源管理的透明度，减少采掘业的腐败和破解“资源咒语”难题。目前，全球有 41 个实施国、17 个支持国、92 个机构支持者、21 个国际合作组织支持者、8 个公民社会组织支持者、82 家油气和矿业公司支持者（陈丽萍等，2014），参与情况如表 10.1 所示。

表 10.1 《采掘业透明倡议》的主要成员

洲	达标国	候选国	试验国	暂停资格国	支持国	公民社会组织来源国
亚洲	阿塞拜疆、东帝汶、蒙古国、吉尔吉斯斯坦、也门、伊拉克、哈萨克斯坦	阿富汗、印度尼西亚、塔吉克斯坦、菲律宾			日本、卡塔尔	阿塞拜疆、蒙古国
非洲	利比里亚、加纳、尼日尔、尼日利亚、马里、毛里塔尼亚、赞比亚、莫桑比克、坦桑尼亚、布基纳法索、刚果（布）、多哥、科特迪瓦、喀麦隆、几内亚	乍得、圣多美和普林西比、塞内加尔		刚果（金）、马达加斯加、塞拉利昂、中非		尼日尔、刚果（布）、刚果（金）、加纳、利比里亚
欧洲	挪威、阿尔巴尼亚	乌克兰			比利时、丹麦、芬兰、法国、德国、意大利、挪威、西班牙、瑞典、瑞士、英国、荷兰	荷兰
北美洲		特立尼达和多巴哥、危地马拉、洪都拉斯			美国、加拿大	美国
南美洲			秘鲁			秘鲁
大洋洲		所罗门群岛	澳大利亚		澳大利亚	澳大利亚

2）“一带一路”国家相关要求

随着绿色矿山治理成为一种普遍性选择，“一带一路”国家有加强矿区生态修复管理的趋势。但由于大多数“一带一路”国家还处在发展初期，对生态环境保护重视程度不够，甚至降低生态环境标准来刺激矿业开发和经济发展。一些国家的矿业政策也在随时调整，对矿区生态环境保护和修复的管理还不到位。表 10.2 列出了部分“一带一路”国家绿色矿山管理的最新政策。可以看出，“一带一路”国家中，新兴国家和老牌工业国家，如中国、印度、乌克兰、波兰，已经将生态修复作为矿业管理的一部分，一些矿业开发较多的国家，如越南，也逐步在矿业开发过程中考虑社区治理、环境保护等问题（王威，2010；孙春强，2011；徐曙光等，2016；罗伯特，2018）。

表 10.2 “一带一路”部分沿线国家绿色矿山管理政策

国家	管理政策
中国	出台了《有色金属行业绿色矿山建设规范》等九大规范，考虑了矿区环境、资源开发、资源综合利用、节能减排、数字化矿产、企业形象等多方面的标准。此外，中国还建立了水土保持、土地复垦、地质环境治理等一系列的技术标准
印度尼西亚	2009 年发布《矿产和煤炭矿业法》，规定产矿许可证持有人有责任推动社区发展，缴纳矿区土地复垦保证金
越南	2010 年版《矿产法》，将矿产开采的部分税收用于受影响的社区的社会和经济发展，要根据矿产开采的投资计划，将矿产开采与技术基础设施的建设、环境的保护与恢复相结合。《环境保护法》要求矿业项目开展环境影响评价。确保矿业企业在矿山关闭后进行复垦
印度	《矿山和矿产（开发管理）法》，强制矿业公司出让 26%的利润或上一年的权利金给当地社区居民，帮助农村和原住民社区从采矿中获得更多利益；还要求采矿需要获得社会许可，以保证矿山开发符合社区的实际；还对那些在矿产开采和原材料加工过程中不顾环境和社会影响的公司加大惩处力度
缅甸	《矿业法》规定保护了因采矿作业可能产生有害影响的环境保护，但该法不超过 20 页，没有精确阐述。《环境保护法》规定环境保护委员会联合其他部门管理国家的矿产资源。环境影响评价技术流程规定了开展初步环境审查和环境影响评价的规模，如重金属采矿 1 000～5 000 m^3 的开展初步环境审查，大于 5 000 m^3 的需要开展环境影响评价。如果没有按照规定审查和评价，则会处以数千美元的罚款
柬埔寨	柬埔寨矿业刚刚起步，制定了《小规模及手工采矿管理办法》，计划在不久的将来开采和使用埋藏在面积达数万公顷土地下的矿产资源
印度	准备向私有企业放开商业煤矿开采，促进垄断性采矿租约的转让，把矿企所缴权利金的 2%放入“国家矿产勘查信托基金”
蒙古国	出台了《负责任采矿培训手册》（*Responsible Mining Training Manual*）
巴基斯坦	《环境影响评价申报、审查和批准的政策和程序》要求能源、生产加工、环境敏感区内等 10 类建设项目规定规模以下的开展初步环境审查
吉尔吉斯斯坦	2013 年施行新矿法，将矿产开发中的环境保护扩展到吉尔吉斯斯坦全境，同时聘请专门的评估公司对吉尔吉斯斯坦从事矿业开采的企业进行环境损失评估
菲律宾	计划在全国范围内禁止露天采矿以及江河流域的采矿活动等，成立审计小组监督矿业公司活动，以解决矿山周边社区忧虑
泰国	全面停止黄金开采，计划停止国内所有金矿勘探开采，控制环境污染

（2）国际绿色矿山治理能力不足

当前，不论是发达国家，还是发展中国家，绿色矿山治理都面临诸多难题。发达国家，如美国、澳大利亚、德国等，都面临矿山关闭和废弃矿山治理问题，如澳大利亚有 50 000 多座各种形式的废弃矿山，其中仅昆士兰州就有 17 000 座（Lamb，et al.，2015）。美国约有 50 万座废弃矿山。在矿山开采之后，生态系统遭到严重破坏，修复难度大，修复资金缺乏，后采矿时代的土地利用、环境污染、区域发展等问题都亟待解决。而对于发展中国家，特别是“一带一路”沿线的亚洲国家、非洲国家，近年来，采矿规模和强度猛增，这些国家生态脆弱，社会经济发展水平不高，法律和制度缺位，矿山勘查、开发、采矿、闭坑、复垦等全过程都需要加大生态环境保护修复力度。

10.2　我国绿色矿山治理经验的优势

10.2.1　理论与技术优势

经过几十年的积累，我国科技人员攻克了一批绿色矿山的理论难题，形成了一批国际领先的技术成果，构建起来绿色矿山理论和技术体系。我国设立了国家、省级、社会组织科学技术奖，近 20 年来，先后授予了数百项绿色矿山相关的科学技术奖。这些科技成果大多达到了国际先进或国际领先水平。例如，2019 年国务院授予二等奖的科技成果“煤矸石山自燃污染控制与生态修复关键技术及应用”解决了煤炭资源开发过程中的煤矸石山生态修复难题。2015 年国务院授予二等奖的科技成果“复杂稀贵金属物料多元素梯级回收关键技术”解决了复杂稀贵金属物料回收的关键技术难题。我国与绿色矿山相关的科技成果奖励如表 10.3 所示。

表 10.3　我国与绿色矿山相关的科技成果奖励

序号	科技奖励名称	组织单位	设立时间	代表性授奖成果
1	国家科学技术奖	国务院	2000 年	煤矸石山自燃污染控制与生态修复关键技术及应用，2019 年，二等奖 复杂稀贵金属物料多元素梯级回收关键技术，2015 年，二等奖 大型铁矿石露天井下协同开采及风险防控关键技术与应用，2014 年，二等奖
2	各省科学技术奖	各省级人民政府	20 世纪 90 年代	资源枯竭矿区土地再利用与生态修复技术及实践，2020 年，江苏省科学技术奖一等奖
3	中国有色金属工业科学技术奖	中国有色金属学会	2001 年	有色矿山水土污染协同控制与资源化关键技术及应用，2020 年，二等奖

序号	科技奖励名称	组织单位	设立时间	代表性授奖成果
4	中国煤炭工业协会科学技术奖	中国煤炭工业协会	2002 年	孟加拉国巴拉普库利亚矿强富水含水层下特厚煤层安全高效开采关键技术，2020 年，特等奖
5	中国黄金协会科学技术奖	中国黄金协会	2002 年	炭浆工艺粉炭全过程减量化及金回收技术的研究与应用，2019 年，一等奖
6	国土资源科学技术奖	中国土地学会、中国地质学会、中国地质矿产经济学会	2002 年	黄土高原特大型煤矿区 30 年土地复垦与生态重建关键技术及应用，2017 年，一等奖
7	中国石油和化学工业联合会科学技术奖	中国石油和化学工业联合会	2003 年	复杂油气田绿色高效地面工程技术创新与应用，2020 年，一等奖
8	环境保护科学技术奖	中国环境科学学会	2003 年	大型矿山地质环境评价与生态修复关键技术，2020 年，二等奖
9	冶金矿山科学技术奖	中国冶金矿山企业协会	2003 年	大型转炉洁净钢高效绿色冶炼关键技术，2020 年，一等奖
10	绿色矿山科学技术奖	中关村绿色矿山产业联盟	2015 年	CO_2 驱替开采生态环境影响监测与评估技术研究，2020 年，一等奖
11	非金属矿科学技术奖	中国非金属矿工业协会	2018 年	绿色矿山全流程建设及建设质量综合评价研究，2020 年，三等奖
12	中国能源研究会创新奖	中国能源研究会	2018 年	燃煤电站环保特种结构优化创新技术与应用，2018 年，二等奖
13	稀土科学技术奖	中国稀土行业协会	2019 年	典型大气污染物高效净化稀土催化剂，2020 年，一等奖

这些科技成果的取得标志着我国在绿色矿山领域具有较强的理论和技术优势。围绕绿色矿山建设过程中的勘探、开采、资源利用、选矿、生态修复、污染防控、智能化装备、矿地融合、社区发展、能源节约、遥感监测等方面形成了一批关键技术。

10.2.2 管理与实践优势

（1）较为完善的管理体系

伴随着我国矿产资源的高强度开发，我国矿山环境保护的研究领域迅速扩大，专业性增强，与矿山环境治理相关的法律法规也越来越完善。特别是在 2018 年以后，国务院机构调整，自然资源部和生态环境部成立，进一步理顺了采矿权审批、土地复垦、地质环境治理、环境监管之间的关系，构建起了一套较为完善的管理体系。

在政府层级方面，构建了国家、省、市、县多层级的格局，国家和省层面主要负责法律、法规和政策的制定，负责顶层设计和整体规划，市和县层级则主要负责各项法律法规的执行和反馈。在部门合作方面，根据政府部门职能分工，划分了发展与改革、自然资源、生态环境、统计、税务、水利等部门，分工协作完成绿色矿山的建设、评价和管理工作。在制度类型方面，建立了一套绿色矿山治理的法律、政策、规范、标准（包括国家、地方、行业和团体标准等类型）。在参与单位方面，形成了政府、行业、企业、科研院所、社会组织等多元参与的格局。

目前，世界上仅部分发达国家，包括美国、德国、加拿大、澳大利亚、南非等，建立了较为完善的绿色矿山制度体系。欧美发达国家构建的是“基本法律+行业指南+实践示范”绿色矿山体系。由于欧美国家绿色矿山制度体系侧重强调原则性指南、细节性技术标准不足、行业指南强制实施难度大，使得绿色矿山推进遇到障碍。相比之下，中国绿色矿山技术体系具有实践案例多、技术细节翔实等优势。

（2）丰富的实践经验

自中华人民共和国成立以来，我国绿色矿山建设水平不断提高，在绿色开采、资源利用、生态修复、矿地融合方面积累了丰富的经验，涌现了一批可推广、可复制的模式。

1）绿色开采实践

针对露天矿山，我国广泛采用了“剥离—排土—开采—复垦”一体化工艺和高压喷淋、喷雾抑尘、封闭式运输技术。如湖州新开元碎石有限公司采用高压喷淋、喷雾抑尘和封闭式运输系统，形成了“环保化开采、清洁化加工、无尘化运输”的绿色生产模式。

针对井工矿山，我国推广采用了“采矿—选矿—充填”一体化工艺，其核心是充填技术，根据不同矿种和地质条件选用不同充填方式。有一些矿井是选矿装备移到井下，直接在井下完成采选充工作，有一些矿井是将矿石运至地面，在地面进行选矿然后进行充填。充填的方式、充填物的输送方式、充填自动控制等都是制约充填开采的因素。如山东新汶矿业集团翟镇煤矿和孙村煤矿在 2010—2012 年采用以矸换煤技术，实现了“矸石不升井、矸石山搬下井”，盘活了“三下”煤炭资源，采出煤炭 606.7 万 t，减少矸石排放 744.67 万 t，减少矸石占地 24.82 hm^2；湖北三宁在条带充填开采的基础上，研制了具有高流动性的磷矿尾矿充填材料制备方法，实现了全层开采、坑口选矿和尾矿充填一体化，废石、尾矿等固体废物利用率达到 100%。

2）矿山现代化实践

我国绿色矿山 661 家试点单位中，90%以上的试点单位采用信息网络技术、智能控制技术，建设数字化智能矿山，实现企业经营、生产决策、安全生产管理和设备控制的信息化管理，提高了劳动生产率，降低了生产经营成本，树立了现代化矿山的良好形象。如辽宁抚顺傲牛铁矿通过数字化矿山建设，实现了生产流程自动化、成本控制实时化的精细化管理，降低了企业生产成本，在矿产品价格走低的情况下，仍能保持一定的利润。西峰油田形成了“扁平化架构、专业化运作、社会化服务、数字化管理”的管理模式，实现油田管理的信息化、网络化和自动化，被誉为“中国陆上低渗透油田现代化管理的一面旗帜”。

3）资源高效综合利用实践

资源节约与综合利用是绿色矿山建设的重要内容，综合开发低品位、难选冶、共伴生资源，既有效增强国内资源供给能力，又减少储量动用，资源、环境和经济效益十分显著。

提高“三率”。这种实践一般情况是采用充填技术和改变工艺达到的效果，如湖北三鑫金铜股份有限公司鸡冠咀金矿成功实现了中深孔底部结构三角桃形矿柱预先浅采高效回收新工艺，该技术即先浅采桃形矿柱，再用高强度的充填体进行充填置换，充填前制作同一水平面的人工假底或充填体假底，形成人工底部结构，可使难以回收的桃形矿柱的回采率达到100%。

对极品矿石或低品位的伴生资源回收。一般都需要采用有针对性的工艺或技术进行处理。河南金源黄金矿业有限公司采用新技术后将金矿床工业边界口位降低到0.5 g/t，矿山开采损失率低于5.7%，矿石贫化率≤14.8%。江西德兴铜矿采用先进技术使矿石入选品位降至0.25%～0.3%，盘活了大批资源。四川攀枝花钒钛磁铁矿依靠自主创新在低品位、难选别铁尾矿选钛等方面取得重大突破，具备了产业化应用条件，对于实现我国钛资源高效利用具有重要意义。

尾矿的综合利用。从尾矿中提取有价元素，如辽宁首钢硼铁有限公司将硼泥中的镁元素提取，年产2万t轻质碳酸和1万t轻质氧化镁，既实现了产业链延伸，又利用了废弃资源。

废弃物资源化利用。废弃物资源化利用就是实现物尽其用，如西部黄金伊犁有限责任公司阿希金矿氢化提金的尾渣中，含铁量可达40%左右，这种尾渣可作为铁矿粉，用于水泥工业。西昌钒钛资源综合利用解决了长期困扰我国钒钛磁铁矿提钒的难题，实现钒废水和废渣全部利用。

4）矿山生态修复实践

经过多年的实践，我国矿山生态修复不断创新模式，在做好绿色开采、综合利用、节能减排、矿地和谐的同时，实施矿山地质环境治理，以生态文明建设理念促进矿业与其他产业融合发展。如四川嘉阳矿山将博物馆、采矿遗迹尾矿库、塌陷复垦绿化区有机融合，建设成为工矿旅游景观。徐州贾汪区利用采煤塌陷区，通过“基本农田整理、塌陷地复垦、生态环境修复、湿地景观开发”的“四位一体”建设模式，建成潘安湖湿地公园。宁波北仑通过综合利用土地资源撬动废弃矿山环境修复，将矿山生态环境治理与“乡村振兴”、地质灾害治理、全域土地综合整治等有机结合，利用“牛头颈”废弃矿山的独特地势，打造全球唯一的高山台地赛车场。

5）矿地融合发展实践

矿地和谐本质上就是企业在获得经济效益的同时，与周边的村民共享资源开发的红利。我国矿山开发过程中，形成了矿山开发促进村民就业、扶贫、社会公益等诸多模式，如淮北市东鑫矿业有限公司刘楼铜铁金矿探索提高当地村民收入的有效途径，安排被占土地的矿区农民及子女就业，占职工人数的 7.2%；抚顺罕王傲牛矿业股份有限公司傲牛铁矿矿区 80%以上员工都是从矿区所在地招聘。抚顺罕王傲牛矿业股份有限公司在节日间走村入户，慰问村里的孤寡老人、五保户；为村里修路、安路灯、修广场、捐校车、为学校捐电脑、为小学捐款 100 万元等。山东美银矿业有限公司在汶川、玉树地震中累计捐款近 300 万元，为县里建设广场，参加社会公益活动 200 多次，帮扶家庭 1 000 人次。

10.2.3 机构和人才优势

我国绿色矿业领域，形成了一批具有世界影响力的企业、教育和科研机构。2019 年世界 500 强企业中，有 18 个中国企业从事石油、煤炭、金属矿产的开发，共有 30 多所大学设立了矿业相关学科，每年培养数万名矿业科技人才，中南大学、中国矿业大学的矿业工程学科在世界上排名前 20，具有重要的国际影响。此外，还有数十个矿产资源行业协会，如中国煤炭工业协会、中国黄金协会、中国地质学会、中国地质矿产经济学会。我国绿色矿山治理相关的代表性机构如表 10.4 所示。

表 10.4 我国绿色矿山治理相关的代表性机构

类型	代表性机构
世界 500 强企业及排名	中国石油化工集团公司（2）、中国石油天然气集团公司（4）、中国五矿集团公司（112）、山东能源集团有限公司（211）、陕西延长石油（263）、陕西煤业化工集团（281）、兖矿集团（381）、江西铜业集团公司（358）、中国能源建设集团（364）、鞍钢集团公司（385）、中国大唐集团公司（438）、铜陵有色金属集团（461）、潞安集团（462）、大同煤矿集团有限责任公司（464）、山西焦煤集团有限责任公司（465）、山西阳泉煤业（469）、山西晋城无烟煤矿业集团（482）、河南能源化工集团（484）
设有矿业相关学科的大学	中国科学技术大学、武汉大学、南京大学、中国矿业大学、中国矿业大学（北京）、中南大学、中国地质大学（武汉）、中国地质大学（北京）、北京科技大学、东北大学、郑州大学、重庆大学、中国石油大学（北京）、中国石油大学（华东）、西南石油大学、太原理工大学、山东科技大学、河南理工大学、辽宁工程技术大学、福州大学、贵州大学、广西大学、安徽理工大学、武汉理工大学、武汉科技大学、昆明理工大学、西安科技大学、江西理工大学、南华大学、华北理工大学、内蒙古科技大学、湖南科技大学
社会组织	中国有色金属学会、中国煤炭工业协会、中国黄金协会、中国土地学会、中国地质学会、中国地质矿产经济学会、中国石油和化学工业联合会、中国环境科学学会、中国冶金矿山企业协会、中关村绿色矿山产业联盟、中国非金属矿工业协会、中国能源研究会、中国稀土行业协会

据国家统计局统计，2017 年全国采矿业从业人员年平均人数为 527.94 万人，占全国从业人员年平均人数总量的 5.9%，其中煤炭开采和洗选业、石油和天然气开采业、黑色金属矿采选业、有色金属矿采选业、非金属矿采选业、其他采矿业从业人员年平均人数占比分别为 65.6%、12.7%、6.8%、7.5%、7.3%、0.1%，矿业及其相关工业从业人员数量更大，

为我国社会稳定和发展做出了重要贡献。这也反映了我国在绿色矿山领域具有充足的人才保障和优势。

10.3 绿色矿山治理经验推广的建议

10.3.1 经验推广的意义

当前，全球矿业治理随着全球矿业竞争格局的演变在不断变革，冲突矿产议题的影响不断扩大，透明度议题不断深入，人权、环境、社区等可持续发展议题成为矿业治理规则和实践的主要内容，并且对国际矿业发展趋势、中国矿业及电子信息、通信和新能源等相关行业参与全球利益分配产生重大影响。中国应积极参与全球矿业治理，提升话语权，推动全球矿业治理规则平衡关注经济、社会、环境和治理问题（EESG），使全球矿业治理规则向更加平衡、更加公平方向变革（李丽，董昕烨，2020）。推广我国绿色矿山治理经验，意义重大，主要体现在以下两个方面。

（1）助推我国矿业“走出去”

一方面，我国国内金、铅、锌和锡等传统优势矿产，长期过度开发，资源消耗速度过快，也需要进口来满足国内需求。加上国内环保压力大，一些矿业企业亟待“走出去”，在境外开辟矿业新领域。另一方面，全球经济放缓而连续下行，进入深度调整期，中亚、非洲、澳洲、南美洲等地区的矿产资源丰富，开发潜力大，市场空间大，这为我国矿业开辟新市场提供了历史机遇。推广绿色矿山治理经验，有助于树立负责任企业形象，遵守国际上有影响力的绿色矿山相关倡议，满足矿产资源所在区域的环境保护、社区发展等有关要求，争取最大利益。

（2）深度参与全球矿业治理

我国油气、铁矿石、铜矿、锰矿、铝土矿等矿产品对外依存度接近或超过 50%，其中，石油、铁矿、铝土矿对外依存度逼近 60%，铜矿对外依存度超过 70%。近年来，国际矿产资源价格强烈振荡，我国在矿产品价格方面缺少话语权。当前，国际上矿业基础地位进一步巩固，但面临绿色发展的新挑战，绝大部分国家都在寻求矿产资源开发和环境保护的动态平衡点。以推广绿色矿山治理经验为突破口，有助于增强我国在全球矿业治理中的话语权和地位。

10.3.2 经验推广的途径

绿色矿山治理经验推广可以采取多种形式。主要包括转让绿色矿山技术与装备、推进境外矿山绿色升级、搭建绿色矿山国际交流平台、发起国际绿色矿山倡议、设立国际绿色矿山专项基金、设立国际绿色矿山科技专项。

（1）转让绿色矿山技术与装备

针对中亚、非洲、澳洲、南美洲等地矿产资源开发过程中的技术难题，组织绿色矿山技术与装备展览与销售博览会，利用其他国家与我国的资源和技术互补性，以项目合作、技术应用、工程承包等形式推广绿色矿山治理的技术和模式。

（2）推进境外矿山绿色升级

对现有的我国企业的境外权益矿山进行绿色化升级，即鼓励和引导企业采取最新的绿色矿山理念和技术，对原有的矿山技术方案进行优化升级，提高矿山的社会、经济和环境可持续性。

（3）搭建绿色矿山国际交流平台

搭建绿色矿山治理的合作交流平台，遴选和建设一批对外绿色矿山治理的示范项目。结合现有的国际学术会议组织，如中国国际矿业大会，国际土地复垦与生态修复学术研讨会，国际矿业、能源与环境高等教育联盟，来加强绿色矿山治理的非政府间的学术合作。

（4）发起国际绿色矿山倡议

国际上，像《采掘业透明倡议》等许多企业社会责任倡议是由西方国家主导的。对于发展中国家而言，推行与发达国家相同的标准，有时并不符合本国的经济和发展水平，对本国企业的境外矿业投资也不利。我国矿业“走出去”就受到西方媒体的诸多质疑和抨击。实际上，国际上还缺少操作性较高的绿色矿山相关的技术标准。因此，我国可以适时发起国际绿色矿山相关的倡议，制定国际绿色矿山建设相关的标准，在国际上出版绿色矿山建设案例书籍，建立绿色矿山案例共享的数据库和网站。

（5）建立国际绿色矿山专项基金

绿色矿山项目通常前期投入比较多，企业经济紧张，很容易为了追求利益而忽略环保问题，即使有心搞绿色工程，但是经济上并不允许。在绿色矿山建设中，我国应加大资金方面的扶持力度，在税收等方面也给予支持和帮助，鼓励企业发展绿色矿山建设。此外，还可以利用国际绿色矿山专项基金支持国外留学生和矿产技术人员来华培训学习。

（6）设立国际绿色矿山科技专项

依托我国科技部科学基金体系和矿业企业，设立国际绿色矿山科技攻关专项，面向“一带一路”等重点地区的基础地质与矿产资源潜力调查，矿山地质环境遥感调查，生态环境风险调查，社区参与调查，关闭矿山的治理技术，干旱、高寒和陡坡等特殊场地的生态恢复技术，矿山长时序近实时遥感监测监管技术，生物多样性与生态服务保护与修复技术，矿产资源开发与可持续目标实现，基于自然解决方案的矿山生态修复，绿色矿山信息共享平台等进行科技攻关，形成科技示范效应。

10.4 本章小结

全球矿业治理随着全球矿业竞争格局的演变在不断变革，中国应积极参与全球矿业治理，提升话语权，推动全球矿业治理规则能够平衡关注经济、社会、环境和治理问题。本章分析了我国绿色矿山治理经验推广的背景、优势、意义和途径。

经过几十年的发展，我国积累了丰富的绿色矿山治理经验，攻克了一批绿色矿山建设的关键理论和技术难题，形成了一批国际领先的科技成果。此外，我国建立了多层级、多元参与、多元制度的绿色矿山治理体系，还形成了一批具有国际影响的科学、教育和服务机构及人才队伍。

今后，我国可以采取转让绿色矿山技术与装备、绿色化升级境外矿山、搭建绿色矿山国际交流平台、发起国际绿色矿山倡议、建立国际绿色矿山专项基金、设立国际绿色矿山科技专项等多种途径推广我国绿色矿山治理经验，助推我国矿产企业“走出去”，助力我国深度参与全球矿业治理。

参考文献

陈丽萍，孙春强，马永正，等．2014．对我国政府在全球采掘业透明倡议中应持立场的思考和建议[J]．国土资源情报，3：24-32.

陈俊楠．2014．我国境外矿业投资面临的形势、现状与建议[J]．中国矿业，23（11）：31-34.

陈其慎，干勇，延建林，等．2019．从矿产资源大国到矿产资源强国：目标、措施与建议[J]．中国工程科学，21（1）：49-54.

李丽，董昕烨．2019．全球矿业治理的现实困境与中国的未来选择[J]．国际经济评论，（5）：123-143，7-8.

罗伯特·米尔伯恩，陈丽萍，赵晓宇，等．2018．21 世纪的矿业法改革[J]．国土资源情报，214（10）：5-25.

孙春强，陈丽萍，亢石梅．2011．2009—2010 年世界矿业法调整的主要内容及趋势[J]．国土资源情报，（11）：9-13.

王威，兰月．2010．2009 年全球矿业政策与管理动态概述[J]．国土资源情报，（1）：2-10.

徐曙光，闫卫东，孙春强，等．2016．2016 年世界主要国家矿业投资环境评价[J]．国土资源情报，（12）：10-16.

闫卫东，孙春强，徐曙光，等．2021．2021 年全球矿业展望[J]．中国矿业，30（1）：11-17.

原超．2019．黄金矿业“走出去”的必然性与可行性分析[J]．国土资源情报，（10）：33-37.

Lamb D，Erskine P D，Fletcher A. 2015. Widening gap between expectations and practice in Australian mine site rehabilitation[J]. Ecological Management & Restoration，16（3）：186-195.